飯店企業文化塑造

林璧屬 郭藝勛 著

目　錄

導論

　　一、企業文化的界定

　　二、企業文化理論與現代管理理論的聯繫與區別

　　三、飯店企業文化塑造的價值——從理念說起

第一章 經理人如何識別企業文化

　　第一節 企業管理與企業文化／001

　　第二節 本土文化與企業文化的普適性／006

　　第三節 跨文化的融合與再造／010

　　第四節 企業文化的共性與飯店企業文化的特性／014

　　第五節 肯德基的跨國文化／017

第二章 經理人如何在中西方飯店企業文化差異中尋找自身目標

　　第一節 從企業文化差異與經營宗旨差異中尋找自我／026

　　第二節 從經營標準與營銷模式差異中

　　　　　　確立飯店文化基點／030

　　第三節 從管理制度與內部管理差異中

　　　　　　探求飯店制度文化／033

　　第四節 從市場競爭策略差異中研究飯店文化戰略／042

　　第五節 從人力資源管理差異及其員工培養機制中

　　　　　　尋找飯店文化建設的突破口／050

　　第六節 凱萊國際酒店管理有限公司的企業文化／057

　　第七節 開元旅業集團管理人員培養方式評析／060

第三章 經理人如何規劃飯店企業文化

　　第一節 飯店經營目標與企業文化規劃／０６７

　　第二節 經理人如何構建飯店文化戰略／０７２

　　第三節 飯店企業文化內涵的細化／０７７

　　第四節 長城飯店「敢為第一」的企業文化／０８１

　　第五節 「喜達屋關愛」的企業文化／０８６

第四章 飯店企業價值與價值觀塑造

　　第一節 經理人如何選擇適合飯店的企業價值／０９５

　　第二節 經理人的飯店企業價值觀塑造／１０４

　　第三節 經理人的飯店企業倫理道德塑造／１１３

　　第四節 一線員工的企業價值觀與倫理道德培育／１２１

　　第五節 麗思・卡爾頓飯店員工與顧客平等

　　　　　價值觀之塑造／１２７

　　第六節 萬豪服務社會的精神／１３３

第五章 飯店的企業精神

　　第一節 著名飯店企業家的企業精神／１４２

　　第二節 傑出飯店企業家的基本素質／１５２

　　第三節 職業經理人的企業精神／１５６

　　第四節 飯店一線員工的企業精神／１５９

　　第五節 經理人如何構建一體化的飯店企業精神／１６３

　　第六節 威爾遜的創新精神／１６５

　　第七節 上海威斯汀關愛員工的企業文化評析／１７２

第六章 飯店經營文化塑造

　　第一節 經理人如何塑造主動性的飯店市場理念／１７９

　　第二節 經理人如何塑造能動性的創新理念／１８３

　　第三節 經理人如何塑造有效性的競爭理念／１８７

　　第四節 經理人如何塑造快速性應變理念／２００

　　第五節 希爾頓的「挖金子」藝術／２０３

　　第六節 辛德勒霍夫飯店與顧客主動溝通的經營理念／２０７

第七章 飯店管理文化塑造

　　第一節 經理人如何塑造飯店責權利對稱性的管理文化／２１５

　　第二節 經理人如何塑造飯店高效率管理文化／２２０

　　第三節 經理人如何塑造飯店人本主義管理文化／２２５

　　第四節 經理人如何塑造飯店有序化管理文化／２３２

　　第五節 經理人如何塑造飯店契約管理文化／２４４

　　第六節 花園酒店管理文化評析／２４９

　　第七節 凱悅人本管理文化的啟迪／２５５

第八章 飯店景觀文化塑造

　　第一節 飯店環境與飯店環境文化塑造／２６２

　　第二節 飯店建築與裝飾文化塑造／２７０

　　第三節 飯店節能與綠色文化塑造／２７３

　　第四節 飯店用品與藝術品陳列文化塑造／２７７

　　第五節 廈門國際會展酒店環境文化塑造／２８１

　　第六節 峇里島硬石酒店景觀文化塑造評析／２８５

第九章 飯店產品文化塑造

　　第一節 體驗經濟與飯店體驗產品設計／２９２

　　第二節 飯店產品的個性化與產品內在價值塑造／３０１

　　第三節 飯店飲食文化塑造／３０５

　　第四節 飯店微小服務的文化塑造／３０９

　　第五節 泰國東方飯店服務文化塑造評析／３１２

主要參考文獻

後記

導論

一、企業文化的界定

企業文化難定義。經過無數次的比較之後，最後還是採用帶有某種普遍認識的觀點，即把企業文化定義為：是一個企業在長期生產經營中倡導、積累並經過篩選、提煉而成的以企業管理哲學和企業精神為核心，以企業目標、共同價值觀、企業作風、企業行為規範、企業倫理、企業形象等為主要內容，能夠激發和凝聚企業員工歸屬感、積極性和創造性的人本管理理論。這一定義說明，企業文化至少包含如下幾個方面的內容：一是企業文化是企業自身的文化，是企業在長期生產經營中倡導、積累並經過篩選、提煉而成的一種企業自身的文化；二是這種文化是企業的管理哲學和企業精神，是企業管理的哲學和企業發展的精神內核；三是這種由企業管理哲學和企業精神為核心的企業文化，是一種企業的目標、價值觀的集合體，是由企業文化體現出來的行為規範和企業倫理，也是企業的形象或作風；四是——也是最為重要的——這種企業文化要能凝聚企業員工的歸屬感，激發企業員工的積極性和創造性；當然，最後一點是，這是一種企業管理理論。

無論企業文化的定義有多少種，也不論企業家和學者們對它的界定有多少差異，絕大多數的人們都認為企業文化的核心是企業的價值觀，就是企業信奉並付諸於實踐的價值理念。在具體的企業文化內涵上，可以把企業文化分為物質和精神兩個層次，又可進一步分為精神文化、制度文化和物質文化三個層面。其中，精神文化是企業文化的內核，表現為企業理念，主要包括：企業宗旨、企業目標、企業戰略、企業價值觀、企業精神、企業倫理、企業哲學等；

企業制度是企業理念的外化和固化，表現為一種企業的制度文化；物質文化，是企業表現出來的外在的企業文化載體。人們日常所說的企業形象，則是企業精神文化、制度文化和物質文化的綜合體現。

飯店作為一種服務型企業，它的企業文化與製造業明顯不同。從本質上說，飯店提供的產品是服務，飯店所應建立的文化是服務文化。飯店提供給賓客的服務是一種文化，也是一種產品。它對內能形成飯店內部的凝聚力，對外形成同行業之間的競爭力。在本書中，我把飯店文化具體化為景觀文化、產品文化、經營文化、管理文化，但核心仍強調服務文化，目的在於實現服務增值。強化服務理念，實現服務增值，不僅是飯店集團的服務文化，連國外製造業的企業文化研究中，也十分強調使用「服務增值」的概念。服務的永恆主題是企業同客戶、用戶、消費者的關係，既包括如何使抱怨用戶轉化為滿意用戶、忠誠用戶進而成為傳代用戶，也包括如何開發忠誠的顧客群，包括不丟失一個老客戶又不斷開發新客戶，還包括如何使營銷服務成為情感式服務，真正讓顧客引導消費決策，進而引導服務產品的開發、生產與銷售。

二、企業文化理論與現代管理理論的聯繫與區別

企業文化也是現代管理理論的重要組成部分。

在當代管理理論的發展過程中，有一個非常有意思的現象，這就是在20世紀70年代開始至今的管理理論中，企業文化也曾作為一種理論得到了廣泛的贊同。它與權變理論、戰略管理理論、學習型組織理論、流程再造理論一樣，廣受企業界推崇。

20世紀70年代是權變理論的興盛期。面對複雜多變的內外部環境，人們越來越感到不可能找到一個以不變應萬變的管理模式，管理的指導思想上出現了強調靈活應變的「權變觀點」。權變管理的基本含義是：成功的管理無定式，一定要因地、因時、因人而異。這種觀點是針對系統管理學派中的學者們建立萬能管理模式的偏向而提出的。它強調了針對不同情況，應當採用不同的管理模式和方法，反對千篇一律的通用的管理模式。

　　如果說在20世紀50年代以前，企業管理的重心是生產，60年代的重心是市場，70年代的重心是財務，那麼，自80年代起，重心轉移到戰略管理。這是現代社會生產力發展水平和社會經濟發展的必然結果。企業依靠過去那種傳統的計畫方法來制訂未來的規劃已經顯得不合時宜，而應高瞻遠矚，審時度勢，對外部環境的可能變化作出預測和判斷，並在此基礎上制訂出企業的戰略計畫，謀求長遠的生存和發展。這就是戰略管理理論的根基。

　　從 20世紀80年代開始，管理理論的另一個新發展是注重比較管理學和管理哲學，強調的重點是「企業文化」。通常認為，「公司文化熱」的直接動因是美國企業全球統治地位在受到日本企業威脅的情況下人們對管理的一種反思。企業文化的研究主要集中在把企業看作一種特殊的社會組織，並承認文化現象普遍存在於不同組織之中，這些文化代表著組織成員所共同擁有的信仰、期待、思想、價值觀、態度和行為等，它是企業最穩定的核心部分，體現了企業的行為方式和經營風格。

　　幾乎與此同時，20世紀80年代以來，隨著訊息革命、知識經濟時代進程的加快，企業面臨著前所未有的競爭環境的變化，傳統的組織模式和管理理念已越來越不適應環境。因此，研究企業組織如何適應新的知識經濟環境，增強自身的競爭能力，延長組織壽命，成為世界企業界和理論界關注的焦點。美國人彼得•聖吉於

1990年出版了《第五項修煉——學習型組織的藝術與實務》。聖吉認為，要使企業茁壯成長，必須建立學習型組織，也就是將企業變成一種學習型的組織，以增強企業的整體能力，提高整體素質。這種學習型組織，是指透過培養瀰漫於整個組織的學習氣氛，充分發揮員工的創造性思維能力而建立起來的一種有機的高度柔性的扁平的符合人性的能夠持續發展的組織。透過培育學習型組織的工作氛圍和企業文化，引領人們不斷學習、不斷進步、不斷調整的新觀念，從而使組織更具有長盛不衰的生命力。

而企業再造則是「公司再造」或「流程再造」，它是1993年開始在美國出現的關於企業經營管理方式的一種新的理論和方法。企業再造是指為了在衡量績效的關鍵指標上取得顯著改善，從根本上重新思考、徹底改造業務流程。其中，衡量績效的關鍵指標包括產品質量和服務質量、顧客滿意度、成本、員工工作效率等。流程再造在歐美的企業中已經受到高度重視，因而得到迅速推廣，帶來了顯著經濟效益，湧現出大批成功的範例。企業再造理論順應了透過變革創造企業新活力的需要，這使越來越多的學者加入到流程再造的研究中來。作為一個新的管理理論和方法，企業再造理論仍在繼續發展。

三、飯店企業文化塑造的價值——從理念說起

從世界著名飯店集團的發展歷程看，不同的飯店有不同的文化，凡具有自己獨特文化並被廣大員工、賓客認同和接受的飯店，就具有強大的生命力和競爭力。為什麼飯店文化能造成這麼重大的作用，飯店的文化能反映員工的文化素質，能體現飯店的競爭能力？能對企業經營目標的實現與否產生重大影響？

我們暫且不直接回答這一問題。換個話題來討論一下，為什麼國內的旅遊專業的本科生絕大多數多不從事飯店工作？為什麼旅遊教育中的這一現象這麼值得玩味？據調查，絕大多數的國內本科以上的旅遊管理專業的畢業生多不從事飯店經營管理這種明顯的服務工作。為什麼？是傳統的學而優則仕在作崇，是當代的市場經濟有更多的發展機會？還是飯店的服務文化不能為受到高等教育的「天之驕子」所接受？或是三者兼而有之？從調查的現狀看，可以說，三者兼而有之。尤其是在官本位比較嚴重的國度裡，要讓這種服務性行業成為本科生的優先就業選擇並不容易。

　　飯店是服務性企業，儘管國際上著名飯店集團的服務哲學已有些許改變，例如，大飯店時期麗思提出的「客人永遠不會錯」，商業飯店鼻祖施塔特勒提出的「客人永遠是對的」，這種過於苛刻的服務理念，很難為深受中國傳統文化影響的人們所接受，也很難為現代的大學生們所接受，也很難為中國傳統文化理念下的飯店服務人員所接受，偏偏這種服務理念在國內的飯店業界普遍存在。與此同時，國外的一些著名飯店集團卻有了很大的服務理念的轉變。例如，還是秉承麗思經營理念的麗思•卡爾頓飯店公司，他們早把飯店的座右銘改為：「我們是為女士和先生提供服務的女士和先生。」這是一種平等的服務理念，這種理念更能震撼中國飯店服務人員的心。究其原因，就在於這是一種以人為本的文化精神，是尊重客人，尊重員工的飯店服務文化。

　　因此，要提升飯店企業文化的價值，首先要塑造飯店企業文化，掌握飯店企業文化的精神內核，改變飯店文化的價值觀念，修正飯店服務理念，只有這樣，才能塑造出一流的飯店文化，才能創造出新的飯店服務理念，才能促使飯店員工自覺地成為飯店的主人。因此，本書的目的並不在於能否闡釋清楚飯店的企業文化，並不在於直接告訴人們如何塑造飯店企業文化，而是在於為關心飯店行業發展、關心服務企業文化塑造的人們提供一些學習企業文化、

解釋企業文化、塑造企業文化的參考素材。倘若能對企業家、職業經理人和企業中的每一位中下層管理者或工作人員都有所裨益，那將是極大的幸事，對於我等也是極大的鼓勵。

第一章 經理人如何識別企業文化

導讀

在知識經濟時代，企業管理與企業文化是相互影響、相互作用的一組二元關係。在構建飯店企業文化之時，首先要明確東方文化與西方文化、企業文化與飯店企業文化的差異，釐清企業文化的普適性與特殊性、本土文化與跨文化的融合與管理。本章特以肯德基進入香港和大陸市場為例，分析說明跨文化對於市場開拓與開發的際遇與機遇。

引子：米老鼠在巴黎的冷遇

迪士尼是主題樂園成功的典範。然而，象徵美國文化的迪士尼和米老鼠卻在進軍歐洲之初兵敗巴黎，米老鼠被巴黎人視為對歐洲文化的汙染，稱之為可惡的美國文化。為什麼迪士尼和米老鼠在巴黎遭到冷遇？是迪士尼樂園的產品品質下降？還是迪士尼和米老鼠水土不服？

第一節 企業管理與企業文化

企業是一個經濟組織，更是一個文化組織。企業中的人們如何相互作用以及他們的基本信條都是企業文化的一部分。企業管理催生了企業文化，使企業文化成為一種新興的管理理論，支撐、推動著企業在新時代市場下的發展。在管理理論基礎上發展起來的企業文化理論，是對原有管理理論的總結、提升和創新。同時，企業的

管理實務又不斷為企業文化的完善提供了各種實踐的機會，並為企業文化的建設提供現實經驗。在知識經濟時代，企業管理與企業文化是相互影響、相互作用的一組二元動力。

一、企業管理的發展促進企業文化的誕生

企業文化理論誕生於20世紀70至80年代的西方企業界。當時西方許多企業的內外部環境都發生了顯著的變化。許多學者都看到，20世紀50年代以來，日本經濟的發展異常迅速，到了70年代，美國企業界日益受到來自日本的挑戰。美國人對日本「奇蹟」驚嘆不已，渴望能把成功的祕訣學習過來，重振雄風。於是在20世紀70年代末、80年代初，掀起了一場日美管理比較研究熱潮。企業文化理論正是在這股熱潮的推動下誕生的。如今，市場呈現全球化趨勢，競爭日趨激烈，企業員工的文化素質、工作水平、參與管理的意識和能力都在不斷提高，在這種情況下，不能過分偏重用理性來彌補企業的不足，而應該要用相對柔性的企業文化來引導企業的管理。

二、企業文化是當今世界最先進的管理理論

企業管理的實踐衍生出許多新興的文化現象，其中基於管理經驗形態的企業文化學，是在對典型企業管理實踐基礎上所產生的經驗和教訓進行總結和提煉後所形成的系統化的管理文化，它構成了企業文化的重要內容，其中如松下電器公司創造人松下幸之助寫的《實踐經營哲學》、索尼公司創始人之一盛田昭夫寫的《日本造》、玫琳‧凱化妝品公司創始人寫的《用人之道》、IBM公司創始人小托馬斯‧沃森寫的《一個企業和它的信念》等都屬於這方面的經典之作。現代知名企業的成長和發展，都始終貫穿著一種企業

文化和企業精神，這些企業善於將這種思想演化成本企業的一種管理模式，並貫穿於企業運營的全過程。

在管理理論基礎上發展起來的企業文化理論，是對原有管理理論的總結、提升、創新。企業文化是企業求生存、促發展的「支撐」和「資源」。在知識經濟時代，它已經顯示出作為一種「知識資本」所產生的文化力和生產力。它從導入文化的視角來思考和分析企業這個經濟組織是如何運轉的，把企業管理從技術、經濟層面上升到文化層面，是管理思想發展史上的一場革命，給企業管理帶來了勃勃生機和活力。

三、企業文化對企業管理的影響

企業文化是企業能力要素輻射性最強、影響力最大的因素之一。以企業文化為核心來組織實施企業的運營管理是當今企業管理的大趨勢，並且已經取得了很好的成效。

（一）企業文化對企業能力的影響

企業文化對企業能力的影響表現在兩個大的方面：一個是對組織管理職能的影響，如對組織能力、領導能力、控制能力、協調能力、決策能力的影響；另一個是對企業創新能力、競爭能力、承擔風險能力、應對危機能力的影響。

企業文化透過意識、過程和結果等方面影響企業能力。

1．透過意識形成影響企業能力

無論是企業中的個體還是群體，在趨同認同企業的共同價值觀的過程中，會在潛意識中產生一種支持企業目標的傾向性，檢查自己的行為，重新調整思路，進而使自己的認識昇華。

2．透過行動過程影響企業能力

把意識轉化為行動，把決策貫徹執行，必然對企業能力產生影響。如全面貫徹「創新精神」，在各方面鼓勵創新、獎勵創新、實施創新措施，就會影響到企業的學習能力、協調能力和執行力。

3．透過行為結果影響企業能力

企業的一切活動，重在結果和成效，企業文化所帶來的結果對企業能力會產生深刻影響。如企業以人為本，尊重人才，重用人才，注重對員工的培訓，結果就會使員工努力提高自己的能力；同時，管理者的決策能力、組織能力和控制能力等也能得到提高。

（二）企業文化對企業經營的指導

企業的經營目標、經營決策、經營宗旨，都是在企業的經營哲學、價值觀、企業精神等企業文化的指導下進行的。企業經營目標、經營決策、經營宗旨的確定與貫徹，還取決於整個企業的精神狀態和文化氛圍。

企業文化對企業經營的指導，會受到來自各方面的影響，也會受到社會的、傳統的文化影響和制約。因此，在一定的社會環境和社會條件下，企業經理人如何運用企業文化，確定經營哲學，作出相應的決策，構築富有活力的企業，是非常重要的。

企業文化對企業經營的指導，主要體現為把握企業發展的方向，從本企業的實際出發，以明確的哲學思想，果斷作出把企業經營引向實現既定目標的經營決策。文化引導企業經營要注意幾個適應：適應經營管理的擴大化；適應經營目標的市場化；適應市場的多變性；適應企業經營的長遠化；適應經營管理工具的數字化；適應經營思想的商品化。

（三）企業文化對企業管理的改善

企業文化賦予企業更多的思想性、人情味，具有時代特色和人文精神，從而改善企業的管理。企業文化對企業管理的改善功能主

要體現在六個方面。

（1）推動企業管理的重點轉向以人為中心的現代化管理，以多種形式來關心員工的情感，平衡員工的心理，維繫員工的忠誠，激發員工的智慧，調動員工的積極性，挖掘員工的潛能。

（2）培育企業精神，使之成為企業員工的共識，引導和規範員工的行為，增強企業的凝聚力、親和力和向心力。

（3）企業透過規章、制度、硬性指標和標準對員工實行的管理可以視為企業的「硬」管理，而企業文化可以視為「軟」管理。現代企業建立以「軟」管理、「軟」約束為核心的企業管理結構和管理模式，在「硬」管理的基礎上實行「軟硬結合」的管理方式，將有助於充分發揮員工自身的潛能和積極性，實現企業管理功能的整體優化。

（4）培育企業個性，樹立良好的企業形象，實施企業名牌戰略，不斷開拓市場，提高企業在市場中的競爭能力。

（5）在企業的生產、經營和管理過程中，促進企業的宏觀管理與員工的自我管理相結合，逐漸在員工思想和行為中形成一種習慣典範模式，由此產生企業獨有的文化行為模式。

（6）調整管理組織，改革管理制度，培育管理人才，形成良好的企業人文環境。

（四）企業文化對企業管理的作用

一般來說，企業文化具有以下五個方面的作用：

（1）導向作用，即把企業員工引導到飯店的發展目標上來。

（2）約束作用，即用成文的或約定俗成的規章制度對每個員工的思想、行為起約束作用。

（3）凝聚作用，即用共同的價值觀和共同的信念使整個企業

凝聚成一個各部門同心協力、上下團結如磐石的整體。

（4）融合作用，即透過文化潛移默化的影響，使員工自然地融合到群體中去。

（5）輻射作用，指企業文化不但對本企業，還會對社會產生一定的積極影響。

第二節 本土文化與企業文化的普適性

企業文化是整個社會文化體系中的亞文化，只有與本土文化相融合、相適應，才能為企業所運用，給企業帶來其應有的功效。中國是一個擁有悠久歷史傳統文化的國度，其本土文化根深蒂固地影響著社會發展的各方面。因此，需要找到本土文化與企業文化的結合點，創建具有中國特點的企業文化。

一、東方傳統文化生態

東方文化，主要是指以中國為發源地，對東方人的思維、價值觀、倫理道德及管理思想影響最大、最廣的傳統文化。東方文化的基本價值觀是：強調以人為本，以德為先；重視群體的合作精神，倡導個人對家庭、社會、國家的責任；重視人和，注重協調人與人、人與物乃至人與自然之間的關係，主張一種和諧、協調的總體觀念；主張從總體上去把握事物，強調用個人的直覺和內心的感情去認識世界；重義輕利。

家庭主義的農耕民族文化是東方文化典型特徵，在長期鄉土性、穩定性的生態環境中，孕育了燦爛的東方文化，其中以儒家文化為代表：儒家「天人合一」的哲學倫理思想，「明德、親民、止

6

於善」，「格物、致知、正心、修身、誠意、齊家、治國、平天下」三綱八目的思想體系，平等比自由重要、同情比理性重要、禮教比法治重要、責任比權利重要、人際關懷比個人主義重要的倫理思想一直影響著兩千多年來東方國家和民族的發展。在中國以及整個東亞，經濟文化、家庭價值和商業道德都是以儒家語彙加以表達的。像網絡資本主義、軟性權威主義、團隊精神和協商政治這些在東亞經濟、政治和社會中無所不在的觀念全都說明，儒家傳統在東方國家現代化過程中繼續發揮著作用。

二、東方傳統文化與企業文化的融合

東方文化以儒家文化最具代表性，儒家思想的許多核心理念可以廣泛地應用到企業文化建設的實踐當中，在管理理念、戰略思維、形象設計、團隊建設、文化策劃等多方面可以做十分廣泛的運用。具體可以簡單歸納為幾個方面：

（1）「仁」作為儒家的核心思想，包含了「仁者愛人」、「克己復禮」、「重民愛民」等理念，其主旨是承認每個人都有獨立的人格，懷著仁愛之心來處理人際關係。這與現代企業文化管理中所強調的人本主義具有一定相通之處。

（2）「德」是從管理者的道德品格立論的，突出了管理者的道德修養。企業形象管理理論認為管理者的素養和形象對企業的成敗有著決定性的影響，管理者的品格、才能、知識和情感等非權力性因素的作用，在以道德為導向的柔性管理活動中，已被廣泛接受和認同。

（3）「義」、「利」在儒家思想中，總是聯繫在一起的，具體表現在重義輕利、見利思義、義利統一幾個方面。市場經濟下的企業文化，不僅是經濟的，還必須強調必要的公共倫理和道德規

範。如何將「義」和「利」結合起來，對企業的生死存亡具有重要意義。

（4）「中庸」首先表現為「過猶不及」的道德取向，強調既無不過，也無不及；其次，儒家還將中庸視為行為準則；再次，中庸之道還表現為原則性和靈活性的統一。這就要求企業在文化策劃中把握「度」，善於行權達變，主張中道，恰到好處，正確處理和協調各方面的關係。

（5）「和」體現了儒家所追求的大同世界的美好願望，而要做到「和而不同」、「和而不流」，才能實現「和」的理想。這對現代管理中所講求的以和為貴、內求團結、外求發展等方面具有較強的指導意義。

（6）「信」是儒學倫理思想中的一個重要範疇，「信」是樹立在他人心目中的形象，是人際交往和企業認知的情感基礎。在企業文化中，管理者得到被管理者的信任程度，關係到管理工作的成敗；對企業而言，「信」即「信譽」，關係到企業的生死存亡，是企業的重要無形資產。可見，企業文化建設中，應充分重視創立管理者和企業的信譽。

總之，儒家傳統所包含的豐富的經濟和倫理思想，是企業文化建設和具體實踐過程中可以充分挖掘和利用的資源寶庫。我們在借鑑西方的企業文化理論的同時，應將東方文化的一些思想內核容納入企業文化系統，做到「洋為中用、古為今用」，創造具有本土特色的企業文化。

三、本土文化與西方企業文化的衝突與協調

我們不僅要挖掘本土文化與西方企業文化的結合點，更重要的是要明確二者之間的衝突。只有協調這種衝突，找尋其間的融合之

處，才能更好地將西方的理論運用在中國企業，從而在中國文化裡扎根。

（1）中國本土文化強調集體主義，強調個人利益服從集體利益，偏重整體的思維方式；而西方企業文化則注重個人創新能力和個人價值的實現。應該說，本土文化的這種思維方式有利於在企業中培植集體主義精神，使企業具有強大的凝聚力，形成一個利益共同體。但是它也否認了個人的創造力，不利於個人才智的發揮，阻礙了為企業注入新鮮血液的機會。而西方的關注個人價值和個人創新力的意識恰恰彌補了這一缺陷，應該有取捨地吸納進本土的企業文化當中。

（2）本土文化當中的「重人情，輕規則」雖然使企業易於創造一種家庭式的氛圍，但是也會給現代企業管理帶來很大的阻礙，造成對管理的科學性和效率的衝擊；西方文化注重理性、強調規則，反映到企業管理中就是建立起嚴密的組織結構和完善的規章制度，以此作為控制手段。西方文化的這種規則化、制度化的理念是現代企業發展當中的一個必要因素，這正是中國企業所缺乏的，也是中國企業參與國際競爭所必須具備的。本土公司應該學會接受、吸收，才可能在國際市場上爭得一席之地。

（3）中國傳統文化具有強烈的家族意識和等級觀念，表現在企業管理中就是採用集權式領導方式。這種管理模式雖然有利於企業快速作出決策，便於企業管理的統一性和可控性，但是不利於決策的科學性，也不利於調動員工的積極性。中國的集權觀念與西方企業文化的放權管理形成了正面的衝突，很多企業可能尚無法接受。但是在人才聚集的企業，適當的放權，讓員工參與管理反而有利於企業的創新。現在流行的柔性管理已經體現出這種管理思想的優勢。

第三節 跨文化的融合與再造

　　跨文化衝突是企業進行跨國經營時必須面對和解決的矛盾，如果解決不好將會導致跨國經營的失敗。

一、跨文化衝突產生的原因

　　隨著世界經濟一體化和區域經濟集團化的不斷發展，跨國經營將成為經濟全球化發展的必然趨勢。跨國經營企業進入國際市場時，由於處於不同的文化背景、不同的價值觀念、不同的地域環境、不同的宗教信仰和不同的社會制度中，必然會產生跨文化衝突。具體導致文化衝突與摩擦的原因有：

　　1‧價值觀的差異

　　企業跨國經營時所面對的是與其母國文化根本不同的文化，以及由這種文化所決定的價值觀和行為方式，文化的不同直接影響著管理的實踐。由於人們的價值取向不同，導致不同文化背景的人採取不同的行為方式，從而引致文化衝突。

　　2‧管理模式的差異

　　任何企業內部的經營管理都必然受到民族文化的影響，民族文化模式的多樣性決定了企業管理模式的多樣性。民族文化所決定的文化傳統、價值觀念和組織觀念在很大程度上影響著管理模式的形成，因此跨國公司在兩種以上互不相同的管理思想下運行，必然會出現摩擦和衝突。

　　3‧民族歧視意識

　　跨國企業經營管理者往往認為本民族優越於其他民族，認為自

己的文化價值體系比當地民族文化體系更為優越。將這種優越感滲透到跨國工作中，必然會招致當地員工的忌恨和不滿，上升為文化衝突和民族情感衝突，導致跨國企業管理的失敗。

4．溝通低效導致誤會

溝通是人際或群體之間交流和傳遞訊息的過程，也是跨國企業中不同國籍的僱員間進行交流的過程。但是由於許多溝通障礙，例如：不同國籍的員工對於時間、空間、事物、友誼、風俗習慣、價值觀等方面的不同認識，由此造成了溝通的困難，導致誤會，進而演變為文化的衝突。

二、跨文化中母國文化與東道國文化的關係

加拿大著名的跨文化組織管理學者南希·J·愛德勒（Nancy J·Adler）提出三種解決跨文化衝突問題的戰略方案：一是凌越，即是指在組織內一種民族或地域文化凌越於其他文化之上而扮演著統治的角色，組織內的決策及行為均受這種文化支配，而其他文化則被壓制。二是折衷，是指不同文化間採取妥協與退讓的方式，有意忽略迴避文化差異，從而做到求同存異，以實現組織內和諧與穩定。三是融合，是指不同文化在承認、重視彼此間差異的基礎上，相互補充、協調，從而形成一種和諧的組織文化。這三種方案從某種程度上反映了跨文化企業中兩種不同文化之間的三種關係：母國文化凌駕於東道國文化；二者各退一步，海闊天空；二者相互融合，取長補短。應該說，前兩種關係都不能長久地維持，尤其是「凌越」的關係，因為它一方面不能博采眾長，另一方面其他文化長期遭到壓制，最終反而會加劇衝突。第二種關係以妥協和退讓只能獲得一時的相對穩定，但是要想在東道國市場占領一定的地位，就必須融入到當地文化中。因此，只有第三種關係最為持久，也最

能夠給企業帶來生機和活力，塑造出跨國企業應有的企業文化。

三、跨文化的融合與再造

事實上，跨國企業的文化交會既是衝突的過程，同時也是認同的過程，而且文化認同的過程更重要。跨國經營企業文化的借鑑和吸收往往是從自身文化結構出發並按照自身文化的價值觀念對外來文化作出選擇，使之與自身文化相融合併成為自身文化的一部分，同時外來文化要融入國內企業的原有文化的體系中，也必須在國內企業的原有文化中尋求共同點，並適當地自我改造和適應，才能贏得原有文化的承認和接納。文化認同的結果是跨國企業中的不同文化群體形成相同的文化意識、相同的文化歸屬感和共同的價值取向，成為跨文化發展的凝聚力和不同文化群體的黏合劑。

在文化認同的基礎上，跨國經營企業根據環境的要求和企業戰略的需要建立起企業的共同經營理念和融合各方之長的新型企業文化，進而實現跨國企業的文化融合。文化融合的結果是來自不同文化背景的企業之間、管理人員之間和員工之間能相互理解和相互尊重對方的文化，並創造出各種文化相融度很高的合作。跨文化衝突和跨文化融合作為不同文化交會的兩個方面，既表現為不同形態文化之間的相互排斥和對立，同時也表現為不同形態文化相互吸收和同化，各種文化彼此相互滲透和結合、彼此改造和塑造對方，最終融合為一體，形成新的彼此都能接受和遵守的企業文化。

在文化融合的基礎上，根據東道國環境的變化和企業戰略的需求，再造跨國企業的企業文化。一個把全球戰略作為公司發展戰略的企業，必然會遇到各種不同的文化環境。在這樣的環境中，企業應以自己堅實的文化為基礎，與當地文化溝通與融合，實現企業文化創新。

四、飯店的跨文化融合

　　飯店業是一個世界性的服務行業，所面對的是來自世界各地的顧客，尤其是高星級飯店更易於接觸到來自全球的多元文化。涉外飯店每年都要接待成千上萬的外國賓客，如果不瞭解各國的文化習俗，就必然會引起誤會，影響服務質量。因此，認識不同的文化和種族價值觀、傳統、宗教信仰和風俗習慣是極其重要的。這就需要飯店員工具備跨文化服務知識和意識，不論管理人員還是普通服務人員，只有認識和接受不同文化之間的差異，才能更好地滿足不同賓客的需要。

　　如何進行跨文化融合，很重要的一點是要積極培養國際化人才，而國際化人才最基本的素質是跨文化溝通能力。跨文化溝通能力就是與來自不同文化背景的人能有效地進行交往的能力，能在不同文化背景中接待來自不同國家的賓客，能與不同國籍的管理者進行有效的溝通與合作，具有超越他們本民族文化的能力。

　　事實上，許多世界知名的飯店集團都將這種溝通能力作為其國際化經營成功的關鍵，並在國際化過程中強化與本地文化的融合。

　　飯店業日益國際化，國外賓客來華旅遊、商務活動的增加，特別是在國際商務交往中，飯店管理者僅僅懂得外語是不夠的，還要瞭解不同文化之間的差異，接受與自己不同的價值觀和行為規範。成功的國際化飯店管理者應該做到在任何文化環境中都游刃有餘，培養出卓越的管理團隊。

第四節 企業文化的共性與飯店企業文化的特性

把握一個組織的文化的困難之處在於，構成這個文化的許多要素不是很明顯，組織生活中許許多多非正式的東西時常以隱藏的形式潛在地起作用，這包括認識、態度、感情以及有關人性、人際關係的性質等問題的一套共有的企業價值觀，而日常表露出來的僅僅是企業文化的一部分。對於管理者來說，在一個特定的組織內部，文化是一種將設想、行為、預言及其他理念綜合在一起的混合物，它框定了工作的方向，構成企業的一種潛意識和行動準則。如杜邦公司是一種安全文化，戴爾公司則是一種服務文化。

飯店企業文化是企業文化的一個分支，也可以說是服務性企業文化的代表，從本質上說，飯店應該建立一種服務文化。但從企業文化的整體來說，飯店企業文化承襲了企業文化的共性，但是它也具備其作為服務性企業的一些特性。

一、企業文化的共性特徵

企業文化因企業所處行業、企業宗旨、精神的不同呈現出千差萬別的特徵，但一般而言，其基本共性可以總結歸納為以下幾個方面：

（1）成員的同一性。指員工與作為一個整體的組織保持一致的程度，而不是只體現出他們的工作類型或專業領域的特徵。

（2）團體的重要性。指工作活動圍繞團隊組織而不是圍繞個人組織的程度。

（3）對人的關注。管理決策要考慮結果對組織中的人的影響程度。

（4）部門的一體化。鼓勵組織中各部門以協作或相互依存的方式運作的程度。

（5）控制。用於監督和控制員工行為的規章、制度及直接監督的程度。

（6）風險承受度。鼓勵員工進取、革新及冒風險的程度。

（7）報酬標準與資歷、偏愛或其他非績效因素相比，僱員績效決定薪資增長和晉陞等報酬的程度。

（8）衝突的寬容度。鼓勵成員自由爭辯及公開批評的程度。

（9）手段──結果傾向性。管理更注意結果或成果，而不是取得這些成果的技術和過程的程度。

（10）系統的開放性。組織掌握外界環境變化並及時對這些變化作出反應的程度。

二、企業文化的企業特性

所謂企業文化的企業特性，是指不同企業的企業文化有其自身的特殊性，並非所有企業的企業文化都是一樣的。不同企業的企業文化之所以存在各自的特殊性，是因為企業文化實際上是作為人的價值理念而存在的，而人的價值理念又是對現實活動的反映，所以企業所面臨的現實狀況不同，自然它的文化就不同。

企業文化的企業特性之所以存在，是受幾個方面因素影響的：

1·企業的制度安排和戰略選擇不同

企業文化在內容上是企業制度和戰略在人的價值理念上的反映，而不同的企業又具有不同的制度安排和戰略選擇，因而對於作為反映企業制度和戰略的企業文化，當然在內容上就有很大不同。

2·企業家文化的不同

企業家的文化對企業文化的影響是很大的，企業文化一定程度

上是企業家文化的反映，而不同的企業家以不同的價值理念經營管理著企業，從而影響著企業文化的形成。

3．企業的發展階段不同

企業處於不同的發展階段，將有著與自己發展階段相適應的企業文化。例如，創辦初期的企業文化與企業發展成熟後所凝練的企業文化肯定是不同的，這樣就導致了即使是同一個企業，其企業文化在不同時期也是不同的。

4．企業所處的行業不同

製造業的企業文化與服務業的企業文化肯定不同，雖然在服務經濟的發展過程中，前者已經將更多的注意力放在服務方面，但是服務性企業對服務的認識和創造仍然遠遠超過製造性企業。

正是由於企業文化的特殊性，因此任何企業都不能照搬其他企業的文化。別人的企業文化雖然會對自己的企業有所啟發、可資借鑑，但是照搬照抄到自己的企業卻行不通。

三、飯店企業文化的特性

飯店作為為顧客提供住宿、飲食等服務的企業，服務是飯店企業的一大特性，而飯店顧客需求的多種多樣則決定了飯店企業文化具有除共性外的自身的特點。

1．服務是飯店企業文化的基本特點

與製造性企業不同，飯店出售的是以實物為基礎的服務。顧客更多的是消費服務帶給他們的享受，而非物質上的產品。因此，服務意識是飯店企業文化的基本特點。

2．文化意識是現代飯店企業文化的重要表現

飯店的顧客有物質方面的需求，但更多的是精神層面的需求，尤其是透過對文化的尋求達到精神上的滿足。因此，現代飯店企業的有形產品以及服務人員的服務活動，除了要滿足顧客的基本需求之外，還必須具有滿足顧客求新、求美、求知的文化功能。飯店的文化意識越強，所提供的綜合服務的文化品味越高，就越能夠在較高水平上滿足顧客的需要，吸引更多的客源，實現提高利潤的目的。

3·飯店顧客群的國際性決定了飯店企業文化的融合性特點

飯店是涉外企業，所接待的賓客可能來自世界各地，這些賓客帶著各自不同的文化背景、審美取向和行為特徵，因此飯店的企業文化要能夠包容不同的文化，使其文化具有高度的融合性。從發展的角度看，飯店企業必須越來越多地面對國際市場，必須重視顧客群多元化的國際性趨勢，這就要求飯店企業文化具有世界性的特點。

4·飯店企業文化具有突出的人性化特徵

這是由於飯店服務的直接對象是人，提供服務的也是人。這種與「人」接觸頻繁的企業必然要具備人性化的特點。這種人性化一方面表現在對客服務的個性化，即根據顧客的不同需求儘可能提供相對應的服務；另一方面則是指內部管理的人性化——只有滿意的員工才會有滿意的顧客，要想滿足顧客的個性化需求，必須要善待員工，以人為本，將員工當做飯店內部的顧客來對待。

第五節　肯德基的跨國文化

肯德基是國際知名餐飲連鎖企業，其企業文化的跨國特色突出，本節透過對肯德基跨國文化的介紹與評析，以期對國際企業的

跨國文化問題有個更為深入的理解。①

　　肯德基是由哈蘭德·桑德斯上校於1939年創建的，他以含有11種草本植物和香料的祕方首次製成了肯德基炸雞。由於工藝獨特，香酥爽口，很快就風行美國，並走向世界。現在，肯德基已經成為世界著名的炸雞速食超級連鎖企業，在全球80多個國家擁有超過1.1萬多家餐廳，已形成一個龐大的國際性速食食品市場。1987年，肯德基作為第一家「速食」進入中國大陸市場，到目前為止，肯德基在中國擁有超過1500家餐廳。它以美味的產品、高效的服務、嚴格統一的管理、清潔優雅的用餐環境，給數以億計的顧客留下了美好的印象。然而，在30多年前，肯德基作為第一家進入中國香港市場的美國速食食品連鎖店卻兵敗香江，在國際市場拓展中經歷了一次與文化投資環境密切相關的重大挫折。

一、肯德基兩度進軍中國香港的失與得

　　肯德基首次進軍中國香港之前，曾對香港的有關投資環境進行了分析。肯德基公司認為，進軍香港市場有如下三個有利條件：

　　（1）20世紀70年代初的香港，由於經濟發展，生活節奏日益加快，使得越來越多的居民改變中國傳統的家庭用餐習慣，轉為戶外用餐，從而形成了對速食食品迅速增長的市場需求，給予了速食業發展的大好機遇。

　　① 本案例參閱了劉光明編著的《企業文化案例》一書，由經濟管理出版社2003年出版。

　　（2）雞在中國人的傳統飲食中占有重要地位，不論是從營養價值還是從飲食偏好來看，都會投港人所好。

　　（3）肯德基來港之前，港人還很少吃過美式速食，這種新式

的速食食品必然會引起港人的注意，形成吸引力。

於是，肯德基於1973年6月進軍香港速食市場，第一家家鄉雞店在美孚新屯開業，接著以平均每個月一間的速度連續開了11家連鎖店。在一次記者招待會上，肯德基公司主席誇下海口：要在香港開設50至60家分店。在肯德基家鄉雞店中，除了炸雞之外，還供應其他食品，比如菜絲沙拉、薯條、麵包以及各種飲料。炸雞分5塊裝、10塊裝、15塊裝和20塊裝四種形式出售。另外，還有套餐出售。除了提供港人前所未「嚐」的美式速食食品外，肯德基家鄉雞在香港首次推出時，還配合了聲勢浩大的宣傳攻勢。肯德基的廣告占據了香港電視主要頻道，除此之外，還有鋪天蓋地的報刊廣告和印刷品，這些廣告都採用了家鄉雞世界性的宣傳口號：「好味到舔手指」，迅速吸引了港人的眼球。

然而，讓人萬萬沒有想到的是，到1974年9月，肯德基公司突然宣佈多家餐廳停業，只剩四家堅持營業。到1975年2月，首批進入香港的肯德基餐廳全部關門停業。雖然肯德基家鄉雞公司的董事堅稱，這是由於租金上的困難而造成的歇業。但據有關人士分析，問題主要是出在投資者缺乏對香港本土文化特別是飲食文化的瞭解，而未能吸引住顧客。

（1）在口味上，肯德基雖然知道雞是中國人的傳統食品，但沒有進一步瞭解中國人的口味要求。雖然為了適應香港人的口味，肯德基採用了本地產的土雞品種，但仍採用以前的餵養方式，即用魚肉飼養，這種做法破壞了中國雞特有的口味，不能令港人滿意。

（2）在廣告上，家鄉雞採用「好味到舔手指」的國際性廣告詞。雖然肯德基的這句廣告詞在其他地區的市場上收到了良好的宣傳效果，但卻違背了香港居民的觀念，很難被深受儒家文化影響的港人所接受。

（3）在價格上，雖然當時香港人的收入有了很大的增長，但

港人還是認為肯德基太昂貴，因此需求量較小。

（4）在服務上，家鄉雞在香港仍採用美國式服務。在美國，速食店一般為外賣店，人們駕車到速食店，買了食物帶回家吃。因此，速食店內通常不設座位。但香港則不同，港人喜好三三兩兩結伴入店進餐、邊吃邊聊。肯德基不在店內設座位的做法，無疑失去了一大批潛在顧客。

一晃十多年過去了，肯德基家鄉雞先後在馬來西亞、新加坡、泰國和菲律賓投資成功。在總結了東南亞成功經營的經驗之後，肯德基於1986年9月再度登陸港島。這次，肯德基重新進軍香港，他們把特許經營權交給了香港太古集團的一家附屬機構，以獨家特許經營的方式取代合資方式，條件是不能分包合約，10年合約期滿時可重新續約。特許經營協議內容包括購買特許的設備、食具和向肯德基特許供應商購買烹調用香料。首家新肯德基速食店於1985年9月在佐教道開業，第二家於1986年在銅鑼灣開業。這時的香港速食業發生了許多新的變化，市場份額已被本地食品和麥當勞分別占去七成和兩成以上。肯德基在開業以前，公司的營銷部進行了細緻的市場調研和預測，謹慎地開拓市場，在營銷策略上根據香港本地的情況進行了改動，這回家鄉雞吸引住了顧客，很快在香港速食市場站穩了腳跟。在不到兩年的時間裡，肯德基家鄉雞在香港的速食店就發展到716家，約占該公司在世界各地總店數的1/10強，成為香港速食業中與麥當勞、漢堡王和必勝客齊名的四大美式速食公司之一。肯德基家鄉雞終於為港人所接受了。

有人分析了肯德基家鄉雞二度進軍香港的成功原因，認為應該歸因於公司在營銷策略上所做的重要變動：

（1）在食品項目上，肯德基家鄉雞店進行了一些革新。在品種上，以雞為主，有雞翅等部位，也有雞桶合裝、雜項食品和飲品。雜項食品包括薯條、沙拉和玉米等。大多數原料和雞都從美國

進口，同時還供應「本地化」的配菜。

（2）在設計上，速食店設計簡潔、高雅，並設置了店內就餐的座位。

（3）在廣告上，肯德基放棄了國際性的統一廣告詞「好味到舔手指」，改為帶有濃厚港味的「甘香鮮美石岩口味」，很容易為港人所接受，而且廣告並不作為營銷主攻方向。

（4）在市場定位上，肯德基家鄉雞進行了市場細分，確定了目標市場，把目標市場鎖定為年齡介於16～39歲之間的顧客，注重年輕及受過教育的顧客層。

（5）在經營方式上，改變業務經營方式，以獨家特許經營方式取代合資方式。

（6）在價格上，肯德基將家鄉雞以較高的價格出售，而其他雜項食品如薯條、沙拉和玉米則以較低的價格出售。

肯德基經營者意識到，20世紀70年代和80年代兩次進軍香港的成敗，應從營銷的文化理念上進行總結。肯德基的這些改變和取得的成績都和它加深了對香港本土文化的瞭解或對香港文化投資環境的重新認識有很重要的關係。隨著時代的發展，美國文化對世界的影響與日俱增，不少香港的年輕人都將肯德基作為美國文化的代表予以接納。肯德基用美國雞取代中國土雞，並以哈蘭德·桑德斯上校的美國配方烹製，同時又附帶供應本地化配菜的一系列做法，一方面迎合了香港人追求西式生活的品味，另一方面又照顧到了香港人對傳統文化的懷戀，很恰當地把握了香港居民具有深層文化背景的消費心理。另外，肯德基在設計、廣告、經營方式、價格等方面都根據香港的實際情況，對公司以前採取的統一的國際市場拓展方式進行了變革，以適應香港本土文化的變化，更好地適應香港本地的需求。所以，可以肯定地說，如果投資者對香港文化的變化沒

有進行充分瞭解和客觀、細緻的分析、評估，肯德基在香港就不能轉敗為勝。

二、肯德基在中國大陸的發展

1987年，肯德基進軍中國大陸市場，在北京開設了中國大陸第一家美式速食店，生意空前紅火。到2005年10月11日，隨著位於上海控江路的肯德基鳳城餐廳的開業，肯德基在中國大陸已有1500家連鎖店，肯德基在中國速食業市場獲得了空前成功。肯德基在中國大陸的成功與他們將肯德基所代表的美國文化和傳統的中國文化相融合是有密切關係的。肯德基一直秉承為中國人打造一個肯德基中國品牌的理念，為廣大的中國消費者推出了一系列符合中國人口味而且營養豐富的新產品，從而得到了消費者的肯定，也使肯德基的品牌有了更大的發展空間。

如今，肯德基在產品上更加突出了中國特色，開出了中國菜單，從而使其「立足中國、融入生活」的理念深入人心，而本土化的戰略也成為其迅速拓展中國市場的殺手銅。肯德基在保持其原有招牌產品的同時，結合中國豐富的飲食文化傳統和不同地域的飲食特色，推出了許多具有濃郁中國風味的產品，如老北京雞肉卷、川香辣子雞、寒稻香蘑飯、西域風味的孜然扒翅等，而且平均每個月，肯德基都會推出長期或短期的本土化產品，受到了眾多消費者的好評。

三、肯德基在中國香港和中國大陸經營的啟示

肯德基在中國經營的成敗得失，對我們的跨文化管理是很有啟發意義的。肯德基帶給我們的啟示主要有：

（1）將產品從一個國外市場複製到中國市場相對比較容易，而在國外市場取得成功的同一種經營發展模式，複製到中國市場卻未必能獲得成功。特別是在遇到文化差異帶來的問題時，如果不重視將跨國企業自身的文化與東道國的本土文化相融合，想要長期贏得市場，那是極為困難的。因此，跨國企業只有在保持其本身特色的同時，積極地推行本土化，重視跨文化管理，適應中國的文化背景和經濟發展的步伐，才能在中國未來的市場格局中占有一席之地。

（2）隨著世界經濟一體化和區域經濟集團化的迅猛發展，越來越多的企業選擇了走跨國經營的道路。在進行跨國經營的過程中，很多跨國企業遇到的一大難題，就是如何實施跨文化管理。凡事都有其兩面性，文化同樣是一把「雙刃劍」，文化差異既給跨國公司進行跨國經營帶來了機遇，同時也帶來了巨大的挑戰。與一般只開展國內經營的企業不同，跨國公司到不同的國家、地區進行跨國經營，必然會面臨來自不同國家、不同地區在文化領域的摩擦與碰撞。文化差異的客觀存在，勢必會給跨國企業的運營帶來衝擊。實施跨文化管理，就是利用跨文化優勢，減少跨文化衝突，是跨國企業成功經營的戰略選擇。面對企業在跨國經營中所受的多重文化的衝擊，要減少由文化摩擦、衝突而帶來的交易成本，增加企業運營的勝算，就必須把公司的經營放在全球的視野中，建構自己的跨文化管理戰略，從而實現企業跨國經營的成功。全面正確地分析、評價跨國經營所面臨的文化風險，根據公司特性，充分發掘文化優勢，把握文化差異帶來的市場機會，是企業實現成功跨國經營的保證。

（3）任何一個企業，尤其是跨國企業，在進行異國異地經營時，都不能忽視當地的文化背景，要主動地將本企業的企業文化與當地文化相融合，實施跨文化管理。肯德基在中國香港地區的第一次失利就是因為其經營者忽視了香港與西方國家不同的文化背景所

造成的。不同的文化背景影響著人們的消費方式和消費習慣，並進而影響整個消費市場的結構和模式。如果對目標市場不進行客觀的研究和猜想，有時可能會導致整個海外拓展計畫的失敗，造成嚴重的經濟損失。因此，在進行異國異地投資時，必須把文化環境因子作為國際投資環境評估的重點，並正確地猜想地域文化環境的作用與影響。

引子評判

象徵美國文化的迪士尼和米老鼠在巴黎的經營初期遭遇滑鐵盧。之所以迪士尼和米老鼠在巴黎遭到冷遇，是因為迪士尼和米老鼠的美國文化並不適合歐洲人；是因為美國人在建歐洲迪士尼樂園時，不是以歐洲人的消費習性為出發點，而是以美國人的心理去揣摩歐洲人。米老鼠兵敗巴黎的啟示在於：一個國家的文化若進入另一個國家，其產品所包含的文化屬性若不能與所在國民族文化生態相吻合，可能會招致本地文化的排斥。經過若干年的苦心經營，巴黎的迪士尼已經慢慢為歐洲人所接受，經營狀況日益好轉，這一歷程也正好說明了外來文化與東道國文化逐步的適應過程。

第二章 經理人如何在中西方飯店企業文化差異中尋找自身目標

導讀

經理人要從中外飯店業的企業文化與經營宗旨差異中定位飯店企業文化，從經營標準與營銷模式差異中確立飯店文化基點，從管理制度與內部管理差異中探求飯店制度文化，從市場競爭策略差異中研究飯店文化戰略，從人力資源管理差異與員工培養機制中尋找飯店文化建設的突破口。本章特別透過對假日飯店集團的發展歷程、凱萊國際酒店管理有限公司的企業文化和開元集團管理人員培養方式的評析中，探求中西方飯店各自的企業文化建設的思想亮點。

引子：「無效交際——是對企業利益和員工感受的極大漠視」

一家創辦兩年的區域性的飯店管理公司如是說。這一理念是否表明企業經理人找到了自身的定位？它適合飯店企業文化定位嗎？

經理人如何在中外飯店企業文化差異中尋找自身目標，這要從中外飯店業管理思想差異說起，要從不同文化背景下的企業管理思想入手。

第一節 從企業文化差異與經營宗旨差異中尋找自我

一、中西方文化差異

　　基督教是西方社會的主流文化，西方在基督教原罪精神引導下，經過宗教改革時期基督新教特別是路德教、加爾文教以「天職觀」為核心的新教倫理的發展，逐步形成了強調平等權利的企業觀與功利主義的，從人本平權出發，強調進取、效率與控制的企業文化。文藝復興時期得到強化的另外一個西方社會文化傳統——個人主義傳統是西方文化發展的一個核心，個人主義強調以個人為中心，表現為利己主義、自由主義和無政府主義，為了規約個人主義，西方企業逐步發展並建立了企業管理的契約關係和市場法則。契約關係使資本、勞動力、專業技術人員、企業管理人員有效地組織起來，從事生產與分配工作。契約精神成為維繫市場經濟制度的根本體系，成為企業管理的基礎，它甚至把一切社會價值都看成是進行市場交換的關係，勞資雙方可以依據自身的意志，依照市場供需關係選擇合乎條件的契約關係，也可以依照規定解除合約。有效的契約關係和市場法則，促進了西方飯店業的集團化發展，發展出了連鎖經營、特許經營和戰略聯盟的經營模式，走上了飯店經營的品牌化、連鎖化與集團化之路。

　　中國的傳統文化背景是以倫理為核心，以人本主義為特徵，崇尚和諧、謙讓、勤勞、節儉的本性，在價值認知上注重傳統權威，在社會評價方面注重名聲與家風。普通平民百姓特別重視血緣、地緣關係，重視差序的倫理觀，講求天人合一的企業自然觀，缺乏法治觀念，在宿命論的指引下，強調安分守己，樂天知命，因而缺乏改革的衝勁。在這些傳統文化的影響下，中國的企業組織形成了一種「差序關係與家庭倫理式」的管理方式：等差有序，仁和中讓。其基本導向是對個人權威的崇尚，其解決危機與衝突的方法是「讓」、「恕」與「無爭」。這種「差序關係與家庭倫理式」的管理方式，導致在企業管理中形成一種建立在孝道文化基礎上的權威

人格，這種權威人格容易形成因襲慣例、遵守習俗、追求權勢與獨斷專行的企業管理體制。

從中西不同文化傳統所形成的企業管理思想看，既有不同的傳統和企業管理發展趨勢，又各有弱點。中國傳統管理的最大缺陷是缺乏效率與創新，而西方的管理方式易產生勞資對抗；中國傳統思想的安土重遷有利於職工的企業忠誠，而西方的個人主義與契約關係易導致高度流動。因此，要在中國特定的土壤中創造出全新的符合中國國情的企業管理思想，應當把西方現代管理技術與當前中國特有的企業管理環境及中國固有的文化傳統三者有機結合起來，形成新的企業管理思想，在中外飯店企業文化差異中尋找自身目標。

二、中西方飯店業經營宗旨差異

西方飯店的經營宗旨強調顧客利益、股東利益與員工利益之間的三者統一。雖然沒有明確指出三者利益誰最重要，從根本利益看，當然是股東利益最大化最為重要，但股東利益最大化並不作為飯店的經營宗旨，許多飯店的經營宗旨是把顧客放在至高無上的位置，其次是員工的利益，最後才是企業利潤，即股東利益放在最後。如此考慮，既明確了企業經營宗旨，把員工利益放在前面，實際上也保證了股東利益的長期性與穩定性。在實際經營中，飯店把滿足顧客作為企業宗旨的核心內容，一切服務管理、組織設計、人力資源配置都以客人滿足為基本依據，實現了企業的長期效益。

中國人受孔子的儒家學說影響，在企業經營中強調企業經營的社會效益。孔子認為，「君子喻於義，小人喻於利」，要把義放在主導地位，利應受到義的制約，鼓勵人們見利思義。因此，即使在改革開放後才發展起來的，在經營思想和管理制度上搬襲西方飯店業的經營模式，深受西方文化思想影響的飯店業，中國的飯店經營

者們仍然強調要物質文明與精神文明一起抓，經濟效益與社會效益並舉，甚至提出經濟效益是社會效益的基礎，社會效益是經濟效益的動力，只有兩個效益同步提高，企業才能穩定長久地發展。在飯店經營宗旨上，大多數飯店都同樣強調「賓客至上」的經營宗旨，提出要創造出「賓至如歸」的飯店氣氛，力圖建立起「賓客至上，服務第一」的飯店＋管理體系。

但是，在實際經營過程中，中國國內的一些飯店經營者對企業的經營宗旨不甚明確，即使名義上把顧客的利益放在企業經營的第一優先地位，在實際操作中仍然有諸多偏差。例如，國營飯店的職工較之外資飯店的職工服務意識較弱，內地飯店的職工服務意識差於沿海發達地區，許多飯店甚至稱不上是真正的商業飯店，還帶有濃厚的政治接待性質。飯店經營的目的不是贏利而是為接待上級服務，是對上級服務而不是對顧客服務。只有真正對顧客一視同仁，提高服務質量，才能真正實現「賓客至上、服務第一」的企業宗旨，真正實現與國際飯店業的接軌。

三、飯店企業文化定位

飯店企業文化是指飯店員工在從事經營活動中所共同具有的理想信念、價值觀念和行為準則，是外顯於店風店貌、內顯於員工心靈中的以價值觀為核心的一種服務意識。

既然是企業文化定位，就要爭取定位得更為準確一些，既利於理解，也利於操作。

飯店文化的建立目的，就是要在飯店員工內部倡導和營造一種積極健康、活潑和諧的精神氛圍。將飯店的各項工作都集中指向這一核心點，對飯店的各方面工作造成良好的推動作用，體現飯店文化的價值。

麗思・卡爾頓飯店公司是飯店企業文化定位得最為科學、合理的典型例子之一。該公司是世界上最豪華飯店的管理公司之一，1983年成立，業務遍及北美、中美、歐洲、亞洲和大洋洲。

　　麗思・卡爾頓飯店公司提出：真誠的關心與顧客的舒適是我們的最高宗旨，我們發誓為我們的顧客提供最個性化的設施與服務，讓顧客享受溫暖、放鬆而高雅的環境。

　　在麗思・卡爾頓飯店公司的經歷會使顧客充滿生機，給顧客帶來幸福，滿足顧客難以表達的願望與需要。

　　針對服務型企業員工的精神狀態，麗思・卡爾頓飯店公司的座右銘是：「我們是為女士和先生提供服務的女士和先生。」這一簡單的表述，顛覆了傳統的「顧客是上帝」的服務文化理念，把員工的思想狀態和精神解放出來。在具體的服務過程中，麗思・卡爾頓飯店公司提出了三個步驟的服務程序：

　　（1）熱情真誠的迎接，儘可能稱呼客人的名字。

　　（2）能夠預見客人的需求並滿足客人的需求。

　　（3）深情地向客人告別，熱情地說聲再見，儘可能地稱呼客人的名字。

　　更為重要的是，麗思・卡爾頓飯店公司告誡員工：我們不希望你們為本公司工作，而是希望您成為公司的一部分。我們共同的目標是建立卓越的飯店，控制世界飯店業的高級細分市場。這需要你們大家的幫助，飯店的未來掌握在你們手中。

　　然而，對於目前中國國內飯店業來說，在飯店標準化服務理念尚未完全有效地實施之前，一味地追求「顧客是上帝」不一定可取，強調「員工與顧客的平等」也未必可行，還需要管理者根據自身的實際有選擇地定位自身的飯店文化。

第二節 從經營標準與營銷模式差異中確立飯店文化基點

一、經營標準差異

滿足市場需要是飯店經營的根本標準。由於經濟發展水平差異，反映在飯店經營標準上也有很大的差別。個性化服務是20世紀90年代以來西方高級飯店的經營標準，而追求標準化仍然是這一階段中國飯店的普遍需要。

產品服務標準化是目前國內飯店的普遍追求。透過實現飯店服務的標準化，既可以評定星級，符合大眾的消費需求，又能在入世後，與國際飯店業接軌。所以，各種等級的飯店都在想盡辦法以實現飯店服務的標準化。飯店服務的標準化，其根據是飯店產品的標準化，只有實現產品的標準化，才能有效地評定星級，才能與其他飯店相比較，在競爭中與同等飯店較量。這已成為中國飯店業的普遍觀念。科學化、規範化、制度化、程序化是標準化服務的核心。

但是，標準化服務在歐美國家的飯店管理中，已經不是什麼時髦的方式了。歐美國家中高級飯店絕大多數已在推行個性化服務。個性化服務的目標是滿足顧客的個人需要。顧客也尋求專門為他們定做的服務，而不是普遍的規範化的服務，他們尋求個人關注。越來越成熟的顧客總是在尋找「差異」，例如在餐飲服務上，顧客喜歡自己增加作料或自身參與，顧客的參與比員工服務顯得更關鍵。飯店要有能力提供獨一無二的、高接觸的、高度個人化的服務，滿足顧客的個人需要。顧客越來越追求一個難以忘懷的經歷。例如舉行會議，辦會務，飯店旅遊規劃者除了提供會務外，還要給個人以特別服務，滿足個人的特別需求，其目標是維持一對一的個人服務。

飯店產品與服務的標準化，對於中國這個長期閉關自守的國家來說，在20世紀80年代是非常重要和迫切需要的。因為中國旅遊飯店業從無到有，在改革開放之初，我們國家對於外部世界不太熟悉，對於需要具有超前意識和超前服務水平的飯店業來說，只能借鑑外國的經驗和現有的成果。中國在飯店業一開始就對外開放，就有了合資飯店、外資飯店和中外合作飯店，也就有了世界上著名飯店集團進入中國旅遊飯店業的先例。到目前為止，飯店業的標準化對中國還是非常需要的。在這個標準化過程中大部分飯店都取得了一定的成果，雖然服務還不太規範，產品還不太穩定。

當然，中國有些飯店在很大程度上仍然停留於情緒化服務的水平上。情緒化服務是一種以自我為中心的服務方式，缺乏設身處地為他人著想的意識，而是「我想怎樣服務就怎樣服務」。其最大的弊端是服務質量的一致性差，波動大。中國飯店業在現階段仍然無法跳過標準化服務而直接進入個性化服務，中國飯店業仍然呼喚標準化服務，也只有真正實現了飯店服務的規範化、程序化和技術參數化，才能逐步創建個性化飯店服務體系。

二、營銷模式差異

主要的營銷模式有三種，即顧客消費導向模式、競爭導向營銷模式和顧客關係營銷模式。這三種模式適用於西方飯店業，也可以被中國所利用，但是，由於受到文化差異的影響，最適合中國的應該是顧客關係營銷模式。

顧客消費導向模式的主要內容是透過辨認現在還沒有得到滿足的需求和慾望，衡量其大小，從而確定一個最佳的目標市場，並決定服務於該目標市場的產品、價格、分銷渠道和促銷方式，即「4PS」的營銷組合。其理論依據是，市場需求是企業生存的源

泉，企業利潤來源於對市場需求的滿足，而作為企業營銷的核心則是顧客需求。因而該模式能透過識別顧客需求來發現新的市場機會，並根據自身情況制訂各種戰略戰術，從而有利於企業的長期穩定發展。

在西方，傳統的「4PS」理論一直占據著主導地位。大部分企業根據市場占有率這一目標來制訂營銷戰略，評估營銷效果；採用「4PS」營銷因素組合模式，進行大規模營銷活動；利用低廉的價格或差別化的產品和服務來提高競爭實力；透過大眾傳播媒介宣傳品牌形象，向消費者提供各種產品和服務訊息並最終取得成功。雖然後來有人將「4PS」拓展到「6PS」甚至「10PS」，但也只不過是在原有基礎上的發展而已。

競爭導向營銷主要以競爭者為標竿，首先識別企業競爭者，包括現有的競爭者與潛在的競爭者、行業競爭者與跨行業的競爭者，其次採取跟隨策略或針對競爭者制訂策略，將準星對準直接競爭對手。在企業外部環境（市場、政策、消費者需求個性化、競爭的無邊界化等）不確定性迅速增加和變革性技術隨時可能出現的今天，企業面臨的經營環境更加多變。因此，競爭導向逐漸成為企業生存與發展的主題導向，特別是在製造業，許多企業在營銷過程中都在傾向於規避不確定性，採取競爭導向而不採取客戶需求導向的模式。

顧客消費導向營銷模式也得到了廣泛的應用，很多企業運用這種模式在中國市場上取得了成功。從表面上看，傳統的「4PS」營銷模式在中國似乎也已經占據了主導地位，但是，其實並非如此。中國的大部分企業看上去是「4PS」模式的受益者，但實質上其成功的關鍵還在於企業有意或無意地運用了關係導向模式的結果。因為顧客是否購買企業的產品和服務，不僅與產品及服務的質量和價格有關，更為重要的是與企業和顧客之間的關係質量有關。因此，

許許多多飯店在採用顧客消費導向的同時，更注重關係導向模式的顧客關係管理，提高顧客關係質量，形成顧客忠誠感，努力提高常客率。為了建立與顧客的良好關係，飯店從老顧客的利益出發，為他們提供各種便利和優惠，如價格折扣、主動與常客保持聯繫，瞭解他們的特殊需求並盡力予以滿足、虛心聽取顧客的意見，甚至特意為自己的長期客戶提供優惠的產品與服務等。

三、飯店文化的基點

透過對國內飯店業的比較分析，可以發現，迄今為止，飯店業的標準化還是非常必需的。飯店星級評定標準為主導的標準化過程，對於國內的大部分飯店來說，都有很好的效果，也都有一定的積極成果，但是，服務還不太規範，產品也不太穩定，表現為有些飯店的情緒化服務及其以自我為中心的服務方式。既然中國飯店業在現階段仍然無法跳過標準化服務而直接進入個性化服務，中國飯店業仍然呼喚標準化服務，則顧客消費導向只能作為飯店產品開發的依據，而不宜作為飯店企業文化建設的基點，只有真正實現了飯店服務的規範化、程序化和技術參數化，才能逐步創建個性化飯店服務體系，才能把個性化服務與顧客消費導向模式作為飯店文化建設的基點，而目前，只能把標準化服務與顧客關係營銷作為飯店文化的建設基點，個性化服務與顧客消費導向模式則作為未來飯店文化建設應當考慮的主要依據。

第三節　從管理制度與內部管理差異中探求飯店制度文化

企業制度文化包括企業領導體制、企業組織結構和企業管理制

度三個方面。因此，飯店制度文化受上述三個方面的影響，不同的領導體制，不同的組織結構，不同的管理制度都會引致不同的制度文化。

一、管理制度差異

中西方文化差異必然影響到管理文化。這種差異集中表現於管理者的決策思維，以及管理者如何對待企業中人的管理模式上。

管理科學的發展，見證了企業中人的地位和作用經歷了兩次大的飛躍：第一次是從追求物質經濟利益的經濟人到處於社會關係中的社會人的飛躍；第二次是從社會人到受價值觀念所支配的文化人的飛躍。這兩次大的飛躍，既是企業管理水平的提高，也是企業經營中、特別是企業國際化經營中所面臨的問題。綜觀國內外飯店業界，無不重視飯店企業文化以及作為飯店企業文化主體的人在飯店經營中的作用。

東方文化如行雲流水，是世界上最具靈活性的文化之一。而適應性強、過於靈活的文化必然不太重視正式制度的建立和實施，不僅對人事採用人本管理方法，對於經營環境變化也採取實用主義的態度，特別突出因時制宜的適應策略。對於制度文化，這種文化本性自然不會太過於嚴格，對於制度管理，則訂立者多，嚴格執行難。

於是，即使是在最早與國際接軌的飯店業管理中，管理制度雖然建立了不少，但貫徹起來則往往不受管理者重視。管理者在執行正式的制度時，常常因所謂特殊情況或特殊需要而變得「靈活」。正式制度的作用被弱化，「人治」管理的作用在誇大。以這種模式來管理，管理者個人在道德、知識、能力等各方面的水平就決定了飯店的成功或失敗。

而西方文化以制度為基礎，管理遵循原則，追求效率。其與中國在管理制度上的差異最明顯地表現於飯店的內部管理差異上。

二、內部管理差異

西方飯店內部管理注重的是管理層與員工的溝通，目的在於滿足顧客的需要，對顧客的需要能作出最快速的反應，要求員工以最少的時間與費用獲得最大的效能與效率。為此，在飯店內部管理上，飯店讓員工瞭解經營情況，明確自己工作的真相，將權力充分下放給一線員工，以便員工能更快速地對顧客的需要及其需求變化作出正確的反應，其核心是服務的充分授權與員工的溝通，突出的管理方法有巡視管理、訊息共享與參與管理。

巡視管理的目的是弄清現場實際工作情況，弄清員工的實際困難，協助員工解決問題。訊息共享是把飯店的某些經營訊息傳遞給每一位員工，如飯店戰略規劃、工作重點、新技術、預算、各部門經營業績等，利用新技術手段實現訊息的上傳下達與橫向溝通，讓員工在各種狀態下懂得如何快速準確地滿足顧客的需要。參與管理的重點在於給員工充分授權，減少飯店管理層級，縮減管理的中間層次，形成扁平化的組織結構，把更大的權力下放給員工，讓員工參與決策。

中國飯店內部管理方式重模式，重監控，即使是借鑑西方飯店業的管理經驗，也往往是借用其模式或者創立自己的模式，要求員工按模式行事，管理層的重要責任是監督員工嚴格按照模式操作，側重於對員工的監控。

在管理方法上，中國仍然停留於傳統的重監控、輕授權的監督式管理水平上。在飯店管理中，尚未確立一種能夠與西方飯店管理相提並論的管理機制。許多飯店往往強調中國員工素質還未達到能

完全自覺自律的程度，而拒絕進行更充分的授權管理，似乎要從人種、從員工素質來找藉口，其實，缺少的是必要的管理機制與員工的信用體制。當然，中國飯店業在管理中，也不缺乏巡視管理，但很多巡視管理重在監控；也提倡訊息共享與參與管理，但在本質上，由於組織結構層級化明顯，沒能給員工以充分授權，於是，很多西方飯店業的管理方法運用於中國飯店業，也就變成了監控管理。

三、探求建立監控與授權並重的管理制度

西方文化認為人性本惡，形成了以法律保護個人權利的個人本位價值觀。表現在人力資源管理中，與個人本位取向相一致的「工作分析」和與薪酬系統掛鉤的「職位評價」都很明確，詳細界定各職位的職位職責與職位價值，組織分工的價值觀明確，建立了與文化相協調的人事科學管理體系。

我們的飯店企業能否採納西方管理的精華，建立既適應國內飯店員工素質、又能體現員工價值的監控與授權並重的管理制度？對此，還需具體分析。

1．監控的質量管理問題

20世紀90年代以來，世界經濟進入了一個劇烈變動的時期，80年代以前的企業經營理念、管理思想、組織結構、競爭優勢正日漸失去昨日的輝煌，所有企業都竭力尋求重新定位、改革創新、探索新的生存與發展模式。飯店從歷史的小客棧發展到今天的大型飯店，從原來只提供簡單的食宿到今天提供包括食宿、會議、商務、旅遊、娛樂等在內的綜合性服務，飯店的組織結構也基於控制跨度和權責關係由簡單結構變成了金字塔式的複雜結構，在原有的決策層和具體操作層之間增加了很多的層級。

這些不斷增加的層級更多地是考慮了「控制」，初衷是為了提高服務質量。實際上，並沒有更多地增加效益，工作效率與服務質量並不一定提高。

根據目前國內飯店的組織結構，由於中間層次太多，影響訊息傳遞的速度，容易造成訊息傳遞過程的失真。

顧客—員工—領班—主管—部門經理—總經理—部門經理—主管—領班—員工—顧客，從這一訊息傳遞、反饋鏈看，一條訊息需要經過十一層級的傳遞才能回到源頭。

飯店在日常銷售和服務過程中，大量的訊息需要傳遞與處理，有時候訊息傳遞與反饋還需要跨部門解決，中間層次太多會造成訊息傳遞的速度緩慢與失真，影響經營決策與對客服務，繼而影響經濟效益。

2．監控的管理成本問題

在中國現有飯店組織結構下，員工配備一般為客房數的1.5倍，例如一家300間客房的飯店，其員工總數為450人，其中，管理人員為總經理一名、副總經理或總經理助理若干名，有的飯店還設事務總監，如餐飲總監、人事總監、客務總監、房務總監、財務總監、工程總監等，部門經理包括前廳、客房、餐飲、娛樂、商場、工程、採購、人事、辦公室、銷售、財務、保安、公關、培訓等正副經理或助理，及大廳助理若干名，平均每個部門至少兩人，共30多人，各營業部門（非營業部門可不設）下設主管若干名，總數與部門經理相近，領班人數則遠遠超過主管。作為管理人員，其薪金待遇遠比員工高，以現有國內飯店業管理人員年均5萬～10萬元的待遇及成本計算，則監控管理的成本很大。

因此，有人提出縮減中間層次，減少中間管理層級，倘如此，則各飯店每年可大大節約人力成本，對於飯店業來說，壓縮的成本

就是利潤。因此，有人提出了飯店組織結構扁平化的發展思路。

3．飯店員工素質不高，人事管理困難重重，充分授權也有難度

在傳統人事管理向現代人力資源管理的轉變中，隨著中國市場經濟的發展，現代飯店人事管理也面臨著一些新的挑戰，這些挑戰包括：

（1）勞動力結構變化。現代飯店招收的員工，文化程度都比較高，眼界也比較開闊，要求也向縱深發展。他們已不把工作作為自己的責任，而尋求自我實現，把工作過程作為發展自己的必由之路，把跳槽視為改變工作環境的唯一出路，一成不變的工作職位和穩定的人事檔案已不復存在，要保持一支穩定的職工隊伍反而成了飯店人力資源管理的頭等大事。

（2）價值觀的變化。隨著商品經濟的湧動，人們的價值觀發生了極大變化，人們把在社會中的機會均等擴展為結果均等，把工作作為自我實現、自我滿足的過程和工具。價值觀趨於多元化，需求趨於多層次、高層次，熱衷於開拓和做他們自己想做的事，對於自己工作中的失誤、失敗，不再進行自我反省，而是把錯誤歸於飯店或團體，把個別人的特殊性升為一種「普遍性」，強調個人利益而不顧飯店的整體利益。

（3）出現跳槽熱。隨著生活水平的提高，人們已不再為溫飽操心，反而是追求高收入、高享受、低付出，市場經濟孕育出一大批想發大財並急於發大財的人，人們已不再甘心情願地服從別人指揮，一心夢想自己做老闆。在經濟發達一些的地區，飯店不僅招不到員工，招來的員工也做不了幾個月就跳槽，對於接受過企業培訓或出國進修過的人，照樣對組織不屑一顧，揚長而去，給現代飯店人事管理造成了極大壓力。

在保持一支穩定的職工隊伍成為飯店人力資源管理的頭等大事的前提下，要給員工充分授權，更談何容易。

4．監控與授權的兩難境地

在現有飯店層級中，主管、領班的設置主要考慮其所受的培訓較多，在對待顧客、處理問題方面要高於一般的服務人員，飯店通常對這兩個層次的培訓和要求也較高，而服務人員因為薪資待遇相對較低，不少為新招聘的員工，相應的培訓有所欠缺，對客服務水平相對較低。而領班、主管，乃至部門經理，忙於日常事務和對員工服務的控制，又很難有時間真正面對顧客，顧客體驗不到飯店優質的服務。

在這種境況之下，如能建立既適應國內飯店員工素質，又能體現員工價值的監控與授權並重的管理制度，則將是目前飯店文化建設的最佳選擇。

四、飯店文化的支點在於管理制度

在企業文化中，企業制度文化是人與物、人與企業運營制度的結合部分，它既是人的意識與觀念形態的反映，又是由一定物的形式所構成。同時，企業制度文化的中介性還表現在，它是精神與物質的中介。制度文化既是適應物質文化的固定形式，又是塑造精神文化的主要機制和載體。正是由於制度文化的這種中介的固定、傳遞功能，它對企業文化的建設具有重要作用。

企業制度文化是企業為實現自身目標對員工的行為給予一定限制的文化，它具有共性和強有力的行為規範的要求。企業制度文化的「規範性」是一種來自員工自身以外的、帶有強制性的約束，它規範著企業的每一個人。飯店操作規程、飯店店規店紀、飯店經濟責任制、飯店考核獎懲制等都是飯店制度文化的內容。

在具體的飯店制度文化建設中，需要注意如下幾個問題。

1．基於企業文化的飯店管理制度

飯店管理制度是飯店在進行經營管理時所制訂的，起規範約束和激勵作用的各項規章制度。飯店的管理制度與企業文化之間具有相互制約、相互促進和相互轉化的關係。

（1）管理制度受制於企業文化

飯店企業文化是管理制度形成和發揮功能的基礎和環境。管理制度的形成必然受到企業文化的制約，它要體現和反映一定的企業文化。企業文化透過對員工潛移默化的影響，從而影響管理制度所能發揮的作用。積極的企業文化，為先進的管理制度的形成開闢道路，落後消極的企業文化會阻礙先進管理制度的形成和變革。

（2）企業文化影響著管理制度實施的效果

飯店管理制度雖然有其自身的強制力，但是必須得到員工的遵守和認同才得以貫徹。而企業文化則可以透過內在的滲透力和輻射力，影響著員工的思想觀念和對飯店管理制度的認知和實際的接受行為，為飯店管理制度的執行掃除障礙。

（3）管理制度和企業文化可以互相轉化

管理制度具有強制力，透過飯店組織提供實施保障。管理制度的有效貫徹執行，可以優化飯店和員工的價值觀念，形成飯店良好的工作環境和親和的人際關係，從而轉化為企業文化。企業文化透過管理制度載體就轉化為飯店的制度文化，既具有制度的強制性的規範特徵，又具有內在的約束和激勵特徵，潛移默化地影響著員工的思想和行為，達到管理規範的作用。

2．管理制度是對飯店企業文化的承載

（1）管理制度承載著飯店的企業精神

管理制度的形成與改革必然受企業精神的指導。飯店企業文化所具備的企業精神會體現在管理制度上，如人性化管理就是對人本主義企業文化的繼承和運用。管理制度體現著企業精神，作為規範員工工作、言行及其管理的制度要與企業精神保持一致，並細化成具體的制度條文或操作程序。透過管理制度的文本以及員工的言行都可以展示出飯店的企業精神，使企業精神活化在每一個飯店人身上。

（2）管理制度承載著飯店的經營哲學

管理制度作為確立和處理飯店內外各種關係的規則，體現著飯店的經營哲學，其將飯店經營哲學更加具體化和實體化，變成了人們可以看得見、行得通的準則。經營哲學影響著管理制度作用範圍內員工對飯店經營方針、策略和行動方向的看法以及他們行動的參與努力程度。同時經營哲學還深刻影響著管理制度效能的發揮。

（3）飯店管理制度是對企業價值觀的承載

管理制度直接體現著飯店的價值觀，並且保證價值觀的實現。在賣方市場時期，飯店的管理制度就是以內部管理為中心，並不注重顧客需求的滿足，輕視質量管理。但是到了買方市場的今天，飯店的價值觀發生了很大變化，從過去單純的實現利潤到現在的顧客滿意，價值觀的變化使飯店的管理制度也發生了變化，從而制度文化也發生改革，重塑了飯店的企業文化。

在一定程度上，可以說，飯店管理制度幾乎完全承載著飯店的企業文化，換句話說，飯店的企業文化建設應當從飯店的管理制度入手。

第四節 從市場競爭策略差異中研究飯店文化戰略

一、飯店的市場競爭戰略

（一）企業發展戰略的「猴子與獅子」

一個小島上只有一隻猴子和一隻獅子，沒有其他食物。獅子想把猴子吃掉，猴子爬到樹上不敢下來。過了兩天，樹上的猴子餓得不行了，樹下的獅子也餓得不行了。猴子說：「與其我們兩個都餓著，不如你游到對岸去，那個島上有很多東西吃。」獅子覺得有道理，便來到海邊，但它發現海水很深，難以游過去。獅子重新回來找猴子，求教如何游過去。猴子說：「如何游到對岸是一個市場競爭戰略問題，各有各的游法。」

飯店企業的長遠發展是個戰略問題，而如何提高競爭能力則是個市場競爭戰略問題。

多元化經營和提高企業經營的專注度，一直以來是企業發展戰略上爭論不休的論題。對於飯店業來說，是採用專一的產品發展戰略，還是多元化經營戰略，各有各的戰略與策略。

（二）假日飯店集團給我們的啟迪

1．假日飯店集團的發展

假日集團1952年8月創建於美國田納西州曼非斯城。創始人為凱蒙斯·威爾遜（Kemmons Wilson）。

1951年，凱蒙斯·威爾遜帶家人外出旅行，旅途中遇到諸多煩惱，而最令人不滿意的是住宿，大多數旅館設施低劣簡陋，衛生條件差，價格又昂貴。威爾遜從這次不愉快的旅行中，發現住宿業是一個潛力巨大、尚待開發的行業，而駕車旅行渡假的家庭旅遊所需要的汽車旅館正是一個空白。於是，1952年，威爾遜從銀行貸款30萬美元，在通向曼非斯城的主要通道——夏日大道（Summer Avenue）上建成了一個擁有120個套房的汽車旅館，取名假日旅

館（Holiday Inn）。市場定位於家庭旅行者使用的汽車旅館。假日旅館每間客房的成本 8000美元（包括土地價格），客房寬大舒適，每間配備 2個床位，有空調、浴室和沐浴設施，停車場寬大，客房提供免費的電視、電話，特別配備了餐廳和游泳池。這家旅館經營非常成功。繼第一家假日旅館之後，威爾遜又相繼在進入曼非斯城的其他三條公路上建立了另外三家假日旅館。

凱蒙斯·威爾遜按照施塔特勒的經營信條，非常重視地理位置，創業時飯店建造大多沿高速公路分布，市場定位面向中產階級，依據中檔大眾市場的消費水平與需求設計飯店，突出潔淨、舒適、衛生與安全的經營模式。

1957年，假日公司共擁有汽車旅館7個，出售特許經營權18個，同時更名為美利堅假日飯店公司（Holiday Inn of America），為擴大規模，開始向公眾出售股票。假日飯店公司的華萊士·約翰遜（Wallace Johnson）還使假日旅館與海灣石油公司建立聯合信用卡合作項目。海灣石油公司為假日旅館的擴張提供資金，假日旅館支持海灣公司在假日旅館旁邊建造加油站。假日集團從海灣石油公司獲得1000萬美元的貸款和 2500萬美元的抵押貸款，15年以后海灣公司在假日旅館旁邊建造起500多個加油站。雙方商定，海灣石油公司發行的海灣信用卡也可以在假日旅館使用，可以支付食宿等費用，這個合作使假日公司有了充裕的財源。海灣信用卡持有人在假日旅館使用海灣信用卡支付的費用達 1.2億美元。兩者結合促使假日集團的擴張速度達到高峰，聯號經營大大擴充，兼併了長途汽車公司、輪船公司、餐廳等相關企業，使之成為飯店業的大廠。到1968年8月，該公司在得克薩斯的聖安尼奧建立起第1000個假日飯店，而後，幾乎是每2～3天就有一家新的假日飯店開業，每年要求加入聯營的申請多達10000個。與此同時，假日飯店公司從1967年開始大力向海外尋找新市場，到1973年，假日集團在美國及世界20多個國家擁有或經營飯店1500多家。公司

更名為假日飯店公司「Holiday Inn．Inc.」。

進入博彩業是假日飯店公司的一大經營決策。1978年，假日飯店公司首次買下美國拉斯維加斯的一個賭場股份的40%而進入博彩業，兩年以後，又以3億美元的價格買下了哈拉博彩公司（Harrah's），成為美國最大的博彩經營商。為了滿足城市公務旅遊的消費需要，80年代後，假日飯店公司採用新戰略，把飯店分成六大類，以滿足不同的市場需求，即假日旅館（Holiday Inn）：假日飯店公司的主體部分；大使套房與皇家大飯店（Embassy Suite & Granda Royal）：它是全套房飯店，主要面對停留時間較長的公務旅遊者市場；漢普頓旅館（Hampton Inn）：它是一種新型的經濟檔住宿設施，面向中檔市場的最低層；假日皇冠廣場（Holiday Inns Crowne Plazas）：它是一種大城市市區飯店，一般為四星以上的豪華級飯店；公寓旅館（Residence Inn）：它是一種全套房式飯店，面向居住時間較長的旅遊者，每個套房內安裝有全套廚房設施；哈拉（博彩）飯店（Harrah's）：它是專門的博彩飯店。

1988年，英國最大的零售商，兼營釀酒、飲料、小酒館、飯店、餐飲與娛樂業的巴斯集團（Bass PLC）以4.75億美元的價格將除北美洲以外的假日飯店特許經營權和美國及境外一些假日飯店公司的所有權買下，成立了巴斯集團的國際假日飯店公司（Holiday Inn International．Inc.）。1989年，假日公司與巴斯集團經過一系列的資產重組，假日飯店公司成為巴斯集團的一家子公司，並改名為假日國際（Holiday Inn Worldwide），總部由曼非斯移至亞特蘭大。2001年巴斯飯店集團更名為六洲飯店集團，2003年六洲更名為洲際飯店集團。假日成為洲際集團下的一個品牌。

2．假日飯店集團的子品牌

假日洲際飯店集團擁有和管理著許多知名的國際飯店品牌，包括洲際飯店（Inter-continental）、皇冠大飯店（Crowne Plaza）、假日飯店（Holiday Inn）、假日旅館（Holiday Inn Express）等幾種飯店類型。其擁有3500家飯店，535000間客房，遍及近100個國家和地區。

洲際飯店是享有很高聲譽的、一個真正的全球性品牌，它主要坐落在大城市和渡假區，為客人提供高水準的優質服務。洲際飯店是為國際旅遊常客提供服務的幾個領先品牌之一，50年來它已經成為世界商務團體的偏好品牌。在洲際飯店，你可以得到任何你想要的24小時的服務，從午夜還營業的商務中心到精通本地情況的門童服務應有盡有。

皇冠大飯店是設在大的交通樞紐城市的一種高級飯店品牌，主要為商務客人提供高水準、舒適的服務和娛樂。它分布在全世界40個國家，是一個非常有生命力的飯店品牌。實際上，皇冠大飯店為商務和休閒旅遊者提供了許多額外的食宿服務。因為商務和休閒旅遊者不僅欣賞簡約的優雅和使用最新的設施設備，而且希望這些東西物有所值。在皇冠大飯店，客人們可以享受到一流的睡眠空間、24小時營業的商務中心、大廳的高速無線上網、健身中心和游泳池等服務。

假日飯店因其優質的服務、舒適的環境和物有所值贏得全球的聲譽，也因此成為世界上最被認可的飯店品牌之一。它為今天的商務和休閒旅遊者提供可靠、友好的服務以及物超所值的設施設備。在世界上任何一個角落，無論是小城鎮還是大城市，無論是寂靜的鐵路邊還是在嘈雜的機場，你都可以找到它的身影；因為提供全面服務的假日飯店總是坐落在人們容易到達的地方。50年來，假日飯店以其溫馨的氣氛和全面的服務，成為商務和休閒旅遊者的可靠選擇。

假日旅館，亦稱快捷假日飯店，是洲際假日飯店集團的一個新品牌，它提供簡單、乾淨、舒適、方便的服務。假日旅館是一個中檔的飯店品牌，主要分布於歐洲、中東、非洲和亞太地區，以那些對價格很敏感的旅遊者為目標市場。在中檔市場，假日旅館因其富有競爭力的價格而迅速成長。它只提供有限的服務，如早餐服務、乾淨整潔的客房，此外還有入住積分獎勵。

3．假日飯店集團的啟迪

假日飯店集團的發展能給我們什麼啟迪呢？

從假日飯店集團的發展經歷看，具體有如下七點值得認真思考：

第一，靈敏的市場嗅覺是假日飯店成功的基點。

第二，準確的市場定位是假日飯店發展的靈魂。

第三，選址成為假日飯店發展的重要因素。

第四，特許經營等新型經營理念和運作模式極大地推動了假日飯店的集團化發展。

第五，與穩定收益行業和高利潤行業的聯合經營為假日飯店集團注入了新鮮血液。

第六，在資本運作逐步取代傳統市場運營模式的背景下，任何形式的資本轉移和股權運作都可能改變世界上任何巨無霸飯店集團的命運，飯店業的發展同樣可能招致資本巨人的參與。

第七，假日飯店品牌日益完善，分布越來越廣。

在上述七點之中，從企業經營角度看，最為關鍵的還是靈敏的市場嗅覺、準確的市場定位、與穩定收益行業和高利潤行業的聯合經營。

（三）假日飯店集團發展戰略與Intel公司之比較

　　如果說假日飯店集團的發展戰略是靈敏的市場嗅覺、準確的市場定位、與穩定收益行業和高利潤行業的聯合經營。那麼，Intel公司的發展戰略則是領先的專業的芯片戰略。

　　當年在Intel公司的一次制訂戰略的會議上，時任CEO的葛魯夫認為，Intel的戰略是「當我們說話時，整個行業都在傾聽」──在10年內透過控制芯片的製造成為電腦行業的統治者。會後不久，Intel亞太區總裁收到了日本三洋公司空調遙控器芯片的一張巨額訂單。當該亞太區總裁向葛魯夫「請功」時，卻遭到了他的批評。為了實現葛魯夫制訂的戰略，Intel公司斷然拒絕了這張價值1億美元的訂單。

　　「只有偏執狂才能生存」的葛魯夫幾乎是僵硬而死板地執行著他制訂的企業戰略。結果是在IT產業的生態系統中，Intel公司牢牢地控制了整個產業鏈運轉的「時鐘」！

二、　市場競爭策略差異──產品差異與附加值競爭還是價格競爭

　　西方的飯店注重用外部擴張（連鎖經營、特許經營、管理合約及戰略聯盟）來取得規模效益，同時採用品牌延伸的方法來迎合顧客需求差異化的傾向。在追求規模效益方面，透過規模經濟壟斷客源市場。即使是單一品牌飯店，也由於進行連鎖化經營，各個飯店都能利用自己的市場營銷網絡，建立自己的市場預測系統，及時瞭解旅遊市場需求動態，洞察顧客需求，不斷調整經營方針與營銷策略，再透過品牌策略、營銷渠道壟斷、聯號經營或管理合約來穩定或擴張客源市場；同時建立電腦預訂網絡（CRS），形成各成員飯店之間互相預訂客房。

因此，西方大多數飯店業都實行如下的市場競爭策略：針對顧客需求，面對激烈的市場競爭，飯店雖然也重視價格競爭，但把產品放在中心位置，以產品塑造飯店形象，增強品牌忠誠，實行產品與品牌差異策略，將市場競爭的重點放在產品差異化競爭上，並透過差異化競爭，提高產品的附加值。

中國飯店近年的市場競爭策略還很傳統，與國外差異很大，競爭重點放在客源市場結構調整，飯店產品改造升級與價格競爭的削價競爭上，對產品與服務的特性方面重視不夠，看重飯店的檔次，花大成本提升飯店星級水平，很少考慮飯店產品的差異化競爭，將競爭的重點放在削價競爭上，往往形成「五星的飯店，四星的服務，三星的價格」。惡性價格競爭的後果，將進一步削弱中國旅遊飯店業的整體競爭水平，難以形成參與國際競爭的能力。

三、飯店文化戰略選擇

透過對國內外飯店管理理念的比較分析，結合中國飯店業的發展趨勢，我們認為，中國飯店業目前面對兩個無法迴避的現實條件：

一是在現階段仍然無法跳過標準化服務而直接進入個性化服務。中國飯店業仍然呼喚標準化服務，在標準化服務基礎上，顧客消費導向難以實施，顧客消費導向只能作為飯店產品開發的依據，而不宜作為飯店企業文化建設的基點，只有真正實現了飯店服務的規範化、程序化和技術參數化，才能逐步創建個性化飯店服務體系，才能把個性化服務與顧客消費導向模式作為飯店文化建設的基點，而目前，只能把標準化服務與顧客關係營銷作為飯店文化的建設基點，個性化服務與顧客消費導向模式則作為未來飯店文化建設應當考慮的主要依據。

二是在激烈的價格競爭的基礎上，價格競爭依然有效，差異化競爭與提高產品的附加值只能是儘可能而為之。面對顧客需求和激烈的市場競爭，飯店管理者可以進行價格競爭，但應把產品創新放在核心位置，以產品塑造飯店形象，增強顧客的品牌忠誠，實行產品與品牌差異策略，將儘可能把市場競爭的重點放在產品差異化競爭上，透過差異化競爭，提高產品的附加值。

在現實條件的限制之下，飯店文化戰略的可選擇性大為降低。從理論上講，飯店雖然可以進行宏偉的文化戰略策劃與選擇，但實際可選擇的面較小，只能在飯店的宏偉目標與現實的約束條件之下進行。

因此，飯店宏偉的企業發展目標既是飯店的企業發展戰略，也可以作為飯店文化戰略的目標。飯店的企業發展戰略與企業文化猶如人的行為與觀念之間的關係，人先有了觀念，才有了對事物的初步看法與認識，然後才產生在觀念支持下的行為，而行為又進一步影響了人的觀念。從這一點說，飯店的文化戰略，不一定要有現成的成熟的文化框框，可以從一些較為成熟的文化氛圍入手，可以從一些基本的價值觀念入手，圍繞飯店企業的發展戰略，邊進行文化建設邊實踐運用，經過實踐運用的不斷修正，最終培育出適合飯店長遠發展目標的文化戰略。

第五節 從人力資源管理差異及其員工培養機制中尋找飯店文化建設的突破口

一、中西人力資源管理模式比較分析

中西人力資源管理模式不同，我們應當學習西方科學的人力資源管理方法，結合中國飯店業實際創造性地創建飯店人力資源的管理模式。

西方人力資源管理模式是事先設定目標，據此尋找合適的人才，透過一種激勵機制去刺激人力資源的供給，從而實現預定的目標，其實現途徑主要是自由僱傭制。

美國的人力資源管理體系相對完整，從規劃到最終使用、評估都很完善，但在美國也存在著以 IBM 和微軟為代表的兩種不同的管理原則。微軟是全球最大的軟體供應商，它的人力資源管理戰略是從不在乎員工的流動，也不會耗費大量時間對人才進行培訓，他們講求的是效率與效果；IBM 則完全不同，它注重員工的素質培養和團隊精神，他們認為人才是靠培養獲得的，從而也在公司內部建立了師傅制。美國公司管理總的來說還是屬於典型的西方模式，特別是著名的殼牌和杜邦公司。

歐洲的人力資源管理模式除具備美國的特點之外，受政府和社會的影響也較大，它的許多企業都擁有微軟和IBM雙重原則。

東方的人力資源管理模式以東方文化為主，但有些國家也與西方相結合，這也是全球人力資源一體化進程的一部分。如日本管理模式的核心是終身僱傭制，尤其是喜歡僱用一些剛畢業的學生，逐步提升。亞洲四小龍則在東方的基礎上夾雜一些西方的特點，它們

像東方傳統文化一樣注重品行，也像西方一樣注重其知識創新能力，沒有完全形成終身僱傭制，且流動性較強。

從世界各國和地區各種管理模式的分布來看，各種管理理念都在不同程度上取得了一定的成績。這說明在管理原則上，沒有最好的，只有最適合的。像微軟與IBM由於分屬行業的區別，經營性質不同，管理模式也各異。國內人力資源管理模式習慣套用一種固定的模式，沒有自己的特點。因此，中國企業應參考國內外同行業的管理模式原則，但切忌忽略本國的人文及社會情況，要建立一套完整的適合自己的管理體系。

二、中西人力資源管理重點差異

西方飯店人力資源管理的重點在於激勵、安撫員工，挖掘員工潛能。人力資源管理的實質並非管人而在於得人，謀求人與事的最佳結合。

現代西方飯店人力資源管理的幾個重要趨勢是：內部營銷、員工關係項目、交叉培訓、培養團隊精神與充分授權。內部營銷是針對員工的營銷，實際是一種溝通方式，強調公司向員工傳播企業經營價值、經營哲學、經營準則與長遠目標，讓員工瞭解當前飯店的經營狀況等。員工關係項目是在員工中間形成共同的價值觀與共同的目標，讓管理者清楚地瞭解員工的感受與需要。授權是對員工的最大激勵，將適當的決策權充分下放給一線員工，讓員工根據當時的情況對顧客的問題做出迅速的反應，以最快速地發揮員工工作效率，激發了員工的工作積極性。

中國飯店人力資源管理的重點是培訓、調整勞資關係和穩定員工隊伍。

近年中國飯店業對員工的培訓包括：職位操作技能、待客技能、溝通技能、語言技能和管理技能，培訓重點由原來的職位操作技能和語言能力，轉向待客能力及溝通能力的培訓。針對員工跳槽這一令中國飯店企業頭痛的問題，飯店管理者只能將穩定員工隊伍作為飯店的頭等重要任務來落實，同時也努力地改善勞資關係，以穩定員工隊伍。越來越多的飯店管理層意識到不僅要把飯店變成賓客之家，更要變成員工之家，只有將員工放在重要的位置，才能留住員工。

三、可資飯店借鑑的人力資源管理方法

中國飯店的組織管理深受馬克斯·韋伯「科層制」理論的影響，採用嚴格的以職位為中心的組織結構嚴密的管理體系。在飯店業供過於求的經營環境中，飯店經濟效益不佳，員工薪金待遇不高，造成一線員工的參與性差，再加上飯店員工流失嚴重、培訓不足，不僅人力資源的有效利用難以實現，更釀成飯店服務質量低下，阻礙了飯店的進一步發展。

從人力資源管理的角度看，「以人為本」的管理思想尤其適合飯店企業。格里·德斯勒在其《人力資源管理》一書中指出：人力資源管理非常重視工作生活環境，即不僅要利用人來創造最高的工作績效，實現最大的生產價值，也要為員工創造一個良好的工作環境。這就是「以人為本」的管理思想的重要內容。這一人本主義的管理思想已經深入中國的管理學家心中，在很多文獻中都提到了「以人為本」的管理哲學。傳統的人事管理和現代人力資源管理的主要區別就在於前者沒有建立「以人為本」的管理思想。

在中國的飯店業中應當實現科學的人本管理，應當把飯店人力資源分解成兩個層次，一部分是由飯店管理者組成的高層管理人才，對於這部分管理者，應以科學為先導，以激勵和價值基礎為中

心，充分調動其積極性和主動性，提倡以團隊和授權為導向，充分發揮中高層管理者的智能參與水平，強化各種人本要素，包括其意願、管理力量、協調、交流和素質，確保飯店的發展和回報並行同步；而對於底層管理人員和飯店一線服務員，由於他們的收入低，從事該項職業所要求的素質並不是很高，因此，可以採用科學管理和人本管理的雙重管理方法，即從科學管理的角度看，不必太在乎員工的流動，也不必耗費大量時間進行培訓，應當採用科學的方法促進他們努力工作，講求效率與效果，從人本管理的角度看，由於飯店業是一種面對面的服務，服務質量高低既取決於培訓程度，更取決於員工的工作熱情，因而，要為他們創造一個良好的工作環境，以免影響一線服務人員的情緒，進而影響服務質量和服務效率。

四、飯店培訓機制

培訓是現代飯店管理過程中必不可少的工作。

飯店從總經理、部門經理、主管、領班到服務員，可相應分為決策層（總經理、副總經理、飯店顧問等）、管理層（部門經理、經理助理）、執行層（主管、領班等基層管理人員）和操作層（服務人員及各部門的工作人員）等四個層次，由於不同層次工作的職工所需掌握和使用各種技能的比率各不相同，因而要分別進行不同層次的培訓。我們可以將培訓劃分為職業培訓和發展培訓兩類，職業培訓主要是針對操作人員（服務人員、調酒員等等），發展培訓則針對管理人員。

1.職業培訓

職業培訓的主要對象是飯店操作層的職工。培訓的重點放在培訓和開發操作人員的技術技能方面，使他們熟練掌握能夠勝任工作

的知識、方法與步驟。職業培訓按其培訓順序可分為崗前培訓和持續培訓兩大類。

（1）崗前培訓。崗前培訓是新職工走上服務職位之前的培訓。凡是新招收的員工都必須經過培訓，「不培訓就不能上崗」要作為飯店鐵的定律。

崗前培訓包括入門培訓和業務培訓兩部分。

入門培訓著重於對新職工進行飯店基本知識教育、思想觀念教育和職業道德教育，以使新職工對飯店工作有一基本的瞭解。

業務培訓的內容可以分成兩大部分：一部分為工作培訓，另一部分為行為培訓。工作培訓主要包括：專業外語、服務規程、服務技能與技巧、食品飲料知識、衛生防疫知識等與服務工作直接有關的內容。行為培訓主要包括：形體訓練、飯店禮節禮貌、主要客源國禮儀、安全保衛與保密知識、飯店消防知識等。在培訓過程中，切不可只重視工作培訓而忽視行為培訓。服務人員良好的行為規範和工作能力是訓練有素的飯店合格職工的一個標誌。

業務培訓方式可以分兩個階段進行。第一階段可根據培訓的具體內容分別用聽、看、練的方式，或者用聽、看、練相結合的方式進行。第二階段是經過第一階段的培訓以後，必須投入到實際的服務過程中去實踐，即跟班上崗，在熟練員工傳、幫、帶的磨煉中，成為一名合格的飯店員工。

（2）持續培訓。新職工上崗後，要不斷地進行持續培訓。持續培訓包括再培訓、交替培訓和更換培訓。再培訓的目的是使上崗後的職工復習已經遺忘或不太熟悉的業務，或是透過再培訓，使已掌握的技能和技巧進一步提高，以達到完善的水平。交替培訓是使職工成為多面手，掌握兩個以上的工作職位的技能，以便更充分地利用人力資源，既有利於部門間的人事調配，也可防止有職工因故調離工作職位時而造成無人頂替的混亂。

更換培訓是指將已經上崗但不稱職的職工及時換下來，而對他們進行其他工種的培訓。一般根據換崗下來的職工的性格和能力，選擇在新的職位上能勝任工作的工種進行更換培訓。

無論是崗前培訓還是持續培訓，目的都是為了培養一支勝任飯店工作的優秀員工隊伍。

2．發展培訓

發展培訓的對象是在飯店從事管理工作的人員和透過外部招聘或內部提升而即將從事管理工作的職工。由於飯店管理層中既有決策層、管理層，又有執行層，他們雖然同屬管理人員，但側重點不同，因此，培訓的內容也應不同。

基層管理人員，如領班、主管等，他們的工作重點主要是在第一線從事具體的管理工作，執行中高層管理人員的指令。因此，為他們設計培訓內容應著重於管理工作的技能、技巧，培養他們如何由被動地執行操作指令轉為主動地接受指令並組織同班組的員工工作，培養他們掌握組織他人工作的技巧。

中高層管理人員的培訓應注重於發現問題、分析問題和解決問題的能力，用人的能力，控制和協調的能力，經營決策能力，以及組織設計技巧的培養。中層管理人員，尤其是各部門經理，對其所在部門的經營管理具有決策權，因此，他們除了必須十分精通本部門的業務，瞭解本部門工作的每一個環節和具體的工作安排之外，還要瞭解與本部門業務有關的其他部門的工作情況，懂得與其他部門的配合與協調。高層管理者的工作重點在於決策。因此，他們所要掌握的知識更趨向於觀念技能，如經營預測、經營決策、旅遊經濟、管理會計、市場營銷以及國家的旅遊法規、外事政策等等內容。

五、由培訓尋找飯店文化建設的突破口

在目前國內的飯店培訓中，重基層員工培訓，輕管理人員培訓，重業務培訓，輕企業文化建設是很多飯店的通病。

在飯店培訓中，能否利用日常的培訓機制，把飯店文化作為一項主要的內容有機地融入培訓課程，融入飯店員工的日常工作中，並將培訓作為飯店文化日常建設的一個突破口，關係到飯店文化建設的成敗。

飯店管理者要提高對培訓工作的認識，把培訓當做飯店企業文化建設的一項主要工作來看待，視培訓為一種管理，將培訓作為文化建設的一項主要措施，把培訓與企業文化、企業管理統一起來，從培訓入手，透過培訓工作強化飯店企業文化建設。

飯店培訓所涉及的人員應為飯店所有的人員，基層管理人員和服務人員重在技能培訓，經理和管理層人員的培訓重在素質和能力的培訓與培養，他們素質、能力的高低直接關係到飯店的發展，直接影響飯店的凝聚力和團隊精神，進而影響到飯店的對外形象和整體競爭力。

因此，從飯店文化建設的角度看，飯店文化建設中涉及基層人員的重點應為飯店文化的表層文化、人員的價值觀和服務理念，飯店管理人員則應為飯店文化建設的主體，是飯店文化的主要承載者和體現者。

第六節 凱萊國際酒店管理有限公司的
企業文化

名列全球酒店管理300強之一的凱萊國際酒店管理有限公司成立於1992年，它是由中國糧油食品集團（香港）有限公司投資創建的。在中國境內，凱萊國際酒店現管理著凱萊大飯店、凱萊大酒店、凱萊渡假酒店、凱萊商務酒店等共十多家不同星級的連鎖酒店，並且仍在繼續完善其在中國的酒店管理系統網絡。在總公司的大力支持之下，凱萊國際酒店有限公司與其旗下的各家連鎖店都處於不斷的發展之中。

一、動態人才管理體系和內部競爭激勵機制

凱萊為何能取得如此大的成功呢？這可能與凱萊集團獨特的企業文化──動態人才管理體系和內部競爭激勵機制不無關係。凱萊動態人才管理體系和內部競爭激勵機制的核心內容是競聘上崗，優勝劣汰。

人是企業中第一資源，也是最為寶貴的資源。中國旅遊飯店業人才資源目前存在的一個最為顯著的現象是：普遍存在著人力資源供過於求和人才資源供不應求的市場供需矛盾，也就是說在中國飯店業存在著大量的基本勞力，而真正有經驗的高級管理人才卻寥寥無幾，真正要在中國搞管理人才本土化仍困難重重。要在國內找到大量能完全頂替國外飯店管理者的高級管理人才（如總經理、駐店經理等）是一件棘手的事情。與此同時，國內飯店還有這樣一種惡性循環的現象──「成本遞增、效益遞減，人才外流、頂替不及」。這些不良現象的產生應該說主要是由中國目前靜態的人力資源管理模式造成的。

凱萊集團從 1998 年開始試行了「公平競爭、擇優錄用、能上能下、可進可出、自然吐故、自動納新」的動態人才資源管理體系和內部競爭激勵機制，其直接目的就是為了能有效調整眼前中國人才市場上這種供需矛盾並徹底擺脫人才外流與效益遞減之間的惡性循環。凱萊集團還嘗試為每一位員工提供或創造不斷認識、展示、完善和實現自我的機會與條件，以期達到不斷進取和自我激勵的目的。

　　凱萊集團在具體實施「動態人力資源管理體系」和內部競爭激勵機制時，採取了以下一些措施：

　　（1）在每年的旅遊淡季，凱萊集團管理下的各酒店的行政委員會要根據經營環境的變化重新修訂酒店的組織結構和各部門的職位編制，力爭適應外部環境的變化，努力實現機構設置與工作需要掛鉤，職位編制與薪資水平及預算指標掛鉤。

　　（2）在上述工作的基礎上，各職位重新編寫工作職責和任職標準，力爭實現各職位的工作職責無遺漏和交叉現象，努力做到各職位的任職標準量化可測且相互有別。

　　（3）然後逐級建立由工會、董事會和管理當局代表組成的「任職資格考評委員會」，該委員會負責對每一個應聘者進行全面的考評，在考評過程中堅持「公開、公平、公正」的原則，使每位應聘者都有認識自我和表現自我的機會。

　　（4）最後進行全員二次組合分配，該二次組合分配堅持「擇優錄取、優勢互補、人盡其才、才盡其能」的原則，努力做到優勝者要德才兼備，而且還應具有發展潛力和創新能力。

　　（5）考評結束後，優勝者將負責下一年度的工作計畫和預算指標及相關規章制度、行為規範、操作程序和培訓手冊的編寫和修訂；落選者則要接受脫產或半脫產的培訓，力爭在下一年度的考評中取得成功。

（6）一年一度、周而復始、循環往復地進行動態人才管理。

正是因為建立了這樣一套「競聘上崗、優勝劣汰」的動態人才資源管理體系，凱萊集團及其管理的10餘家酒店才能在白熱化的市場競爭中長期立於不敗之地。正是在內部競爭激勵機制的作用下，凱萊集團的每一位員工才能做到不斷進取，不斷迎接來自過去、現在、未來的挑戰。動態人才資源管理體系和內部競爭激勵機制曾經並且還將為凱萊集團帶來新的朝氣、新的生機和新的希望。

二、啟迪

把人視為經營管理中的「第一要素」已是管理學者和經營學者的共識。成功的企業都已經完成了從「以物為中心」的管理向「以人為中心」的管理的轉變。本案例中，凱萊集團透過「動態人力資源管理體系」和內部競爭激勵機制的實施，使自己在競爭日益激烈的市場條件下立於不敗之地。在成功實施這一「動態人力資源管理體系」之後，凱萊集團逐漸根除了「壓制人才、埋沒人才、浪費人才和排斥人才」的惡習，排除了「鐵飯碗、鐵交椅、攀關係、走後門」的影響，為凱萊集團的成功奠定了堅實的基礎。

第七節 開元旅業集團管理人員培養方式評析

開元旅業集團，摸索運作「開元飯店接班人計畫」，是解決飯店管理人才短缺的最佳途徑和方式。本節透過對其計畫的介紹和評析，以期對飯店人才培養機制建設有所裨益 ①。

一、企業飛速發展需要飯店中高層管理人才

開元旅業集團，是一家以飯店業為主導產業，房地產為支柱產業，建材業和其他相關產業為新興產業的大型企業集團。集團在杭州、寧波、臺州、上海、徐州、開封等地擁有下屬企業30多家，總資產30多億元。

1988年，開元集團從一家縣政府招待所起步，透過10多年的努力，憑藉「創造特色、打造品牌；關注客戶、用心服務」的經營理念，「勤奮、嚴謹、爭先、關愛」的行為準則，逐步發展壯大。到目前為止，開元國際飯店管理公司一共管理了15家飯店，在營運的11家。近幾年來，集團飯店迅速擴張，已成為「中國飯店業集團 20強」之一。

① 本案例材料來源於職場先鋒網，2005-12-19，作者：甘聖宏。

在開元發展的黃金時期，開元面臨的最大瓶頸，既不是資金短缺，也不是戰略方向上的難題，而是「管理人員的嚴重不足」。飯店業的超常規發展，帶來了一個複合型、創造型、協作型的優秀高級職業經理人的緊缺問題。

二、傳統的傳、幫、帶模式難以滿足人才的規模需求

　　在開元飯店，管理人員培養的發展歷程，起始於從集團第一家飯店蕭山賓館挑選管理人員到各飯店擔任中高層管理人員的模式。而當開元集團的第一家跨地區的連鎖飯店——寧波開元飯店運營後，寧波開元承擔起了向新成立的各飯店儲備和培養管理人員的任務。然而，當開元以更快更高的速度發展時，原先靠「以老帶新」的培養模式已經遠遠不能適應時代的要求。開元面臨的最大的問題之一，就是如何留住、開發、培養並尋找到符合要求的高層管理人才。

　　開元透過各種形式吸引全國各地的人才加盟。僅2004年，就引進大專以上學歷的各類人員500多位。然而，具有一定專長和豐富工作經驗的中高級管理人才，在數量上遠遠不能滿足開元快速發展的需求。到2004年12月底，開元集團飯店產業擁有員工6000多名，其中管理人員占員工總數的13.72%。1～2年的新任管理者占32%左右；2年以上的占68%左右。在近200位部門級管理人員中，69.6%具有大專以上學歷。學歷層次相對較高的經理人員，也是近年來培養起來的新任占多數，絕大多數企業（飯店）自己培養起來的，對開元的文化有較好的認同度，對企業的忠誠度較高。

　　但是，以前開元最常用的是從較早開設的飯店抽調人員去管理新的飯店，靠傳、幫、帶來培養總經理及中高層管理人員的模式，隨著集團的發展，舊的管理人員培養模式已經不能滿足需要，為了探索一條適合自己飯店情況的人力資源培養模式，開元經過多種嘗試，終於提煉出一套屬於自己的「接班人」培養流程。

三、「接班人」培養流程

1.培養理念

在管理人員的培養上，開元樹立了首先是保留，其次是培養，最後才是引進的核心理念。確定「以內部培養為主、外部招募為輔」的職業經理人隊伍培養戰略，將培養的重點放在公司內部，更多地給予飯店內部人才以培養和提升的機會。

在人才的培養與引進方面，開元的基本原則是，管理型的人才應著重於其文化和管理模式的傳承，要以內部培養為主，而技術人才可以重點引進。

對於外部引進，開元走了一條與眾不同的道路，不是招聘「成品」的職業經理人，而是瞄準於有一定經驗、有較高學歷，但還沒有定型，尚具可塑性的「半成品」職業人。這些人透過在各級職位上的磨礪，在一定程度上融入開元的企業文化後，逐步走向高管職位。

2.培養模式

開元制訂了多途徑培養方針。在內部培養方面，開元建立了管理人員導師制度、接班人培養制度、專業人才內部認證制度（如餐飲職業經理人認證、飯店職業培訓師資格認證、飯店服務師等）系列管理人才開發方案；在內外結合培養方面，開元嘗試實行院校實習生培養制度、「2+1」訂單式人才培養計畫來達到長期培養的目的。

3.「接班人計畫」

在人才問題上作過諸多嘗試後，開元認為近年來開始成熟運作的「開元酒店接班人計畫」，是解決開元人才短缺問題的最佳途徑和方式。

所謂「接班人計畫」，主要包括：進行人才需求預測，建立人才庫（績效評估、領導力評估、個人發展評估），制訂「內部人才評估與推薦／大學生定向培養計畫」，建立人才發展支持系統，進行接班人計畫執行評估，開展專業的課程和企業領導的授課以及健全的績效評估等系統工程。其中，最值得借鑑的是定向培養計畫。

　　定向培養是著眼於長期的管理人員培養進程。開元推出了「2+1」培養計畫和「大學生定向培養計畫」合作計畫。「2+1」訂單式的教學是指跟旅遊學校或者某些知名大學的旅遊系合作辦學，透過面試、測評和評估，選擇優秀學生組建「開元飯店管理班」。其中「2」是指兩年的理論學習（理論課中加入開元定製課程，並設置學分），「1」是指一年在開元下屬飯店的實踐學習（院校老師進飯店指導），提前進行管理模式與企業文化滲透，重點在於長期的基層管理人員的培養。大學生定向培養（管理培訓生計畫）是指向社會招聘優秀大學生，並對他們進行2年左右的系統培訓，使他們成為主管級以上管理人員。

　　4．保障機制

　　開元集團建立了完備的培訓體系、系統的晉陞體系和績效考核體系，以此來保證管理人員培養的各項工作順利進行。

　　（1）完備的培訓體系：這個體系是接班人計畫體系構建的基礎。開元構建了從員工、領班等基層管理人員直到部門經理等中高層職業經理人的基本培訓體系，如專業管理、導師制、學分制培訓等。建立了高層管理人員培訓（以集團高管和專業院校專家為培訓師）、中層管理人員培訓（以管理公司職能總監、飯店總經理為培訓師）、基層管理人員培訓（以各飯店部門經理和培訓經理為培訓師）三大培訓板塊。在這個培訓體系中，開元最為關注的是系統地整理現有的核心知識，並且不斷加以提煉和推廣。

（2）晉陞評估體系和績效評估體系。這兩種體系是接班人計畫的核心保障技術。開元在人員晉陞方面，建立了一個標準清晰、培養嚴格的競爭機制和評估體系以保證員工質量。如分層分類的任職標準體系（共同的職責，共同的任職標準）；基於職位適應潛能評價等。在績效管理方面，開元建立了以飯店總體目標為導向，以飯店過程指標考核和公司共性指標考核為基本的KPI績效考核體系。

（3）注重員工關係管理，以提高員工滿意度和降低管理人員流失率。2004年，開元飯店員工流失率僅為20.39%，比行業的平均水平要低5個百分點。

（4）在員工薪酬方面，開元建立了市場、業績、能力三方面相結合的薪酬制度，以「崗動薪動」為基本原則，職位基準拉開級差，績效薪酬體現業績與市場考核效果。

四、啟示

開元飯店在管理人員的培養途徑和培養方式方面給了我們一些有益的啟示：

目前，幾乎所有的飯店都在人力資源方面面臨著挑戰。有人認為挑戰主要存在於招聘、培訓、如何保持員工的穩定性、如何對員工進行有效管理等四個方面。隨著中國飯店業不斷發展成熟，飯店在人力資源管理方面積累了越來越豐富的經驗，以上四個方面的問題都基本摸索到瞭解決的途徑，但如何有效地培養管理人員仍是困擾飯店的一大難題，不少飯店雖對此進行了探索，但至今仍未找到有效的解決方法。

開元飯店最初採用的「以老帶新」、「孵化器」的方法來培養飯店經營所需的中高層管理人員，目前仍是很多中小型飯店所採用的人才培養方法，但是，這種模式只適合那些單體飯店的人才培養模式，不適合集團化發展的飯店集團的人才規模需求。

開元飯店創建並開始成熟運作的「接班人計畫」，是一條適合自己飯店情況的新的人力資源培養道路。實施「接班人計畫」，可以在一定程度上解決飯店高速發展而管理人才缺乏的嚴峻問題。而與此相配套的保障機制，可以改善飯店與員工之間的關係，提高員工的滿意度，降低管理人員的流失率，穩固開元飯店的管理和服務水平，透過把開元集團核心的知識進行複製和強化，保證了開元飯店在經營、管理、服務等方面的核心優勢，使開元能順利地建立一支職業化的管理隊伍。

但是，我們也應該看到，開元飯店所創造的「接班人計畫」即使是成功的，也不能說這種模式適用於廣大飯店，只能說，開元飯店從自身實際情況出發，探索適合自己的管理人員培養路徑，選擇超前的培養流程，為飯店企業提供了一些有價值的借鑑。

引子評判

美國卡內基大學在研究一萬個成功者的案例時發現，一個人的智慧、專業、技術、經驗只占成功因素的15%，其餘85%取決於良好的人際關係與良好的人際溝通效果，人際溝通能力是成功人生中不可缺少的因素。或者說，我們的事業成功與生活幸福，並不完全取決於我們自己的智商高低和努力程度，更主要的是決定於我們與親人、朋友、主管、下屬、同事或者顧客相處的如何。

善於與人交往，能很好地處理人際關係，在我們身處市場經濟的年代，對於每個人來說顯得比以往任何時候都更加重要。一般來講，一個人如果只擁有一門如工程、電腦或財會等這樣的專業知識，只能得到一般的收入，但要是除了具有專業知識，還能有與別人溝通、影響他人和領導別人的能力，那很快便能獲得提升與得到更高的收入。

正如交際影響人的成功一樣，一家企業的交際與溝通能力也直接關係到企業的生死存亡。無效的交際，是對企業利益和員工感受的極大漠視。也正是由於這種特殊的價值，所以現代大型企業集團或公司都設有專門從事與客戶、公眾加強交流與溝通的公關部，在建立和維護企業的公眾形象方面起著至關重要的作用。一家公司的公關人員實際上是幫助公司與股東、客戶、公眾加強交流與溝通的橋樑。正是由於企業公關人員所做的各種有效的交際與溝通才使企業得到了更好的發展。

　　當然，也有許多企業家面對有些不敢得罪也得罪不起的交際活動苦無良策。筆者認為，與其消極應付，在冷漠中將人得罪，不如積極主動，在高雅中把關係理順。要做到這一步，取決於企業家自身的生活作風、敬業精神和社會形象。從社會發展的大趨勢看，以知識經濟為企業發展動力，以推進社會進步為企業發展目標，以光明磊落為企業運行準則，以追求卓越為人生理念的企業家，自會以自己的一身正氣，為企業發展營造良好的社會環境。透過精心設計，主動出擊的社會交際非但不必冷漠以對，而且會成為企業家展示強者風範，樹立企業形象，尋求發展機遇的廣闊舞臺。

第三章 經理人如何規劃飯店企業文化

導讀

　　飯店企業文化是為大多數員工所認同的價值體系，包括共同意識、價值觀念、職業道德、行為規範和行為準則。構建飯店企業文化要從飯店的文化戰略入手，有目的、有領導、有計畫、有步驟地推進企業文化積累、傳播與融合。飯店所應建立的文化是以服務為核心的企業文化。本章以國內著名的長城飯店「敢為第一」的企業文化和國際知名的「喜達屋關愛」的企業文化為例，分析飯店如何具體地規劃構建企業文化。

　　引子：「處世哲學——專業、熱情、正直、責任、健康」

　　有飯店把企業文化歸結為企業的處世哲學，提出「專業、熱情、正直、責任、健康」的行為規則。該企業行為準則是否符合企業文化的發展需要？這就需要我們對企業文化的構建做系統深入的分析。

第一節　飯店經營目標與企業文化規劃

　　事實證明，成功實施企業文化的企業必然會帶來經營管理的成功。美國著名管理學家詹姆斯·赫斯克特曾指出，無論是對付競爭對手、為顧客服務，還是處理企業對內對外相互關係，企業文化所形成的企業競爭力，必然產生強有力的經營效果。

一、科特教授研究結論的啟示

美國哈佛大學的約翰·P·科特教授和詹姆斯·L·赫斯克特教授花了五年的時間，總結了他們在1987～1991年間對200多家公司的企業文化和經營狀況所作的深入研究，分析了強力型、策略合理型和靈活適應型三種類型的企業文化對企業長期經營業績的影響，並結合對一些世界著名公司成功與失敗案例的剖析，著成《企業文化與經營業績》一書，用以說明企業文化與企業經營業績的緊密關係。研究表明，企業文化對企業長期經營業績有重大作用。

（一）企業業績與企業文化之間的關係理論

科特將企業業績與企業文化之間的關係理論分為三種類型：

1·「強有力型理論」

「強有力型理論」，即主張「強有力型企業文化必然導致優異的企業經營業績」。其邏輯前提是，將企業文化區分為「強有力型企業文化（強文化）和脆弱型企業文化（弱文化）」。所謂強文化，就是一致性和牢固性都很高的企業文化，即價值觀念和經營文化被全體職工一致認同並牢記心頭。反之，一致性和牢固性都很低的企業文化，就是弱文化。

「強有力型理論」進行邏輯論證的三個基本點是：

（1）在強文化企業中，全體員工目標一致，方向明確，步調一致，形成了取得經營業績的強大合力。

（2）價值觀念的牢固一致，使員工覺得大家是志同道合的一群，容易產生自願工作或獻身企業的心態，這是取得經營業績的力量源泉。

（3）價值觀念驅動，可以避免對官僚主義的依賴，促進企業

經營業績的增長。

2．「策略合理型理論」

「策略合理型理論」認為，與企業經營業績相關聯的企業文化必須是與企業環境、企業經營策略相適應的文化。企業文化適應性越強，企業經營業績成就越大；而企業文化適應性愈弱，企業經營業績愈差。這種理論所說的「企業環境」主要是指公司的行業環境以及公司的生產經營內容。

「策略合理型理論」的邏輯前提是從「適應性」的角度，即適應還是不適應行業環境的角度來談企業文化的強與弱，而不是從「一致性和牢固性」的角度來談企業文化的強與弱。「適應性」是它的關鍵概念。

「策略合理型理論」進行邏輯論證的基本點是：

（1）公司所在的行業不同，生產經營的產品不同，企業文化建設的策略也就應該不同。

（2）企業文化好不好，會不會帶來優異的經營業績，不能抽象地下結論，要看它是否適應企業本身及其行業環境的狀況。

3．「靈活適應型理論」

「靈活適應型理論」的基本觀點是，只有那些能夠使企業適應市場經營環境變化並在這一適應過程中領先於其他企業的企業文化才會在較長時期與企業經營業績相互聯繫。

「靈活適應型理論」的邏輯前提是，把企業文化區分為「對市場環境適應程度高的企業文化」（可以簡稱為「改革型或革新型文化」）和「對市場環境適應程度低的企業文化」（可以簡稱為「保守型文化」）。它和「策略合理型理論」不同之處在於：一是強調所要適應的對象是「市場」環境，而不是「行業」環境；二是強調

企業以及企業文化本身要不斷革新，而不是死守抽象的所謂「策略合理」的文化規範。

（二）施樂公司企業文化的啟示

在對施樂公司如何逐步陷入危機的研究中，科特和他的合作者發現，是一種不良的企業文化從根本上把施樂拖進經營不善的漩渦。作為複印機市場的老大，施樂公司在1965年就創下了年收入39260萬美元的傲人成績，它所顯示出的科技實力也讓當時的大多數專家心悅誠服。在1945～1965年20年間，也就是公司從嬰兒期到成熟期期間，施樂公司運行的是一種穩健的、以顧客利益為重的企業文化主題。但這種讓施樂成功的企業文化隨著企業高層的更迭而悄悄地發生變化。新的管理層給公眾一種高傲自負的印象，而公司賴以成功的基石——以顧客利益為中心的文化追求也變得可有可無。漸漸地，施樂公司企業文化已開始不容各級員工有任何非分的想法，既不準有改革思考，也不提供發揮才能的空間。這一文化變異的結果產生了極強的破壞力，直接導致施樂公司無法適應複印機市場環境日益迅速變化的要求，其市場份額也在不斷縮小，直到面臨破產的境地。

科特從施樂這一案例中得出的結論是：病態企業文化對企業經營有著巨大的殺傷力。原因是病態企業文化核心價值觀念中缺乏市場適應能力，導致經營行為就像裝有內彈簧的床墊、沙發，施以足夠的壓力就足以改變其部分結構的形狀，但外力一旦減弱或消失，它們就回復到過去的狀態。因此，科特建議企業家必須對企業文化加以適當的關注，一旦發現企業文化有病變的苗頭，要果斷處理。

（三）企業文化建設的普適性

除了科特的研究之外，美國蘭德公司、麥肯錫公司、國際管理諮詢公司的專家透過對全球優秀企業的研究，也得出結論說，世界500強勝出其他公司的根本原因，就在於這些公司善於給他們的企

業文化注入活力。

　　綜觀世界上著名的飯店集團的經營管理，也可以發現他們都有各自獨到的飯店文化。但是，在國內的飯店業中，從飯店規模看，小型的單體飯店占絕大多數，大型飯店集團不多，國內大型的飯店集團管理公司更少，加入世界著名飯店集團的飯店企業也不多，世界上著名飯店集團的企業文化不可能直接運用於各類飯店企業中。

　　從企業文化建設的投入成本看，國內大部分飯店的經營業績一般，不少飯店的經營業績還相當差，經營業績不佳的飯店企業，要在企業文化建設中投入必要的經費很困難，經營業績不良又直接影響到員工的表現與行為。

　　因此，在進行飯店文化規劃時，在探討飯店企業文化時，我們不能一味地追求高、大、全的企業文化，只能根據實際水平，有選擇地採用適合自身飯店實際的企業文化。

二、飯店企業文化的層級關係

　　飯店企業文化是在飯店員工相互作用的過程中形成的，為大多數員工所認同，並用來教育新員工的一套價值體系，具體包括共同意識、價值觀念、職業道德、行為規範和行為準則等。在進行飯店文化規劃時，可以按照企業文化通常的構成成分，將飯店文化分層規劃。

　　飯店文化精神層：包括企業精神、企業經營哲學、企業核心價值觀、企業倫理、企業道德等，即企業意識形態的總和。

　　飯店文化制度層：包括企業領導體制、企業組織結構和企業管理制度等。

　　飯店文化行為層：包括企業家的行為、模範人物的行為、一般

員工的行為等。

飯店文化景觀層：以飯店的景觀文化為主，包括飯店標誌、飯店文化傳播渠道等載體。

飯店文化產品層：以飯店日常的產品為表現載體的產品文化。

從嚴格意義上說，飯店企業文化規劃應當按照上述的各方面內容來進行，但是，限於國內飯店業規模和實際經營效益，我們認為一味地追求高、大、全的文化建設模式，反而有邯鄲學步之嫌，企業不必機械地模仿。

第二節　經理人如何構建飯店文化戰略

一、如何看待飯店文化戰略

飯店文化戰略是企業組織有目的、有領導、有計畫、有步驟地推進企業文化積累、傳播、融合、變革的一種深入持久的活動。飯店文化戰略就是將企業文化構建提升到企業的戰略層次，成為企業戰略的一個重要部分，強化企業文化在飯店運行中的地位和作用。經理人在構建飯店企業文化戰略之前，必須認識到企業文化戰略所具備的一些特點。

1．剛柔兩重性

相對於飯店服務設施等硬體的剛性而言，企業文化則具有柔性的特點，於無形中影響著每個員工。但是，企業文化戰略的實施除了價值觀等柔性因素的灌輸，更有員工行為規範等剛性的自覺遵守。從這個角度來說，企業文化具有強制性和自覺性相結合的剛柔兩重性。經理人必須把「剛性管理」和「柔性管理」相結合，才能實現企業文化的最高效用。

2．漸進性

企業文化戰略的創建和發展是一個逐步改進過程，不可能一蹴而就。所有優秀的企業文化都不是一經提出就得到員工的完全認可和遵從，無不是經過實踐的證明而為大家所認同。飯店經理人在制訂和推行企業文化戰略時要「眼觀六路，耳聽八方」，適時發現一些不足之處，多徵求下屬和同事的意見，共同推進戰略的完善。

3．潛移默化性

企業文化戰略的推行就如同「潤物細無聲」的春雨一般，在飯店日常運作過程中透過各種形式滲透到員工的思想中，並透過員工的行為無聲的體現出來。從這點來看，企業文化戰略要比任何硬性規則和懲罰制度來得有效，使員工從強制性執行轉化為自願接受並遵守。

二、飯店文化戰略的構建重點

飯店文化戰略是飯店文化的擴展和提升，在基本內容上一致，不同的是飯店文化戰略是從整體上將一些文化中的重點加以提煉。

首先，飯店文化戰略建設的核心是企業價值觀的構建。在飯店文化所有內容中，價值觀是核心內容，從根本上影響著企業員工。企業價值觀如同骨架，而其他因素就是皮肉，沒有骨架，皮肉也無從依附。構建一個優秀的向上的企業價值觀，企業文化戰略也就成功了一半。

其次，培育個性的企業精神。企業精神是企業員工思想作風、道德情操的高度概括，是支撐企業員工為了企業共同目標進行統一行動的精神因素。因此，企業精神也可以稱之為企業靈魂。世界著名的企業都有自己獨特的企業精神，簡單明了地反映出企業的特

色。飯店的企業精神對於飯店來說意義非常重大。

最後，塑造符合本飯店企業文化特色的典型人物，也有的說是企業英雄。企業的英雄，即各式各樣的模範、典型人物是企業價值觀的體現者，從而成為企業文化的核心人物。先進的典型人物對企業文化的創立與發展，對企業員工的帶動和引導，具有舉足輕重的作用。

三、企業文化戰略制訂與實施原則

在飯店企業文化戰略的決策與實施過程中，應該遵循以下原則：

1·適應環境原則

這裡環境包括飯店的內環境和外環境。所謂內環境主要是飯店的人、財、物、技術、生產、經營、管理和領導的實際情況。而外環境則是飯店所處的國家、地區的經濟、政治、社會、科技和文化的實際情況。由於企業文化的發展受制於企業內外環境的變化，因此制訂企業文化戰略必須充分將環境因素考慮在內。

2·堅持系統原則

飯店企業文化戰略應堅持系統思想、整體觀念，將飯店作為一個系統來看待，進行企業文化建設。飯店的正常運營是由多種因素影響的，而企業文化本身也是由多種因素構成的。這些相互影響相互交雜的因素必須透過構建一個體系來統籌安排、規劃，才有利於飯店的發展與壯大。

3·突出個性原則

企業文化的個性會帶來企業的個性，使企業的形象被顧客和世界高度認知。企業文化最終也是透過個性而被社會和顧客認可的。

飯店經理人在制訂和實施文化戰略的時候要重視個性的價值，充分挖掘和發揮對飯店有意義的個性特點，不怕有與眾不同的文化個性風貌。

4・廣博眾采原則

企業文化不僅是企業家文化，也是員工文化。既有反映高層的理念和思想，也應該體現出一般員工的價值和觀念。企業文化的形成要廣泛地聽取和採納員工以及顧客的意見，相信員工和顧客，借鑑他們的想法和經驗，為企業文化添磚加瓦。

5・積極強化原則

企業文化戰略一旦出爐，並不意味著大功告成，還必須在員工中不斷積極強化，使企業文化能夠持久地深入地成為員工自覺的潛意識的行為和思想。積極強化的目的在於使廣大員工恪守企業組織所倡導的價值觀和行為規範，向企業文化的代言人方向發展。

四、企業文化戰略的建設過程

飯店的企業文化建設是一個漸進的過程，不可能一蹴而就。縱觀國內外飯店企業文化建設歷程，大體經歷了如下幾個過程：

1・口號階段

處於這個階段的飯店企業，高層管理者可能從來沒有學習過企業文化的理論，或者對企業文化只是有一些粗淺的認識。於是，借助形形色色的口號，把口號貼滿了牆壁，並將這些口號作為企業的文化加以應用。有些飯店投入了一定的時間和精力，但不一定造成預想的效果。它們或把飯店的口號式文化打入「冷宮」，依舊按照原來的理念和方式進行管理；或歪曲了飯店文化建設的精髓，沒有在價值觀提升和塑造上下功夫，而是急功近利，把企業文化建設當

做一種競爭策略來做，希望進行文化建設後，飯店的管理水平和凝聚力馬上就能發生質的提高，經營業績也隨之變好。他們強力導入CIS，透過一場又一場的文娛活動，開展各類培訓和研討，將飯店文化建設停留於企業文化的表象，沒能把鋼用到刀刃上，往往是文化建設的「雷聲大、雨點小」，由此形成企業文化的「形式主義」，落入「虛而不實」的文化建設困境。

2．個人解釋階段

一味地把企業文化的個性當成個人風格的展現，表現在企業文化提出的口號具有明顯的個人主義風格，所有的文件開頭都以不同形式的總裁訓示、總經理訓示出現，老闆主義盛行，以個人之言代替文化建設的制度，在企業的小天地裡搞個人崇拜。組織中瀰漫著個人至上的氣息。

3．理念提升階段

在提煉飯店文化理念時，要明確飯店的核心理念，把飯店使命和核心價值觀具體化。使命是飯店發展的責任感，是一種追求與理想，是一種崇高的精神境界。核心價值觀是組織長生不衰的根本信條，即飯店深信不疑、篤定遵守的最高指導原則。核心價值觀區別於一般價值觀，通常只有三到六條。

案例

國內經濟型酒店「如家」的理念

「如家」的理念是：誠信、結果導向、多贏、創新。

其使命是：企業以創建經濟型酒店連鎖網絡和中國最著名的住宿業品牌為發展目標，以讓普通人住上乾淨、方便、溫馨、安全的酒店，增強酒店投資者的獲利能力為經營理念，從高端切入中國經濟型酒店市場，透過品牌經營的方式投資酒店，並出售特許經營權，委託管理，並為加盟酒店提供品牌、銷售、管理、培訓、技術

等全方位的支持，以增強其競爭力和贏利能力，從而在國內酒店業創造一個消費者信賴和忠誠的酒店連鎖品牌。

其願景：「中國最著名的住宿業品牌」。

當然，如果從嚴格意義上來說，如家的使命提煉也許不夠精練，其理念更多地表現為股東、投資者和經營者的理念，未必代表了員工的意願。

4·組織哲學階段

其特點是每個人都認同飯店企業哲學，並把它作為自己的行動哲學，個人自覺地將自己的行為融入到組織所創導的價值觀中，形成企業文化的「形神合一」。

飯店的「形」包括一切外在的東西，包括飯店景觀文化、產品文化、制度文化、服務流程、組織結構、責權體系、領導風格等，而「神」則是指願景、價值觀、使命、經營理念等這些指導飯店發展的思想。形神合一就是要考慮如何順應天人之道，把飯店經營環境、社會經濟規律、倫理道德、人文觀念等外部文化環境，與飯店員工的需求、企業發展目標有機結合起來，增強企業的使命感，形成企業中的個人追求與企業價值合一的企業文化。

第三節 飯店企業文化內涵的細化

細化飯店企業文化，需要我們把飯店文化的一些表層文化表述出來，將企業理念的外化和固化的部分闡述出來，把飯店文化中的淺層文化表述清楚。具體涉及飯店的經營文化、管理文化、景觀文化和產品文化。

一、飯店的經營文化

　　飯店企業的經營文化是企業文化內涵在飯店經營過程中的體現，是飯店在經營活動中表現出來的價值理念，包括經營宗旨、經營理念、經營目標、經營戰略等等。由於經營活動主要是飯店同外部所發生的業務關係，因而經營文化也可以看做是飯店員工在處理飯店與外部的聯繫工作時所持的價值理念。飯店在經營活動中與外部發生的聯繫，根據對象可以分為：飯店與客戶的聯繫、飯店與社區的聯繫、飯店與競爭對手的關係、飯店與合作方的關係。根據與飯店關聯的不同對象，飯店要採取不同的經營方式，但是在眾多的經營手段中必須有一個指導性的價值理念，它對外體現了飯店及員工的形象。這種指導飯店調整自己與外部關係的價值理念，就是經營文化，亦即飯店界定和處理自己與外部關係的價值理念。

　　在新的知識經濟時代，飯店應該培育一些基礎的經營理念，如主動性的市場理念、能動性的創新理念、有效性的競爭理念、快速性的應變理念。所謂主動性市場理念，就是指企業內在地有著尊重市場和爭奪市場的衝動，主動地去保持和開拓市場。能動性創新理念，是指企業具有強烈的內在的創新的衝動，往往能夠非常主動地去創新，透過各種創新的方式而推動自己的經營活動。有效性的競爭理念強調的是：任何企業必須都要在考慮外部狀況包括社會和競爭對手狀況的條件下，獲得自己的應有利益。所謂快速性應變理念，就是指企業能夠根據外部環境的重大變化而迅速地調整自己的經營活動。這些理念支撐著飯店面向市場的經營文化，憑藉這些理念能夠有效實現和保障飯店在市場上的地位。但是在處理飯店與客戶、與社區、與合作方的關係時，還需要一個誠信的經營文化。誠信文化是目前企業發展過程中容易缺失而顯得尤為珍貴的企業文化，飯店要建立穩固的誠信文化，並將其作為企業文化的重要因素加以重視。只有在誠信文化的護航下，飯店才能在外界真正塑造自己鮮明的、健康的形象，為社會的誠信建設貢獻出自己的一份力量。

二、飯店的管理文化

企業管理文化實際上就是企業在處理內部管理的各種關係時，所形成的一種價值理念，或者說是企業在管理活動中所使用的一些價值理念，反映在管理制度、管理戰略、管理宗旨等方面。飯店透過這些固化和外化的條文、規則對飯店內部的人和事進行管理，界定和處理在飯店日常管理中所遇到的各種矛盾和各種關係。

飯店管理文化是飯店企業文化的重要組成部分，是飯店協調各種矛盾和關係時所遵循的價值準則和價值理念。飯店所需要的一些基礎性管理文化包括：責權利對稱性的管理文化、高效率的管理文化、人本主義的管理文化、有序化的管理文化、契約化的管理文化。其中，責權利對稱性管理文化，是指在企業的整個管理過程中，尤其是在處理各種矛盾和關係的時候，要堅持的一個很重要的價值理念，即要追求責任、權力、利益這三者之間的有效結合，並使它們之間具有對稱性。而高效率的管理文化則側重於對管理成本和收益的權衡，只有將管理收益和管理成本有效地結合起來，才是一種高效率的管理，這種高效率管理理念構成了企業管理文化的核心。在飯店企業內部，以人為本的核心是解決員工和企業的關係問題，即如何看待企業員工的權力和需要問題。有序化管理文化主要是指飯店的管理目標與管理手段的有效結合。企業契約文化，是指在企業制度的設計中要體現契約原則，同時員工又必須以契約原則來對待企業制度的價值文化。

飯店只有在經營管理過程中貫徹這些基本價值理念，才能夠將企業文化內涵融會貫通，讓企業文化在飯店內部活化、靈動起來，給飯店增添前進和發展的動力。

三、飯店的景觀文化

在飯店星級評定的過程中，飯店內部構造、物品佈置、客房布局、裝飾陳設、餐廳裝修和各類用品越來越趨於一致，個性化的飯店景觀文化越來越少。特別是在飯店設計師、飯店經營者的相互脫節，在飯店設計建造、裝修之後，飯店的景觀文化就難以得到有效的發揮。因此，飯店的景觀文化塑造應當始於飯店的投資決策之時，應在飯店建築設計師開始設計建築物時就開始考慮日後飯店經營中的景觀。

飯店的景觀文化是指包括飯店建築物、飯店產品等整體性在內的一切外在表現物，是飯店與外部的自然環境、社會環境及飯店內部的組織環境、心理環境、物質環境、經營環境等方面所形成的一種穩定的、系統的、得以承傳的文化現象及特質。

飯店經營者要積極地創造文化氛圍。在不同的地理、氣候、歷史條件下，各地區、各民族都有各自的傳統文化，飯店經營者要在飯店景觀文化中儘可能地表現某種文化，把飯店設計成某種文化的載體，並賦予特別的含義。飯店外觀建築可以體現當地文化，飯店前廳可根據自身的文化主題，結合空間形態，表現出本土特色文化或表現異國情調，從而創造出有一定文化氛圍的環境，更好地體現飯店特色。

四、飯店的產品文化

所謂飯店的產品文化，是以飯店提供的服務產品為載體，把飯店產品的使用價值和文化附加值高度統一成一體。

在新的體驗經濟時代，飯店產品不僅僅滿足於食、宿等基本需求，還要提供足夠的享受性、體驗性、趣味性，使飯店文化與服務產品的互動關係愈益密切，產品的文化力量愈益突出，將飯店文化透過服務產品體現出來。具體說來，飯店提供的產品絕不僅僅具有

某種使用價值，不僅僅是為了滿足人們的食宿生活需要，應當越來越多地考慮人們的心理需要、精神享受需要，千方百計地為人們提供既實用又能滿足人們感官、情感、心理等多方面的享受需要。飯店應越來越重視飯店服務產品的文化附加值開發，努力把使用價值、文化價值和審美價值融為一體，突出產品中的文化含量。

當然，如果飯店所提供的服務產品能把飯店員工的崇高理想和企業文化、精神追求融為一體，成為企業文化的精神結晶，則將把飯店經營推向新的高度，成為高級、高端的飯店產品，對於飯店經營效益將有直接的促進作用。

第四節 長城飯店「敢為第一」的企業文化

北京長城飯店是一家大型豪華的五星級飯店，聘請美國喜來登飯店管理集團管理。自1984年開業以來，員工們在飯店經理人的帶領下，共同塑造了員工第一、飯店第一、敢為第一、善為第一的一體化企業精神，為飯店樹立了一個良好的形象，逐步創造了自己的品牌，在飯店市場上贏得了良好的口碑，產生了良好的信譽。①

一、「第一」意識的初步形成

長城是中華民族精神的縮影，是中華民族文明的象徵。長城飯店以象徵中華民族勤勞智慧的萬里長城命名，堪稱得天獨厚。北京長城飯店屹立於飯店雲集的亮馬河畔，在北京飯店業中有著舉足輕重的地位。長城飯店開業不久，便引進美國喜來登飯店管理集團的管理方法，在與中國國情的融合中，逐步形成了一個既體現西方一流管理水平，又符合中國國情的飯店經營管理體系，為北京乃至全

國飯店業的發展提供了有益的啟示。

長城飯店開業初期便得到新聞媒介以至普通百姓的關注與好評。長城飯店的每一名員工都以自己身為飯店的一員而感到驕傲和自豪，員工樹立了強烈的主人翁精神。他們認為飯店的產品和服務質量關鍵靠自己的辛勤勞作和為顧客服務的精神，要做就要做得最好。可以說，這是長城飯店「第一」意識的初期孕育，為飯店一體化企業精神的樹立奠定了基礎。

① 本案例參閱存世華·員工第一飯店第一敢為第一善為第一──試論長城飯店企業精神·中外企業文化，1996（12）；馬建國·長城飯店的健康工程·中外企業文化，2000（12）。

二、「員工第一」、「飯店第一」企業精神的樹立

喜來登管理長城飯店後，確立了「服務第一，賓客至上」的宗旨。「客人是上帝，客人永遠是正確的。」員工在飯店的行為就是無條件地為客人服務，讓客人高高興興地把錢花在飯店。中方領導認為，飯店的生存確實靠的是客人，客人對一個飯店的情有獨鍾靠的是客人享受到的滿意服務，而滿意的服務要靠每一個員工來提供。沒有滿意的員工就沒有滿意的顧客，沒有使員工滿意的工作場所，也就沒有使顧客滿意的享受環境。只有調動了員工的積極性，才能提供優質的服務。員工是飯店產品、經濟效益、服務水平、企業文化等物質財富和精神財富的直接創造者，是飯店的第一生產力。員工可以說是飯店的中流砥柱。「飯店的生存靠客人」是表象，而「員工決定飯店的生死存亡」才是本質。經與喜來登協商，將「服務第一，賓客至上」改為「員工第一，賓客至上」，幾字之差，確立了「以人為本」的思想，標誌著長城飯店的一體化企業精

神向著成熟邁出了重要的一步。「員工第一」的方針一直沿襲至今，並在貫徹實施中日益成熟和發展。

1984年，在飯店開業慶典中，長城飯店邀請全店1600名員工每人兩位親屬做客飯店，每個部門的管理者與本部門的員工親屬逐一見面，熱烈歡迎，盛情款待。這次活動在員工中奠定了熱愛飯店、做好本職工作的基礎，而且增加了飯店員工對工作的安全感和滿足感，使員工工作有動力，減少了員工流動，並在京城旅遊業及社會上產生了強烈的迴響。1989年底，飯店中方更換主要領導人，新的領導團隊首先提出全心全意依靠員工辦好飯店的觀點。1990年飯店開業六週年之際，飯店管理者第一次提出「員工第一、賓客至上」口號。1991年第一次推出了「1991年長城飯店員工年」的系列活動。這一活動的中心是，飯店所有的管理者都要為員工辦好事，辦實事。如春節到員工家拜年，為員工建立「職工文化活動中心」，改善員工的夥食，加強培訓等。「員工年」活動進一步提高了員工的主人翁地位，確立了「員工第一」的方針和觀念。1995年，飯店提出，要定期與員工代表進行交流對話，直接聽取員工的意見，在對話中，員工代表共提出經營管理、生活福利等方面的合理化建議和問題148個，主管當場拍板解決了84個，有解決辦法待落實的56個，其餘8個問題受社會各種因素制約，飯店解決不了的，均向員工做了清楚的解釋。2000年，被確定為長城飯店的管理年、效益年、改革年。針對經營任務重、經濟指標高、改革力度大、工作壓力大等問題，又向300名員工發出調查問卷。調查結果顯示：86%以上的員工擁護即將出臺的分配機制和用人機制的改革；90%以上員工對完成全年的經濟指標充滿信心，並對繁重的工作任務表示「已做好精神準備」；大部分員工希望能進一步活躍業餘文化生活。飯店決定進一步開展「健康工程」，擴大「第二戰場」，重點是關心員工的身體健康，緩解員工心頭的壓力，活躍員工的文化生活。

三、敢為第一、善為第一是企業精神的最好體現

在長城飯店，「員工第一」的管理方針取得了非常顯著的管理效果。這一管理方針大大地調動了員工的積極性和創造性。員工把飯店的經營管理視為分內之事，積極主動地去完成每件事情，並在飯店中達成這樣一個共識：即在長城飯店中要爭第一，不僅敢為第一，而且善為第一，這種企業的整體意識正是企業精神的集中體現。長城飯店進入20世紀90年代以來，經營效益連年大幅增長，獲得各種榮譽表彰，並且成功舉辦各種大型活動，在北京和全國的行業技能技術比賽中多次獲獎。

四、啟示

飯店為了求得持續穩健的生存與發展，在競爭中立於不敗之地，創建和培育具有特色的一體化企業精神，是十分重要的。

企業精神是企業在長期生產經營過程中，由企業領導者倡導、反映企業宗旨、體現企業價值觀和倫理觀，並為員工所認同的一種健康、向上的主導意識。它是一個企業在經營活動實踐中形成的優良傳統和時代精神的結合，是文化觀念、價值標準、道德規範和生活信念的總括，是企業向心力和凝聚力、員工對企業的信任感、自豪感的集中表現形態。企業精神不能只是企業家個人的座右銘和行為準則，而應是全體員工的文化認同和價值認同，成為一種群體共識；企業精神是一個企業濃縮、概括整個時代精神的結晶，又是一個企業繼承優良傳統，探索新時代精神的表現；有什麼樣的企業精神，就有什麼樣的企業目標。企業的行為文化、組織文化、規範文化、制度文化等，無不打上企業精神的烙印。實際上，企業文化各子系統都是企業精神的具體形式。

由於每個飯店員工素質、管理狀況、市場、設施設備、歷史沿革、傳統等不同，在此基礎上的企業精神必然帶有個性特點。在國內飯店業經營者紛紛認為「顧客是上帝」的文化氛圍中，長城飯店認為飯店發展的諸多因素中，第一的不是客人，而是員工。「員工第一」的方針，不僅體現了長城飯店管理者高瞻遠矚的管理藝術，也使員工看到了飯店的美好前景，找到了自身的價值和位置，從而激勵了員工主人翁的精神和責任感，提高了員工努力學習專業技能、搞好本職工作、為飯店多作貢獻的積極性和自覺性。這樣，飯店的發展，飯店的利益在員工心中占據了第一的位置，這是「員工第一」所帶來的必然結果。「員工第一」是飯店第一的前提和保證，是長城飯店一體化企業精神的重要內涵，也是一體化企業精神的精神和物質基礎。長城飯店所有成績和榮譽的取得，是敢為第一的進取精神和善為第一的科學態度相輔相成的結果，是長城飯店整體水平的體現，更是長城飯店企業精神的物質成果，長城飯店堅持員工第一、飯店第一、敢為第一、善為第一，四者相互緊密聯繫，互為因果，相互作用，因而創造了優異的經營業績。

一個飯店企業精神的形成，要經過創建、培育、完善幾個階段，最終形成自己個性的企業精神。飯店企業精神不是由企業領導者下一個命令或喊幾句口號、寫幾條標語就可以培育起來的。相反它是在企業長期發展中，根據企業內部和外部條件有意識地提倡和培育起來的信念。它的培育和發展離不開以下這幾個重要因素：

（1）領導者的示範。飯店管理者在飯店工作中處於中心地位，主管的行為有一種示範力和導向力。管理者首先應該成為本飯店企業精神的積極倡導者和模範實踐者，要把培育企業精神作為飯店領導首要的任務。領導者的示範作用還表現在自覺地把企業精神體現於經營管理活動之中，每項重大的經營決策，每一項飯店公益事業，每一次飯店活動，都應當著眼於飯店企業精神的培育。飯店所制訂實施的各項規章制度，也應充分體現飯店企業精神所提倡的

原則。

（2）培育有個性的企業精神。在飯店企業文化建設中，成功的飯店總要結合自己的實際，選準突破口，根據本飯店的外部環境和內部條件以及發展的需要，培育真正能反映本飯店經營管理和員工精神面貌本質內容的企業精神，把飯店企業文化建設從外在的要求轉化為飯店內在追求，從而形成自己的個性和特色。在一定條件下，飯店企業精神越濃厚，飯店的凝聚力和號召力就越強。

（3）長城飯店在20餘年的發展中，十分重視對員工的引導，經常分析員工的情緒和工作表現，以便及時瞭解情況，使他們的價值標準同飯店企業精神一致起來，化消極因素為積極因素，發揮它們的積極作用。

（4）用參與管理的方式讓員工體會到自己是企業的主人，這樣能夠發揮員工的主人翁精神，提高工作積極性；用員工手冊明確飯店的經營管理方針、原則，明確飯店的奮鬥目標，明確員工的行為規範。

（5）在店慶、年節之際，宣傳飯店的優良傳統和人文精神，突出成就，以增強員工的榮譽感、自豪感。

第五節　「喜達屋關愛」的企業文化

美國三大飯店業大廠——喜達屋飯店與渡假村集團擁有喜來登、威斯汀、福朋飯店、聖·瑞吉斯、至尊精選和W飯店等6個品牌，在世界80多個國家與地區，擁有700多家飯店，是世界上一流的飯店和休閒渡假公司之一。

集團對使命的陳述包括：對於股東，每股收益最少增長15%，增加在整個市場的份額，成為該行業的第一或第二大品牌；

對於顧客，喜達屋將努力成為他們最為親近的生意夥伴。努力為客人提供完美的產品和無可挑剔的服務，繼續提升飯店的標準，不斷地努力提高服務水平，以前所未有的服務滿足顧客的需要；對於員工，承諾讓喜達屋成為他們最好的工作場所，將企業文化建立在通力合作、共創價值的基礎上。

一、「喜達屋關愛」的企業文化

「喜達屋關愛」使每一位喜達屋人銘記於心。這一服務理念是集團在2001年推出的，它具體包括三個方面的內容：關愛生意、關愛客人、關愛同事。

對於企業文化三方面內容的具體關係，集團做了如下說明：沒有滿意的員工就沒有滿意的客人，沒有滿意的客人就沒有令人滿意的收入，而沒有令人滿意的收入就沒有了培養優秀員工的物質基礎。「喜達屋關愛」的企業文化十分注重對企業的最重要資本，即對員工的關愛。

（一）關愛員工

在「喜達屋關愛」的三個具體方面中，「員工關愛」是它的核心內容。「員工關愛」是顧客滿意和生意興隆的起點。對於員工的關愛，集團特別強調真誠，為企業員工提供了獨特而周詳的考慮和安排。為了實現企業文化的核心內容，集團具體做了幾個方面的事，包括關愛課程、關愛員工的成長等。

1．關愛課程成為喜達屋集團培訓的重點

集團對員工的培訓可謂不惜成本。為員工進行培訓的人不只是培訓部門的人員，除了培訓總監外，還包括部門經理，甚至還有跨酒店的經理。公司為每位員工配備了導師計畫，每一位普通員工都

會有一個專門指定的導師，所指定的導師甚至可能是公司的總經理。集團的員工培訓工作分為三塊：有關企業文化課程，即關愛課程；不同職位員工的技能培訓；個人成長計畫的關注，這一塊主要是對企業儲備領導人的特別培訓。

在這三個大塊中，關愛課程是培訓關注的焦點。這一點從「喜達屋關愛」的對客服務計畫可見一斑，即喜達屋明星服務的四大標準：微笑與問候（Smile &Greet）；交談與傾聽（Talk &Listen）；回答與預計（Answer &Anticipate）；圓滿地解決客人問題（Resolve）。把這四條服務標準的每一個英文字母連起來剛好就是STAR——「明星」的意思。這條明星標準很好地總結出了酒店等服務行業的服務精髓，也能充分說明喜達屋對員工素質提高所要求的具體內容是很明確的。

對於這一條「明星」標準，集團採取的主要做法是：集團旗下的六個品牌酒店裡的每一名員工都必須參加這一服務標準的培訓。為了實施這四條服務標準，喜達屋集團總部做了許多具體的工作：如集團總部為培訓準備了豐富的教材，為每一堂課都穿插了豐富的遊戲活動、錄影片段、角色扮演、集體討論等，透過這一系列精心安排的活動，讓員工在輕鬆的個人體驗中輕易地掌握這些服務標準。

透過這樣形式多樣、內容新穎的培訓課程，員工的素質會在潛移默化中得到提高，企業文化也能得以輕易的傳播。公司員工的成長和企業文化的傳播使得整個喜達屋集團的發展與日俱增。

2．關注員工的職業成長空間

「喜達屋關愛」的另一個重要組成部分是關注員工的職業空間的成長。在整個集團裡，每一位員工都擁有廣闊的發展空間，每一位喜達屋人都同時存在橫向和縱向發展的可能性。

所有的喜達屋人都會記住：明確了目標後就不要放棄，永遠不要消退激情，關愛自己、關愛客人、關愛生意，在喜達屋心有多大，舞臺就有多大。

　　喜達屋集團旗下的六大品牌得到了齊頭並進的發展，它們在世界各地遍地開花的經營模式對集團的培訓工作也有極大的好處。最為顯著的好處就是喜達屋集團能採取內部交叉的培訓方式，員工可以有機會在國內其他各地甚至是國外的「姐妹店」去學習。在這種交叉培訓中，集團尤其注重對具備一定潛力的員工的異地管理培訓，如集團每年都有大批畢業生作為儲備人才，以管理培訓生的身份到海外進行學習深造；同時採取飯店內部人才支持的做法，讓有能力的員工都能有大量機會找到與其能力相當的職位和工作地點去發展他們的才幹。

　　除了為員工提供優良的培訓條件和機會外，喜達屋集團對員工的職業生涯成長也給予了極大的關注和幫助。集團管理人員將每位員工的成長分為四個階段：普通員工——主管，主管——部門經理，部門經理——行政委員會，最後一個階段是總經理。為了讓每位員工都能順利成長，公司對不同階段的員工採取了不同的關愛計畫。在喜達屋集團絕對不存在「玻璃天花板問題」，公司的很多高層領導都是由飯店所在地的本土人擔任。喜達屋集團堅持本土化的原則，培養本土員工、本土領導人，當地員工只要有能力都有機會獲得縱向的發展。這一做法也使得喜達屋集團獲得了很好的聲譽。

3．喜達屋集團的員工選擇標準

　　喜達屋對員工最重要的一條選擇標準是對接待業的熱愛和對工作的激情，而不是專業和學歷等硬體條件。像學歷和專業等硬性條件可能會是進入其他企業的必備條件，但對於喜達屋來說，只要你有工作的激情、對行業熱愛就可能成為喜達屋的成員。對於這一

點，集團在中國地區的人力資源總監 Michael Pross表示，只要有完善的培訓體系，任何能力都可以慢慢地得到提高。在「喜達屋關愛」中，對員工進行嚴格的培訓是其關愛員工的重要表現之一。

喜達屋集團除了關愛員工的切身利益外，還保持著良好的「僱員關係」。到2002年末，喜達屋集團的員工總數已超過10萬，其中半數以上是從美國招聘來的，他們分布在集團的辦事處、集團旗下的飯店和渡假村中。雖然員工隊伍龐大，但從總體來說，集團與員工之間的關係卻十分的融洽和諧，公司與員工的僱傭關係非常穩定。

（二）關愛客人

在「喜達屋關愛」中，關愛客人也是其重要內容之一，它以關愛員工為基礎，集團強調沒有滿意的員工就不會有滿意的顧客。對於顧客，集團做的承諾是：喜達屋將努力成為他們最親近的生意夥伴；努力給客人提供完美的產品和無可挑剔的服務；努力提高服務水平和標準。在關愛顧客方面，集團推出了豪華高級品牌策略和常客計畫來滿足不同顧客的需求。為了滿足不同檔次客人需要，喜達屋在膳宿品牌已獲得廣泛認同的基礎上，實施了豪華品牌策略，既滿足了老顧客又吸引了新客人，集團也因此而獲得了進一步的發展。常客計畫是喜達屋關愛客人的另一方面舉措，該計畫中有一個忠實顧客評選欄目——「喜達屋嘉賓」，該評選欄目是業內的第一個完全公開透明的忠實顧客評選欄目，其宗旨在於獎勵並回報喜達屋的忠實顧客，被評選出的顧客可以不受任何限制地隨時隨地入住集團旗下的飯店。在對客服務中，集團旗下的喜來登更是對服務吹毛求疵，喜來登作出了「如果你不滿意，我們同樣也不滿意」的服務承諾，這種服務承諾完全是為了保證顧客會得到一個愉快的經歷，如果客人不滿意將會立即得到打折作為補償；對於提出意見和建議的客人，喜來登會給予獎勵或返還現金。

喜達屋的文化理念已經得到了延伸，六大品牌的飯店都有各自鮮明的特色。正是「喜達屋關愛」的無窮力量讓其麾下的所有喜達屋飯店凝聚在一起的，並自始至終地保持著強盛的競爭力。

二、分析與評價

沒有一種飯店文化是萬能的，但是作為一家企業，沒有一種適合自身特點的文化理念和文化指導下的操作行為是萬萬不能的。沒有文化的企業就如同沒有靈魂的人一樣，只能是一具行屍走肉的軀殼。

文化不只是一個空洞的概念，而是調節企業、顧客、員工關係和規範消費行為、管理行為和服務行為的指導性原則。在飯店，文化表現為三維邏輯關係，即企業對於員工的承諾、企業對於顧客的承諾和員工對於顧客的承諾。反映到經濟模型中，這種三維邏輯關係就表現為一種循環的價值鏈：員工價值來源於企業、顧客價值來源於員工、企業價值來源於顧客。透過這一系列價值循環，可以看出飯店文化是處在不斷的運轉過程之中的。有學者對世界著名企業的企業文化進行研究對比後，得出一個結論：沒有完美的企業文化和一成不變的企業文化，文化既有其傳統性也有其運動和發展的必然性。

與飯店的硬體建設相比，具有柔性特徵的企業文化建設顯得更為複雜。企業文化的構建和發展只能是一個循序漸進的過程，優秀的企業文化若要得到員工的認可並付諸實施，絕不可能像企業要擴建廠房或添置設備那樣可以在幾個月甚至幾天內完成，一定會是一個逐步發展、完善的過程。「喜達屋關愛」也不是一蹴而就的，早在2001年集團就提出了這一服務理念，進行了曠日持久的努力培育。為了真正體現「喜達屋關愛」的核心內容——員工關愛，集

團為員工進行了獨特而詳盡的考慮和安排。對員工的培訓可謂是進行了不惜成本的投資，目的是為了使員工的素質會在潛移默化中得到提高，企業文化也能得以循序漸進的發展。

在「喜達屋關愛」中，「員工關愛」是它的核心內容，關愛客人是關愛生意的基礎，企業的價值來源於顧客。

引子評判

將企業文化歸結為企業的處世哲學，甚至歸結為行為準則，似乎把問題簡單化、把企業文化問題口號化，從企業文化建設的角度看是不合適的，有違企業文化建設的發展順序，也不合時宜。但是，如果你所處的企業尚未有一套相對完善的企業文化或企業價值觀體系，則提出一套行之有效的企業行為規則也不失為一種較為有效的企業文化建設方法。

本章引子所述的「專業、熱情、正直、責任、健康」在培養飯店員工文化素質及在飯店的運行規則中具有良好的文化底蘊。

1．專業

專業，可以理解為人們透過一定的技術標準和行業規範專門從事某種職業。旅遊飯店是屬於服務性行業。服務工作和其他工作一樣，是一種社會化、知識化、專業化的工作。專業化既是經濟社會發展的客觀要求，也是中國大力發展服務業的趨勢。它以傳統的綜合性或大眾化服務為基礎，與個性化服務交叉發展。專業化服務有其主體，有其方式，有其對象，有其服務內容，既不同於傳統的綜合性服務模式，又不同於個性化服務。專業化服務可以說是介於綜合性服務和個性化服務之間的服務模式。專業化服務強調專業需求，積極利用各種形式和技術開展對顧客的服務。專業化的員工隊伍是專業化服務的重要主體。專業化的員工要具備以下兩方面重要的素質。首先，需要專業化的業務知識。要求從業人員具備一定的

業務知識和操作技巧。在掌握基本知識的同時，根據自己的特長，精通某個領域或者專業的知識，對服務對象的業務知識有所瞭解。其次，要有專業的心理素質。專業的心理素質包括服務的自覺性、自制性及堅韌性。自覺性就是加強主動服務，主動服務不僅是對顧客歡迎程度的體現，也是一名服務人員專業水平高低及個人能力、素質的綜合表現。自制性指的是一種對個人感情、行為的約束控制力。自制性較強的服務員善於控制自己的情緒，約束自己的情感，克制自己的舉動，無論發生什麼問題，都能做到鎮定自若，善於掌握自己的言語和分寸，不失禮於人。堅韌性是指一個人不屈不撓、堅持不懈地去達成自己目的的意志，堅韌性又稱作毅力。堅韌性應貫穿於服務工作的全過程。員工要有堅韌性，能不斷從工作中尋求和發現樂趣，能使自己的工作做得更出色。

2．熱情

熱情，是世界上最有價值、最具感染力的一種情感。人生在世，應該對事業熱情，對生活熱情，對他人熱情。沒有熱情，任何偉大的事業都不能成功，生活會變得沒有生機，人與人之間就失去了溫暖。人人都讚美熱情，但不一定人人都懷有熱情，一個人要做到永保熱情，就需要去尋覓、追求和開發熱情。熱情體現在服務工作中，那就是為顧客送去快樂，追求百分之百的顧客滿意。熱情的服務員會對顧客親切友善，會對顧客抱以發自內心的微笑。服務有價，微笑無價，「讓世界充滿微笑」是服務工作的最高境界。

3．正直

正直，是表示一個人品德的概念，與狡詐相對。指人在社會交往中所表現出來的坦率、真誠、公正、無私的情感和態度。正直是人們在長期的社會實踐中，在為美好、公正、和平生活而進行的鬥爭中逐漸養成的。正直是中華民族的優良傳統和美德，是一個人應具備的優良品質，也是社會對每個提出的基本要求。正直是人的一

種高尚的人格。

正直意味著公正無私。飯店管理者做到正直是必須的，一線服務人員面對顧客要真正做到正直則不一定合時宜。因為服務並不需要剛正不阿、光明磊落。正直意味著坦率真誠。正直的人會用坦率真誠的態度對待周圍的人和事，正直的人敢於發表自己的意見，這在平時也許是非常好的，但對於服務性工作卻未必合適。

4‧責任

做事負責任是一個人應當具備的最起碼的品質。做事負責任不僅要忠於職守、盡心盡責，做好本職工作，還要勇於承擔責任，有錯必改。不管職位高低，不管從事什麼職位的工作都要有責任心。對於顧客，企業有責任讓顧客滿意，企業最重要的工作目標是用高質量的產品、全方位的服務滿足廣大顧客的需求，透過卓有成效的工作，讓更多的顧客認同企業的產品和服務的價值；對於員工，企業應該是員工追求發展、實現自我價值的平臺，而不僅僅是人賴以生存的中介。

5‧健康

常言道，健康是革命的本錢。這裡的健康包含兩個層面的意思，一是飯店的工作人員身體要健康，健康的體魄是飯店服務工作的基本要求；二是飯店服務項目和衛生要求要健康，要符合國家法律的要求。除此之外，很多人只注意到生理健康而忽略了心理健康。其實，心靈健康的重要性絲毫不遜於一般意義上的生理健康。人的生命和活動其實是透過心靈主宰著人的一切。一個重病在身的人可以透過心理的強大與充滿陽光的思想抗擊著病魔，甚至可以戰勝病魔享受生命的樂趣。但是一個強壯的人一旦心理崩潰，或是由於種種心理疾病而引發的「事故」，其後果遠比生理疾病來得嚴重。身心健康是飯店服務質量的基礎，是飯店經營的立身之本。

第四章 飯店企業價值與價值觀塑造

導讀

　　飯店的首要價值是顧客的價值，其次是員工的價值，再次是社區的價值。飯店企業價值觀是以飯店中的個體價值觀為基礎，以飯店經營管理者價值觀為主導的群體價值觀念。飯店的企業倫理道德是企業價值觀的有效補充，一線員工的倫理道德很大程度上代表了飯店的企業價值觀和倫理道德水平。在飯店企業價值觀塑造中，「我們是為女士和先生提供服務的女士和先生」的麗思・卡爾頓飯店員工與顧客平等的價值觀、萬豪服務社會的企業價值觀不僅值得推崇，對於中國飯店塑造企業價值也具有很好的借鑑作用。

　　引子：「投資者的利益必須得到保護，經營者的行為必須受到制約」

　　有飯店主張以此建立企業價值觀。我們關心的是，這種企業價值觀符合飯店的長遠利益嗎？適合飯店的長期發展戰略嗎？

第一節 經理人如何選擇適合飯店的企業價值

　　企業價值觀是指企業在長期的經營管理實踐中，處理各種關係時所形成和遵循的最基本的價值理念和行為準則及所追求的目標，是企業對自身存在和發展、對企業經營目的、對企業員工和顧客的態度等的基本觀點及評判企業和員工行為的標準。

一、企業管理模式與企業價值訴求

價值觀是基礎，不同的價值觀決定了不同的企業管理模式。美日管理模式作為兩種典型的管理模式，一直是學術界討論的熱點。實際上，從20世紀90年代以後，隨著美國學者對日本企業管理模式研究的深入，美國企業與日本企業的差別已經在急劇縮小。現在日本管理模式中的典型方法，如團隊生產、質量管理、及時生產等已經在大多數美國企業中應用。現實中的美國和日本企業的管理模式已變得日益融合。

但是，如果從學理的角度看，仍然可以發現美國、日本的企業管理模式有所不同，這是因為決定其差異的企業價值訴求是不同的。

1‧美國企業管理模式

美國企業管理模式決定於其獨特的企業價值觀，即帶有濃厚的個人主義、理性主義和功利主義特徵的價值觀。表現為以效率優先的企業準則，不斷尋求新市場、新需求、新發展空間和推崇制度規範、物質激勵為主的「理性主義」的企業管理模式，反映了美國企業中的個人主義傾向、競爭性強的社會文化和趨於扁平化的社會文化價值觀。例如，IBM公司之所以能在激烈的市場競爭中不斷取得成功，其中最重要的原因就是徹底貫徹了「尊重個人」的這一經營理念，並把「尊重個人」發揮到了極致。

2‧日本企業管理模式

日本企業管理模式決定於其日本人的企業價值觀，即強調以忠誠為核心的集團主義精神，具有獨特的家族制度和等級觀念，即家族主義、終身僱傭制、年功序列制、實行群體管理與和諧管理。日本企業員工較團結，較具集體主義精神，使得日本企業管理模式中

合作與團隊精神突出，反映了日本企業是以集體而不是以個人為重的價值觀。例如松下公司就直接提倡正大光明、團結一致、順應同化、力爭向上的企業精神。

二、知識管理模式及其企業價值

透過對兩種管理模式的比較分析，人們發現其差異的核心是兩種管理模式中的知識管理模式不同，進而影響到企業的價值。

（一）知識管理模式差異

一般而言，美國企業以通用知識為基礎的管理模式居多，日本企業以專門知識為主的管理模式居多，兩者各有特點，沒有絕對的優劣勢。但是，不同的知識管理模式具有不同的特點和相應的適用範圍。

日本管理模式中的質量圈、參與管理等管理方式都強調調動員工的積極性，將企業的部分決策權下放到基層員工。以美國為代表的盎格魯·撒克遜管理模式則強調職業管理者的專業決策，透過決策和行動活動的分離，將決策權控制在職業經理人手中。為什麼在不同的管理模式下會形成不同的決策權分布體系呢？透過研究表明，決策權在組織中的分布情況主要取決於組織以通用知識還是以專門知識為戰略重點，以及知識如何分布在企業管理者和員工之中。

長期以來，西方管理理論都隱含著知識存在的兩種典型比喻，即「符號的記錄」與「知識專家」。前者指分布在企業各種文件、檔案、技術資料中的知識，後者指企業中彷彿存在的一個「總設計師」所掌握的企業的所有知識。為了增加企業內部的通用知識儲量，美國企業非常重視學校教育在培養和提高員工人力資本中的作用，很多企業傾向於在商學院中招收MBA學生，並不斷聘請企業

外的專家進行培訓，美國企業非常重視通用知識和標準化管理。

在美國管理模式中，專業化管理是其重要的特徵，強調規範的工作設計，員工只對本工作範圍以內狹窄的工作職責負責，管理人員很容易收集和瞭解下層員工手中掌握的知識，從而對下屬進行有效的監督和控制。由於專業化分工明確，職位之間的職能劃分非常清楚，管理人員作為本領域的專家，例外決策的權力就基本掌握在管理人員手中，員工一般只從事簡單的例行決策。

日本企業管理模式中，員工的工作劃分非常模糊，員工往往身兼數職。由此員工在工作中往往是透過實踐獲得專用知識。對於這樣的知識和訊息，上級管理者很難瞭解或者將它轉移到自己手中，因而管理者很難對它進行控制。也由於每個員工都具有大量的專用知識和訊息，管理者不得不將大量的例外決策權下放至員工，員工能夠根據自己所處的環境和所遇到的問題作出相應的決策，從而使員工得以參與管理並具有關鍵的作用，管理者的角色也相應地從控制轉變為指導。

美國生產管理中，員工工作中的唯一權利就是根據生產計畫、流程和規範進行生產。日本管理模式中，員工同時兼有生產和維修機器的責任，員工能夠根據生產情況，調整生產計畫，改進生產流程，改進機器設備。因此，日本的管理者大學畢業之後，掌握的管理知識遠遠不能勝任，他需要在企業中工作和學習很長一段時間才能走上管理職位。與此同時，由於員工的知識只與所工作的企業的背景知識相關聯，這種知識在別的企業中不一定適用，離開本行後的知識價值大大縮水，因此，日本企業重視的是專用知識而不是通用型知識，強調的是企業的年功，採用終身僱傭制、年功序列制。

（二）知識管理與價值主張

透過對美、日企業知識管理差異分析，結合中國企業管理實際，中國飯店業應採取什麼樣的管理模式？我們知道，中國企業尚

未有完整而獨到的管理模式，但是，飯店業則是最早與國際接軌的行業，其管理模式與管理方法自成體系，那麼，能否考慮飯店業管理模式有自己的管理模式？能否有自己的知識管理模式及企業價值主張？

筆者在近幾年的研究中，極力主張在服務層面設置管理流程而在管理層面採用經驗管理，或根據飯店星級檔次，儘可能在高級飯店設置完全建立在電腦輔助系統之上的流程管理。①倘如此，則服務層面的知識管理宜採用美國模式，管理層面的知識管理則採用日本模式。

但是，無論採用何種管理模式，有一點非常重要，即必須明確知識管理的重要性。

① 參閱拙作：《旅遊飯店實務管理》，清華大學出版社2005年版；《前廳、客房服務與管理》，清華大學出版社2006年版。

知識管理模式是以人為中心，以訊息為基礎，以知識創新為目標，將知識看做一種可開發的資源，把知識作為企業生產的首要任務，把人才的選拔、任用和保護作為企業管理的中心，突出組織的企業文化建設。

知識管理模式與傳統管理模式的顯著區別是：

（1）管理目標上，傳統管理模式透過增加產量追求高額利潤，知識管理模式透過給顧客提供滿意的服務追求超額利潤。

（2）管理思想上，傳統管理模式以物為中心，知識管理模式以人為中心。

（3）管理組織上，傳統管理模式是一種金字塔式的組織機構，知識管理模式形成扁平化的水平管理模式。

（4）管理策略上，傳統管理模式以產品為紐帶，以滿足顧客

需求為目標；知識管理模式以訊息為基礎，以創新為紐帶，以電腦和網絡為特徵。

從一般意義上說來，知識管理模式是以人力資本和技術為動力，以高新技術產業為支柱，以強大的系統化、高新化、高效化的科學研究體係為後盾，以訊息生產和利用為核心，用知識價值不斷更新目標經濟的一種新型企業管理模式。

飯店不屬於高新技術產業，但特別需要以訊息生產和利用為核心，透過給顧客提供滿意的服務來追求超額利潤為目標。因此，我們認為，在飯店的知識管理模式中，飯店的價值觀必須改變，必須樹立尊重知識、重視人才的知識價值觀，強化不斷開拓奮進、不斷進取的創新價值觀，以人為本的全面發展的管理價值觀，誠實經營、信用至上的生產價值觀，相互吸收、取長補短的文化價值觀等。

三、企業價值識別

企業的價值對象很多，如「顧客意識」、「質量觀念」、「創新思想」等。企業本身的價值不僅包括物質價值，更重要的是精神價值。因為只有精神價值是其他企業學不會，也是員工帶不走的。在眾多的價值因素中，不同企業的理解不同，排序不同，便會產生不同的價值觀。企業價值觀的區別，往往不是表現為對於「企業是否有某種價值」有不同的回答，也不是表現為對「某對象對於企業來說是否有價值」有相悖的意見，而是表現為價值排序上的區別，表現為最高價值的選擇和判定各不相同。

根據國外提出的各種企業文化理論，管理學家們得出了一些企業價值因素排序的結論：

（1）人的價值高於一切。企業的價值就在於關心人，培育

人，滿足人的物質和精神的需要；企業要獲得成功，最有價值的因素不是物，也不是制度，而是人。

（2）共同的價值觀念、經營觀念、管理意識等軟因素的價值，高於硬管理因素和其他軟管理因素的價值。

（3）為社會服務的價值高於企業利潤的價值。一方面，企業的目的、使命和價值，在於向社會提供物美價廉的產品和優質服務，利潤不應成為企業的最高目的，只應視為社會對企業的報酬；另一方面，調動企業員工積極性的最有效手段，也不是利潤指標，而是為社會多做貢獻的使命感。

（4）共同協作的價值高於獨立單幹的價值。因為共同協作適應現代化企業生產的社會性。

（5）集體的價值高於自我價值。企業實際上就是一個集體，如果個人要自我膨脹，在企業中總會產生失落感。

（6）普通職位的價值高於權力的價值。在企業組織中，最清楚事情應該怎麼辦的是一線員工；而權力僅僅是權力，並不會帶來知識和生產力。

（7）企業知名度的價值高於利潤的價值。犧牲利潤來提高企業知名度，不但可以開始譜寫企業的歷史，使企業永遠被歷史銘記，最終也能為企業帶來更多的利潤；犧牲知名度而獲取利潤，不僅會失掉企業的聲譽，更重要的是無法實現長久的利潤。

（8）維護員工隊伍穩定的價值高於利潤的價值。一個繁榮時期「招聘」員工，面臨蕭條則「解僱」員工的企業，不僅不能贏得人心、無法留住人才，更不能實現企業的凝聚力。在蕭條時不輕易解僱員工，企業雖然會犧牲一些利益，但留住人才對於想要發展、壯大，欲求「百年基業」的企業來說卻是一筆無盡的財富。

（9）顧客第一，員工第二，本社區第三，第四也就是最後才

輪到股東。

（10）用戶的價值高於技術的價值，應該靠用戶和市場驅動，而不是靠技術來驅動。用戶的建議總是最為經濟實惠的，這便是服務的黃金定律。

（11）保證質量的價值高於推出產品的價值。

（12）集體路線的價值高於正確決策的價值。決策做得再正確也必須保證大部分員工的理解和接納，否則，即使作出正確的決定也可能被扭曲。

（13）顧客第一、家庭第二、工作第三的個人價值排序。

這些企業價值次序，來源於許多成功企業的實踐經驗，而非純理論的邏輯推導。在眾多企業價值中，經理人應該選擇適合飯店的企業價值。

四、飯店的企業價值要素

明確飯店的企業價值要素是飯店經理人選擇合適企業價值的基礎。對於服務性企業來說，飯店的首要價值是顧客的價值。只有顧客的價值得以實現才能為其他價值創造堅實基礎；其次是員工的價值，員工的價值是企業價值的主體；再次是社區價值。飯店坐落於任何一個社區，都會同該社區的居民、環境、社會風氣產生緊密聯繫。如果因為飯店的價值而影響了社區的價值，甚至以損害社區價值作為代價，那麼飯店的價值體系就應該受到質疑；最後才是飯店的利潤。我們用一個圖形來表示飯店的企業價值體系。

在這些價值因素中，經理人應該把顧客作為飯店的核心價值和基礎價值。在飯店經營管理過程貫徹以下幾個價值理念：

（1）顧客的價值勝於一切。

（2）員工是企業價值的創造者。

（3）充分重視和挖掘一線員工的潛力與能力。

（4）把自己作為社區的重要一員。

綜觀西方主要飯店業集團，其企業價值是將顧客利益、股東利益與員工利益三者視為一個統一體。沒有明確指出三者利益誰最重要，但是從許多飯店的經營宗旨上可以看出，大部分都將顧客利益放在企業價值的最高位置，其次是員工利益，最後才是企業利潤。從飯店業的經營特性和國外的經驗來看，飯店企業應該始終把顧客價值作為企業價值的核心內容，這點在許多飯店的經營宗旨中都可以看到，如東方文華（Mandarin Oriental）集團的「我們的宗旨是完全取悅與滿足我們的顧客」，麗思·卡爾頓飯店的「麗思·卡爾頓飯店的最高使命是使顧客得到真正的關心和享受舒適」①，等等。

五、世界優秀公司核心理念概覽

要提煉出企業的核心價值觀並不是一件很容易的事，以下列舉世界優秀企業的核心理念，總的企業數量有限，核心理念也僅限於列舉，主要目的在於為企業高層管理人員考慮本企業的價值觀、提煉企業核心理念提供些許借鑑。

① 參見鄒統釬，吳正平著·現代飯店經營思想與競爭戰略——中外酒店管理比較研究·廣東旅遊出版社，1998，第215頁。

第二節 經理人的飯店企業價值觀塑造

　　飯店企業價值觀是以飯店中的個體價值觀為基礎，以飯店經營管理者價值觀為主導的群體價值觀念。飯店企業價值觀是飯店的靈魂，是企業文化的核心，它決定和影響著企業存在的意義和目的，為企業的生存和發展提供基本的方向和行動指南，為企業員工形成共同的行為準則奠定基礎。

一、價值觀對企業經營的影響

　　價值觀是一個人對周圍事物的是非、善惡和重要性評價的標尺，是人們作出各種行為之時，作為選擇、取捨的評價標準。人們對各種事物的評價，如對幸福、自尊、財富、服從、公平等的判斷，在評價之前，其心中自有輕重、主次之分，這種輕重、主次的基礎就是個人的價值觀。

　　人的價值觀決定於世界觀，個人的價值觀是在家庭教育、學校教育和社會活動中逐步積累形成的。事物的廣泛性聯繫體現在人的身上就是人與各種事物的相互影響，並最終作用於個人的價值觀。

　　價值觀是基礎，由價值觀引導並引申出的價值判斷和對事物的看法構成了個人的價值體系，價值觀和價值體系是決定人們期望、態度和行為的心理基礎。在同一的客觀條件下，具有不同價值觀的人會產生不同的行為，具有不同價值體系的人，對事物的看法大相逕庭。即使在同一環境，有人看重地位，有人看重工作成就，有人看重愛情，有人看重金錢財富。價值觀不同，追求也會不同。價值觀不同，對人對事的態度都將不同。

　　價值觀不但影響個人行為，還影響群體行為和整個組織行為，進而影響企業的經濟行為，最終影響企業的經濟效益。

　　飯店員工在參加工作之前都有著各自的經歷，帶著形形色色的價值觀進入飯店。正如進入飯店工作的大學生，有人懷抱理想，要

把飯店作為一項事業來做，有人把它作為一項普通的工作，有人把飯店工作作為一種臨時性的安排，價值觀不同，目的不同，行為必然迥異，工作行為中就會有各種不同的表現。在同一客觀條件下，對於同一個事物，由於人們的價值觀不同，不僅會產生不同的行為，即使對待同一個規章制度，有人會認真貫徹執行，有人會拒絕執行。這兩種截然相反的行為，將對組織目標的實現起著完全不同的作用。

因此，飯店管理者只能透過瞭解他們的價值觀，才能解釋他們的行為，並作為工作培訓的依據。與此同時，為了獲得良好的經濟效益，飯店經營者在選擇企業目標時，需要認真考慮飯店中各方人員和群體的價值觀，只有在平衡各方價值訴求的基礎上才能選擇出合理的組織目標，並利用共同的組織目標來建立飯店企業的價值觀。

二、企業價值觀的作用

企業價值觀如同「一隻看不見的手」，在企業經營管理過程中發揮著重要的作用和影響，具體表現在：

1・定向作用

企業價值觀是以企業中各個個體價值觀為基礎，以企業家價值觀為主導的群體價值觀念。企業不可能脫離社會而獨立存在，必然受到不斷發展的社會價值觀的影響，企業中的每一個成員也是社會中的一分子，社會價值觀必然透過影響個人價值觀間接作用於企業價值觀。因此，企業價值觀在經營中如能將企業的目標和個人的目標、社會的價值觀聯結起來，並使之服務於社會的利益、人類的利益，那將是成功的企業價值觀。

2・決定作用

企業的價值觀是企業的行為骨架，當價值觀被員工理解並付諸行動之時，價值觀就為員工的行動提供了準則和依據，也就決定了企業的基本特徵，決定了企業的生產經營特色和管理風格。

3．支柱作用

企業價值觀是從最高決策者到每一名基層員工所共享的核心價值觀，企業宣示的價值觀和大家共同遵守、心照不宣的價值觀是一致的。員工的行動應該符合企業價值觀規範。企業價值觀對於企業全體成員具有強大的精神支柱作用，並將成為滿足精神追求的驅動力。

4．規範作用

企業價值觀作為企業全體員工的共同價值取向，其規範作用在於它告訴人們提倡什麼，反對什麼，什麼是該做的，什麼是不該做的；在於其具有的指導、規範作用，使企業員工有統一的、規範的、自覺的行動。

5．激勵作用

企業價值觀必然昭示著未來的發展景象，未來景象的作用是用來激勵變革與進步，它明確而有力，是人們努力的焦點，是團隊精神的催化劑，透過對宏大遠景目標富有激情而堅定的描述，激發員工的熱情和動力，這種企業價值觀灌輸著一種積極向上的信念，激勵著員工去追求這種信念和為實現這個理想而奮鬥。

6．整合作用

企業價值觀一方面要體現員工、顧客、股東價值觀的貫徹與統一，例如，聯想提出：為客戶提供訊息技術、工具和服務，使人們的生活和工作更加簡便、高效、豐富多彩；為員工創造發展空間，提升員工價值，提高工作生活質量；為股東回報長遠利益。另一方面，企業價值觀提供了內部員工行為準則整合的基礎和紐帶，企業

內部和組織衝突、人際感情等都可以透過共同的價值觀得到整合。

7．培養作用

企業價值觀規定了企業的核心信仰，是企業最基本最持久的信念，具有內在性，獨立於環境變化、競爭要求和管理時尚之外，企業的核心信仰必須為企業的所有成員所共享，是每一個員工所看重的價值觀，它在企業的形成過程是一個組織的自我實現過程，一旦形成將會產生一種無形的「勢能」，施加一種無形的壓力，對全體員工造成感化和暗示作用，從而自覺地按照企業價值觀來塑造自我。

三、企業價值觀層次剖析

企業價值觀以個體價值觀為基礎，以經營管理者價值觀為主導。如果細分飯店企業的價值觀，實際上它分為三個層次，也可以說這三個層次影響了企業整體價值觀。

1．員工的個人價值觀

企業員工的價值觀決定他們如何對待工作、對待集體、對待企業、對待顧客、對待社會、對待國家。對於一個企業而言，全體或多數員工的價值觀影響企業的價值取捨，左右企業的追求。對於勞動密集型企業的飯店來說，充分重視員工的價值觀對塑造卓越企業的價值觀意義重大。

2．經理人價值觀

經理人價值觀，就是企業領導者的價值觀。經理人價值觀是企業價值觀的主導。一方面，經理人所處的地位決定其對飯店經營管理等各項活動起著重要的作用；另一方面，經理人的價值觀影響和塑造著飯店企業的價值觀。經理人是價值觀付諸實施的龍頭，是倡

導、宣傳和實踐企業價值觀的先行者，經理人的表率作用和模範行為是一種無聲的昭示，對員工起著示範作用。從某種程度上講，企業價值觀就是經理人企業價值觀，特別是企業決策層價值觀的群體化。

3．社會價值觀

企業是社會經濟組織，企業經理人和員工無一不是成長和工作、生活於社會環境之中，他們的價值觀以及企業價值觀也就自然受到社會的制約和影響。既然企業不能脫離社會，那麼，企業的價值觀就必須把社會的價值觀融合在一起。這也就是為什麼那麼多的著名企業要把社會責任、社會關注的焦點納入企業價值觀之中的緣由。

四、經理人在企業價值觀塑造中的影響

由於經理人的地位和影響作用，經理人的企業價值觀在很大程度上將左右飯店企業的整體價值觀，因而如何塑造一個優秀的企業價值觀體系取決於經理人自身的素質和價值觀。

1．必須認清經理人價值觀與企業價值觀的關係

企業價值觀的形成，有一個認同過程，這個過程可以說就是企業文化的建設過程。由此不難區分企業的「主導價值觀」和「企業價值觀」。「主導價值觀」是握有企業實權的少數人物（通常為企業家或職業經理人）所理解企業的價值觀。它可能被全體（或多數）員工認同，從而轉化為企業價值觀；但也可能永遠不會被多數職工認同，從而只能靠強權硬性貫徹。這種做法不但無法實現企業文化的修煉和塑造，反而會促使企業內部的分化。因此，企業提出的價值觀、目標和遠景，如果沒有融入員工的思想和行為就不能稱其為企業文化，更難以形成企業的核心價值觀，但是企業可以將它

們透過企業制度的形式固定下來，透過細化到制度，用制度融入到員工的思想和行為之中，從而形成企業的價值觀。在這一過程中，經理人的作用非常重要。

2．要重視經理人與企業價值觀的融合過程

現在國內飯店不斷地從別的飯店或其他行業引進職業經理人，而有些職業經理人一般不會在一個飯店停留太長時間，這樣的職業經理人的引進，不僅會給企業帶來一些其他企業的相異文化甚至是陋習，而且會給飯店企業的價值觀和制度帶來一定影響，如果經理人的兩種價值觀的衝突上升到企業核心價值觀的高度，就會對企業帶來災難性的影響。因此，飯店如果是引進職業經理人，一方面要注意學習他引進的其他價值觀念；另一方面，更須要求他的行為必須受飯店核心價值觀的制約，不能讓他的行為踐踏企業的核心價值觀。唯有如此，才能保證飯店經營戰略的連續性和經營管理的穩定性。

3．必須重視經理人言傳身教的作用

現在不少經理人並不重視如何對員工進行言傳身教，而重在管人、訓人。其實，經理人的言傳身教對於形成良好的企業價值觀作用非常大。我們不擬就此高談闊論，且以兩幅形成鮮明對比的電視畫面為例說明。

其一是中央電視臺的公益廣告：一位忙了一天的年輕母親給病榻上的老母親洗完腳正要休息，一個五六歲的孩子給這位年輕的母親也端來了一盆水，並用稚嫩的聲音說道：「媽媽，洗腳。」

其二是在影片《美麗的大腳》結束時，一個孩子對病床上奄奄一息的老師說道：「我奶奶不會死，……我媽說我奶奶是老不死的。」

同樣年齡的孩子，同樣稚嫩天真的話語，影響他們的正是家

長。父母的言行在很大程度上影響著孩子的性格和人格。那麼，飯店的經理人們該如何來引導並影響手下員工呢？

五、經理人的企業價值觀塑造

經理人必須認識到自己的企業價值觀將影響著企業的整體價值觀，要樹立整體和長遠的觀念來塑造企業價值觀。經理人的企業價值觀塑造就是要確立一個企業的共享價值體系，一方面要保證價值觀體系本身是卓越的，另一方面要努力獲得全體（或大多數）員工的認同。

（一）構建卓越的價值觀體系

構建卓越的價值觀體系，就是要確立一個企業共享價值體系，既要保證這一價值體系的卓越性，又要努力獲得全體（或大多數）員工的認同。透過研究，學者們總結出美國企業的卓越價值觀的共同特性，現闡述於下，供國內飯店經理人參考：

（1）優秀價值觀總是從質量的角度而非數量的角度來表述，企業追求的是長遠的發展目標。

（2）努力地把處於企業組織最底層的員工都動員起來，只有全體員工的共同參與並融會貫通才能構建出卓越的價值觀。

（3）優秀的企業價值觀內容簡潔，只涵蓋如下幾個基本價值標準：

①要具有成為「最好」企業的信心。

②相信執行任務的細節的重要性，那是把工作做好的螺帽與螺栓的關係。

③相信員工作為個人的重要性。

④充分地相信高質量和服務工作。

⑤相信本組織的大多數成員都應該是革新者，其必然推論是，願意為變革冒險甚至承受失敗的陣痛。

⑥相信不拘形式對於增強聯繫的重要性。

⑦態度明確地相信和承認經濟增長和贏利的重要性。

（4）最重要的特徵是：堅持不懈，只有持之以恆方能建立起卓越價值觀的長效機制。

（二）經理人構建卓越的價值觀體系必須堅持的基本原則

1 · 深入細緻地總結

經理人要透過日常的觀察及分析明確一些影響企業價值觀的重要因素，例如哪些對象對本飯店有價值？本飯店具有什麼價值？這些價值從何而來？如何排序？在與對手競爭中本飯店的哪些價值有優勢？哪些是劣勢？

企業不同，答案也會不同，甚至連同類型企業也存在差異之處，不能照搬照抄其他企業。

2 · 具體生動地表達

比如「我們每個人都推動了企業的成長」要比「提高企業績效的關鍵在於人」來得更加形象生動，不僅有激勵作用，也具備了濃烈的人情味，容易被員工認同和接納。「我們是為女士和先生提供服務的女士和先生，」麗思·卡爾頓飯店的格言就非常的具體而生動。

3 · 堅持不懈地灌輸

經理人在企業內部灌輸價值觀不能輕易放棄任何一個機會、任何一個員工、任何一個簡單例行的形式或程序。作為飯店經理人，

耐心和堅持應該是其所必須具備的基本素質之一。

4．以身作則地執行

價值觀念不成為實際行動，就成為空洞口號；若無人執行，便無人相信。飯店經理人只有帶頭執行，將企業價值觀融入自己的一言一行，才能使員工信服，從而成為他們的自覺意識和行動。

（三）企業價值觀在員工中的傳播與滲透

卓越的企業價值觀必須得到企業員工的廣泛認同才能在企業生存、發展、扎根，有的時候讓一個卓越的價值觀得到企業成員的認可比創建一個價值觀體系更具難度。

如何將企業的主導價值觀灌輸給企業內部的其他群體，並成為他們潛意識裡的自覺行為和理念是一個優秀職業經理人塑造企業價值觀所考慮的必要因素。

經理人傳播與灌輸企業價值觀的方法有多種。如：

1．滿足需求法

在滿足企業員工物質和精神需求的同時，使企業員工的個體價值觀與企業價值觀相融合，喚起企業員工強烈的歸屬感和自豪感。

2．卓越激勵法

企業制訂遠景目標，激發員工的熱情，給員工強烈的鼓舞和感召力，使企業員工產生一種「使命感」，激發出員工有意義的激情。

3．群體感化法

透過企業培訓、教育方式和英雄模範典型示範，使先進的企業價值觀得到企業員工的擁護，形成一個共同的「心理場」，產生感化作用、誘導作用和啟迪作用，而達成共識，促進共同價值觀的形成。

第三節 經理人的飯店企業倫理道德塑造

　　飯店作為一種現代的經濟組織，其行為首先要受到國家政策、法律、法規的制約，國家政策對企業發展起導向作用，法律、法規起制約企業行為的作用。但是，人們制訂的法律、規章不能涵蓋人類全部生活內容，約束人的所有行為，有時法律、法規的制訂還有一定的滯後性，因此許多企業經常鑽法律的空子。倫理道德作為非強制性的社會約束機制，與法律的強制性「硬約束」相比，是一種「軟約束」，但它在現實社會生活中無所不在，主動而無形地對人們施加影響，造成法律所起不到的作用。透過強化道德約束機制，可以使人們的行為從他律轉向自律。對於飯店來說，如果倫理道德深入貫徹於它的每一行動中，那麼它會自覺地按照更高的標準來要求自己，使自己的發展更符合人類高素質生活和長期生存發展的需要。

一、企業倫理道德的內容

　　道德是依靠輿論、傳統、習慣和人們的信念來維繫、規範人的行為的社會意識，而倫理是人們處理相互關係時所應遵循的行為準則。人們在日常生產生活實踐中結成錯綜複雜的社會關係，任何個人都處在一定的社會關係中，都要與他人交往，發生聯繫，影響他人或社會，也受他人或社會的影響，會與他人或社會發生矛盾，而道德就在這之間起著調整個人行為方向以及人們之間相互關係的作用。飯店作為一種現代的生產經營企業，其經營管理活動都是在社

會中進行的，其行為自然要受到道德因素的制約。

企業倫理道德是調整企業內部人際關係和企業與外部關係的行為規範的綜合，也就是對企業道德行為、道德關係等企業道德現象的概括和總結。

企業倫理道德包括三個層次：

1．企業的社會責任與義務

就是企業的社會道德責任感，是指企業自覺承擔社會責任的主動意識，這其中既有企業法人按法律規定應盡的社會責任，也有企業應當負擔的社會義務。在企業倫理匱乏和監督機制不健全的情況下，經營管理者如果一味追求經濟利益，不僅會降低社會的文明程度，而且可能損害整個國家和民族的聲譽。

2．經營管理的道德規範

企業經營管理的道德規範是指企業處理義與利、經濟效益與社會效益等關係時的一系列準則。中國人自古講究「商德」，奉行「賈而儒行」，到現代仍有一些秉承優良傳統的經營理念，諸如「童叟無欺」、「誠信為本」等。但是我們也應該看到隨著經濟大潮的衝擊，確實存在一些缺乏誠信的企業在擾亂市場，打擊了消費者的消費熱情。

3．調節人際關係的行為準則

企業內部人際關係的融洽程度反映了企業的文化，也體現企業文化價值的成功體現與否。企業員工人際關係也影響了企業的健康成長。如何協調企業內部人際關係是企業倫理道德的重要內容。企業常用一些行為準則來指導大家處理人際關係，不少企業提出「以和為貴」、「仁愛」、「忠誠」、「正直」、「團結」、「謙虛」、「友愛」等行為規範，追求和諧的人際關係。

二、 飯店經理人的企業倫理道德修養——重視幾個關係的處理

經理人作為飯店的經營管理階層，代表著飯店的主導文化，在飯店中起著行為導向的作用。因此，經理人將會成為其他員工的倫理道德榜樣，其修養水平影響著飯店內部絕大部分員工的倫理道德素質。

（一）經理人的企業倫理道德

飯店管理者作為企業中的決策者和行為帶頭人，其自身倫理道德問題不容忽視。在企業人員的招聘和內部人員的提拔問題上，有些管理者往往以個人情感為出發點，任人唯親、優先照顧自己的親朋好友，完全不顧其能力是否與其所要從事的工作相當，結果造成企業中一些人員素質低下，身在其位而不能謀其政。這不僅影響了飯店的發展，也會影響到飯店的形象以及管理者自身的形象。在飯店管理中，有的管理者缺乏必要的責任感，處處為個人的私利著想，損公肥私現象在一些人身上屢見不鮮。管理者的個人作風會影響到企業風氣，因此必須加以重視。

（二）經理人企業倫理道德修養中需要關注的七大關係

提高經理人的企業倫理道德修養除了讓經理人明確何為企業倫理道德以外，更重要的是要明確幾個關係的處理。

1．個性主義與集體主義的關係

個性主義主要根據個人自身的願望、理解和愛好等來選擇行為模式與策略，而不太顧忌他人的看法，重個人輕集體；而集體主義意識則重集體輕個人，個人根據集體的願望、共同的理解、一致的好惡來選擇行為模式與方式，個人的願望、愛好等常常要顧及上司乃至下級的看法。美國是一個極其推崇個性主義的國家，但是現代

經濟的發展也讓一些美國學者重新認識到集體主義的重要性。他們總結出：第一，集體的價值高於自我的價值，共同協作的價值高於獨立單幹的價值，「集體路線」的價值高於「正確決策」的價值；第二，集體主義價值觀比個人主義價值觀更符合現代化的性質；第三，企業的集體主義導向，最主要的就是要形成全體職工認同的「共同的價值觀念」、「共同的經營理念」和「共同的理念信念」。

飯店經理人由於其特殊的地位，在權力和人際上容易凌駕於其他員工，這樣便容易促使經理人產生個性主義的推崇行為。應該說，作為一名優秀的經理人，個性是必要的，它將給飯店帶來其獨特的人格魅力，影響著飯店的企業文化。但是在需要協作和團隊精神的當今時代，過於推崇個性主義可能導致企業偏離正常的發展軌道。

2．經濟效益與社會效益的關係

據相關調查，目前中國大部分企業經營者最為推崇的企業家精神是「追求利潤最大化」。企業經理人的任務除了推動企業財富的增長，還要擔負著推動市場有序化的責任。對於一家成功的飯店來說，不僅要實現經濟目標，還要能完成社會使命。

經理人必須要有一種意識：企業不是賺錢的機器，而是社會的細胞。從這樣一種高屋建瓴的角度來創建企業的倫理道德才能保證員工與社會的利益不受侵犯，才能使飯店受到員工與社會的尊重和認可，使飯店長期發展。如果一個企業家或者經理人只關心利潤而不關心人，不僅是不明智的，而且也是不道德的。實際上，經理人應該引導飯店關心人，關心社區，關心社會，始終把自己作為社會的一分子來對待飯店，對待員工，這樣才不會陷入金錢的迷宮而找不到出路。

3‧處理好競爭與合作的關係

競爭是市場經濟的一個顯著特徵，競爭給每家飯店以壓力，又給每家飯店以動力，它促使飯店在激烈的市場競爭面前積極進取，不斷地在經營管理中提高服務質量，完善自我，增強實力，力求在競爭中立於不敗之地，並在競爭中奮力爭先。但是，飯店相互之間的競爭，客觀上要求每家飯店都要處理好彼此之間的關係。首先，飯店在市場中是地位平等的競爭主體，飯店之間的競爭要遵循「公平競爭」的道德原則；其次，飯店之間作為競爭對手不是戰場上的敵手，市場競爭不一定採用慣用的削價競爭，更不是爾虞我詐，不擇手段；再次，市場中飯店之間是相互依存的，飯店在競爭中相互協作，處理好競爭能力與協作的關係，對於穩定市場價格、提高經濟效益都有非常積極的意義。因此，守法遵德、公平競爭、團結協作、多贏同勝，更是飯店企業倫理道德建設的重要內容，也是規範市場經濟行為的有效保障。經理人在經營活動中，搞好與其他飯店之間的競爭與合作關係，對於飯店長遠發展十分有利。

4‧處理好企業行為與企業行為責任的關係

任何一位正常人在社會生活中都要對自己的行為及其後果負責，這是個體道德行為中的一條重要倫理法則。飯店作為一個獨立的行為主體，這一法則是否同樣適用於經營管理活動中？從法律的角度看，飯店的企業行為若觸犯法律，就要承擔法律責任；飯店的企業行為若違背社會道德，也應承擔其社會責任。但是，由於道德因素是軟約束，於是，飯店的企業行為中就有可能出現違背社會道德的行為發生。從這一點看，飯店企業行為中的社會倫理道德建設更為重要，只有明確了飯店企業行為及其行為責任，才能明晰哪些行為該做，可以做，哪些行為不能做，從而極大地提高飯店尊德守法經營的自覺性。而經理人既是這些行為的執行者，更是這些行為的監督者。

5·員工的合法權益問題

飯店員工作為企業的重要組成部分，其合法權益的維護在法律上是不言自明的。但在一些飯店企業中，員工的合法權益特別是基層一線服務人員的基本權益得不到有效的重視與保障，他們的隱私權、休息權、工作環境的安全權受到損害。有資料表明，有些飯店對一線員工的監控達到了非常嚴密的程度，已經嚴重損害了員工的隱私權，更有甚者，有些飯店一線員工的超強度勞作，已經對其身心健康構成侵害。倘若員工的合法權益遭受侵犯，員工對企業傷心失望，到頭來只會損害飯店。作為管理者，不僅要關心飯店的發展，更要注意對員工的關心。這些關心不僅包括經濟上的，更重要的是使員工的合法權益得到保障。飯店可以透過公關部、工會等企業內部組織強化這種保護，只有這樣，才會使員工有安全感、歸屬感，才會真心實意地為飯店的發展作貢獻，才有利於增強企業的凝聚力、向心力。如果經理人能成為員工合法權益的守護神，那麼，該飯店的凝聚力、向心力將大為增強。

6·對待消費者的權益問題

飯店主要是一種以提供面對面服務為主的消費產品，消費者是產品和服務的最後享用者，也是產品和服務的監督者。飯店在銷售自己產品或服務的過程中，一旦被消費者發現有欺騙或蒙蔽的情況出現，一些精明的消費者當場就會提出投訴，甚至拒付；一旦消費之後才發現被蒙蔽，這些被蒙蔽的消費者肯定會到處訴說，這種不良訊息的傳播速度更快，而公眾口碑對於飯店經營來說比任何形式的廣告都更為重要。因此，飯店以誠信的態度提供符合人類合理、健康的消費需求的產品，是一家飯店尊德守法經營的最基本的要求。經理人應該成為消費者權益保護的守護神。

7·權力與責任

飯店經理人掌握著企業與員工的未來發展前途，擔當著企業重大決策的責任。經理人的才幹體現於其所掌控的權力，但是只有履

行了責任才能保證經理人能夠繼續維持其對權力的支配。權力支配慾太強的人容易忘卻隱藏在權力背後的責任，這對於企業來說則是一種重大的損失。履行責任是行使權力的目標，如果忘了這個本分，權力將會吞噬經理人的才幹。

作為一名經理人，首先應該想到的是企業所賦予的責任，而非光鮮的權力。責任心是一個有所作為的經理人所必須具備的基本素質，也是經理人引導企業邁向成功的保障。

三、經理人企業倫理道德塑造的三個基本準則

飯店經理人要遵循三個基本準則，即關心顧客、關心環境、關心員工。經理人只有給予社會和環境以關切，才能得到社會的認可與回報；只有關懷員工、關心顧客，才能煥發飯店的生命力。

1・關心顧客

在保證顧客在飯店安全消費的基礎上，實現顧客的滿意，甚至提高他們的滿意度。顧客安全與顧客滿意的理念貫穿於整個飯店的服務過程中，使飯店在產品與服務的設計、供給等軟硬體程序上儘可能為顧客提供方便、愉悅。

2・關心員工

首先要保證員工在酒店工作的安全；其次要儘可能地使員工在酒店獲得愉悅的工作體驗；再次，要制訂公正的賞罰標準，明確制訂薪資和獎賞制度。

3・關心環境

一方面儘可能使飯店排放的廢棄物經過嚴格的處理，減少對自然環境的負面影響；另一方面儘可能減少自然資源的消耗，提倡物盡其用，實現循環利用。

延伸閱讀

職業經理人的特徵分析

職業經理人的「職業」英文是Professional，這個詞的含義是工作能力上乘，職業操守良好。職業經理人，顧名思義這個人做事應該比較職業，如果一家飯店的總經理做事違反企業規定，沒有操守，他再能幹，我們也不能說他是個職業的經理人。職業經理人必須擁有三大特質，即豐富的專業知識、敬業的工作態度和高超的工作技能。

上海率先出臺《職業經理人職業標準》，其定義是：運用全面的經營管理知識和豐富的管理經驗，獨立對一個經濟組織或部門開展經營或進行管理的個人。在《職業經理人職業標準》中對職業經理人提出了兩方面的要求，一是基本要求，一是工作要求。基本要求主要包括職業道德和作為職業經理人所必須具備的知識。職業經理人要瞭解行政管理、財務管理、生產管理、營銷管理、訊息管理這五大管理系統的基本原理與專業知識。工作要求是具備較強的協調溝通能力，協調與溝通是職業經理人的一項經常性工作，一定要協調好業主、屬下和員工及客戶間的關係。尤其重要的是與業主的關係，要對業主資產保值、增值負責，但同時，又必須得到業主及企業主管部門對工作的支持。

職業經理人要比一般職工具有更高的職業道德。職業道德是從事一定職業勞動的人們，在特定的工作和勞動中以其內心信念和特殊社會手段來維繫的，以善惡進行評價的心理意識、行為原則和行為規範的總和，它是人們在從事職業的過程中形成的一種內在的、非強制性的約束機制。職業道德具有範圍上的有限性、內容上的穩定性和聯繫性、形式上的多樣性三方面的特徵。職業道德是企業文化的重要組成部分，是增強企業凝聚力的手段。企業是具有社會性的經濟組織，在企業內部存在著各種複雜的關係。這些關係既有相

互協調的一面，也有矛盾衝突的一面，如果解決不好，將影響企業的凝聚力。這就要求企業所有的員工都應從大局出發，光明磊落、相互諒解、相互寬容、相互信賴、同舟共濟，而不能意氣用事、互相拆臺。

第四節 一線員工的企業價值觀與倫理道德培育

　　一線員工是顧客在飯店最先接觸也是接觸最多的員工，很大程度上代表了飯店的企業價值觀和倫理道德水平。但是，一些飯店員工缺乏職業道德、損害企業形象的行為屢屢發生，任何一家飯店要想獲得成功，必須要有良好的企業形象作保障。企業形像是飯店全體員工共同塑造的，員工的職業道德是其中的重要因素。如果個別員工缺乏起碼的職業道德，將影響整個企業的形象，進而影響企業文化建設。例如，對待消費者愛理不理、裝作沒看見、服務不細心、態度生硬等現象，都會損害飯店的企業形象。另外，不少員工對飯店沒感情，責任意識淡薄，更多關心的是自己的物質利益，對企業的發展不感興趣，有的員工為個人私利故意洩露企業的商業祕密，使飯店在競爭中處於劣勢，影響到正當利益的獲得。

　　因而，提升一線員工的企業價值觀和倫理道德水平是飯店管理層工作的重點，也是企業文化灌輸的主要任務。

一、有效激發一線員工積極性的動力機制

　　行為科學的基本原理認為，人的任何行為都有一定的心理基礎，一切外在因素對人的行為的影響都是透過人的心理髮揮作用的。心理學家透過對人的行為的研究，提出人的行為有兩大動力系

統：一些基於「自我需要」的動力系統，是個體為獲得一定的利益或機會滿足純自我需要而產生的動力系統，在這一系統作用下，人是以自我為中心的，一切行為都是為了維護自我的利益與機會；二是基於「超越自我」的動力系統，是個體為滿足社會（有時表現為組織、企業等）的需要、社會利益而產生的動力系統，在這一系統作用下，人是以社會為中心的，行為的目的是實現社會的價值、社會的理想，維護的也是社會的利益。

在這兩種動力機制之下，就飯店的企業文化建設和企業文化管理而言，需要著重解決兩者對員工特別是對一線員工的影響機制問題。

滿足「自我需要」的動力運行機制主要是自我利益機制。在這種機製作用下，員工產生「自我價值觀」，它以是否「利己」作為一切判斷的標準，造成利己性特徵成為員工個體工作行為的一個基本屬性之一。

「超越自我」的動力系統運行機制主要是對「企業價值與目標」的認同機制。當員工對所在企業的理念與價值觀產生認同時，員工就會產生超我價值觀，它以是否利於企業作為一切判斷的標準，因而使人產生一切為了企業的行為。因此，如果用飯店的價值觀和倫理道德統一員工的價值觀與倫理道德，就能讓員工用企業的價值觀指導自己的行動，從而使員工作出對企業有利的行為，這就需要深入分析能有效激發一線員工的動力機制，透過企業文化建設實現飯店全體員工「一切為了飯店發展」的工作行為。

二、滿足員工的「自我需要」和「超越自我」的心理

員工的「自我需要」是合法的利益，需要給予保障。

目前，飯店內部員工存在著較為嚴重的等級化現象，不少飯店一線員工工作最辛苦、待遇最低，所期望的「自我需要」長期得不到滿足，自然對飯店缺乏認同感，更談不上奉獻精神。要解決這一問題，飯店必須承認合法追求個人利益是員工的基本權利，滿足「自我需要」是激勵員工的必要前提，從制度上對員工個人利益予以保障，並以此建立員工的激勵機制，要真正關注員工的個人願望，尊重員工的合法個人利益，努力使飯店利益與員工利益協調一致，使飯店成為員工心目中真正認同的利益共同體。

實現企業文化與制度的有機結合，激發員工「超越自我」的動力。

隨著飯店市場競爭的加劇和員工個性的張揚，管理者需要打破傳統理念框架的約束，要構建體現現代管理思想、富有鮮明時代特色並得到員工認同的飯店企業文化，建立以飯店企業文化為導向的飯店管理制度。要使該制度成為管理者的意願得以貫徹的有力支持體系，並在得到員工認可的前提下，使飯店管理中不可避免的摩擦從人與人的對立弱化為人與制度的對立，更好地約束和規範員工行為，減少不必要的對立，降低對立的程度。利用有效激發飯店員工的激勵制度和員工「超越自我」的動力機制，透過制度化建設，真正激發出飯店全體員工「一切為了飯店發展」而努力奮鬥的工作行為。

三、培育飯店一線員工的企業價值觀

企業價值觀是企業全體（或多數）員工一致贊同的、與企業緊密關聯的、對於主體來說是否有價值的看法。飯店的企業價值觀如何得到一線員工的贊同並且為其接納？這就需要一套行之有效的培育手段。具體說來，包括如下四點：

1．讓一線員工明確飯店的企業價值觀

企業價值觀必須透過目標的設定、信念的確立、規則的制訂，讓一線員工明確飯店的發展目標，識別企業文化所推崇的理念，讓他們真正瞭解自己所為之奮鬥的飯店，特別需要讓員工認識到自己的工作能夠實現自我的價值。

充分明晰飯店需要我做什麼貢獻，體會我從飯店的工作中能夠獲得什麼！

2．建立正規的溝通、傳輸、反饋渠道

在強大的教育和培育之下，一線員工一般會遵循企業的核心價值觀，把主導價值觀作為自己工作過程中所信奉的規則和理念。但是，他們對企業價值觀不可能一味地遵從。企業價值觀的確立與灌輸必須考慮到飯店一線員工的理解和接受能力。只有透過良好的溝通才能保證企業的價值觀能夠被一線員工正確領悟，而不會發生偏差。另外，如果一線員工對管理層制訂的企業價值觀有不同的意見和建議，完全可以透過反饋渠道向經理人反饋，從而力爭使飯店的企業價值觀能夠得到全部員工的贊同和執行。

3．發揮一線骨幹員工的榜樣作用

一線骨幹員工的榜樣作用要比管理層的來得親近而且實際，他們對一線員工具有很強的感召力和影響力。一線骨幹員工不僅反映出本飯店一線員工的發展潛力，而且為其他一線員工樹立了未來發展的目標，指明了工作努力的方向。

4．實現一線員工企業價值觀的提升

實現一線員工企業價值觀的提升還必須讓他們瞭解和掌握飯店發展的歷史背景和經營方針；學習作為飯店人應有的立場、思想、形象；提高他們作為社會成員的精神素質，培養社會責任感，錘煉人生觀等。

四、提高員工的企業倫理道德水平

（一）飯店一線員工的企業倫理道德要求

1．企業忠誠感

缺乏對飯店的忠誠感的員工不可能將工作視為實現自我價值的途徑。只有把企業忠誠感作為飯店對一線員工的要求，也內化成為一線員工對自身的要求，只有員工把飯店作為自己未來發展的依託，甚至視飯店為家，員工才會為企業奉獻自己的才幹，從而獲得更多的發展機會。

2．職位責任感

任何企業的員工都需要職位責任感，職位責任感是一名合格員工的基本素養。飯店企業的一線員工擔負著照料飯店客人食、住、行等方面的生活需要，沒有責任感的員工可能會出現工作失誤，給客人和飯店造成損失，這是飯店員工道德水平提升中最為需要關注的地方。

3．團隊合作精神

飯店是一種綜合性的企業，其綜合性表現為：

（1）飯店產品的多樣性，因為飯店產品具有食、宿、娛、購等多種屬性；

（2）各部門提供的服務相互之間具有缺一不可的聯繫性，因為飯店各項業務不是孤立的，而是相互聯繫、相互影響，從而形成一個有機的整體；

（3）飯店的每項服務的使用價值往往是多個部門同時產生效用時的綜合結果。如賓客入住，住宿本身是個簡單的過程，但這個過程需要提供客房和設施，要鍋爐房供暖，配電房供電，空調室調

節空氣，電視室提供錄影、電視節目等。由眾多的部門同時提供不同的效用在同一空間組合而成一種使用價值；

（4）飯店要在同一時間的不同空間裡滿足賓客不同的多種消費需要，如在同一個時間裡，有的賓客要休息，有的要就餐，有的要購物，有的要美容，有的要娛樂......這就要求飯店要提供能滿足多種需要的產品而不至於顧此失彼。

總之，飯店產品的高度綜合性要求管理要有系統性，既要考慮抓好人員組織工作，又要做好業務組織工作，既要讓產品能滿足賓客需要，又要讓各服務項目能適合市場需要，更要求飯店上下左右要有高度的一致性，不致缺一而影響全局。

因此，飯店的每一項工作都需要飯店各個部門或者部門內部各個班組、員工的協作。沒有團隊意識、缺乏協作精神的人無法在當今時代獲得良好的發展空間。飯店應該在新員工培訓時就給員工灌輸團隊意識，尤其是對一線員工。

4．關懷顧客意識

一線員工直接面對飯店的客人，為客人提供各種產品和服務，他們最瞭解顧客的需求和意見。因此，一線員工尤其需要關懷客人，仔細觀察客人的需求變化，把客人當做自己的親朋一樣來對待、照顧，讓客人真切感受到飯店所帶來的人性關懷。

（二）一線員工的企業倫理道德培育

1．理念引導

將企業的倫理道德融入企業價值觀，作為企業基本理念，引導一線員工向企業所設定的倫理道德目標發展。理念是制度的根基，所有制度的約束都建立在理念的基礎之上。

2．制度規範

飯店可以建立一套倫理督導制度，對相關軟性問題進行明確規定，並且制訂明晰的獎懲制度。考核獎懲制度是飯店企業倫理的強化手段，是一線員工最清晰的行動指南。

　　3．行為約束

　　飯店經營管理者可以從制訂行為規範入手，將企業倫理外化為一線員工的倫理行為。包括制訂員工行為規範、服務規範、禮儀規範、人際關係規範等方面，以約束一線員工的倫理行為。

第五節　麗思·卡爾頓飯店員工與顧客平等價值觀之塑造

　　「我們是為女士和先生提供服務的女士和先生」，這是麗思·卡爾頓飯店的座右銘，實際上，也就是麗思·卡爾頓飯店員工與顧客平等價值觀的充分體現。

　　麗思·卡爾頓飯店管理公司是一家聞名世界的飯店管理公司，該公司的主要業務是在全世界開發與經營豪華飯店。與其他的國際性飯店管理公司相比，麗思·卡爾頓飯店管理公司雖然規模不大，但是它管理的飯店卻以最完美的服務、最豪華的設施和最精美的飲食成為了飯店之中的精品。現實中，麗思·卡爾頓已成為「豪華」的代名詞。時至今日，麗思·卡爾頓飯店公司已經成為其他豪華飯店評判自己的標竿。

一、平等價值觀塑造

（一）西蒙·庫珀的貢獻

　　麗思·卡爾頓的巨大成功主要應歸功於西蒙·庫珀。西蒙·庫珀先

生是麗思·卡爾頓的總裁兼首席執行官，1999年被譽為「世界公認的飯店業主」。他在麗思·卡爾頓飯店是一位舉足輕重的人物，但他卻說，他的員工們比他更重要。庫珀是集團最早的管理成員之一，早在1983年他還是副經理的時候就參與確定集團最基本的服務哲學。1998年他被提升到了集團總裁的職位。

庫珀先生信奉員工是飯店最大的資本，比自己重要得多。他常把公司的17000餘名員工比作是他的「眼睛和耳朵」，認為是他們時時刻刻在幫自己瞭解顧客。他說，員工是直接為顧客提供服務的，最瞭解工作的是員工，而不是上級主管；他們能夠提高勞動生產率和效率，提高服務水平；更重要的是，他們能夠提高顧客的滿意程度；他很滿意這一點：最起碼他現在有17000名員工經常告訴他該做什麼，使他能夠應付千變萬化的情況。

當公司旗下每新開一家飯店時，庫珀先生都要親自主持一個領導藝術研討會，每次在會上他都會對員工說：我是麗思·卡爾頓的總裁，所以我很重要，但你們比我更重要，因為使這座飯店日復一日運作的是你們；如果我一兩天不出現，沒有人會注意，但是，女士們先生們，你們如果不出現，就會有人注意到，是你們創造了全世界最好的飯店。

庫珀先生堅信員工的重要性，他表示應把更多的權力下放給員工。他回憶自己年輕時在歐洲幾家飯店做侍應生時，總經理採用獨裁、專制的管理方法，要求部下絕對地尊敬和服從，大家都十分懼怕總經理。他也承認自己在成為總經理後這種等級管理方式也沒有完全克服，這是他的缺點。但慶幸的是飯店大量優秀的年輕經理正在改變自己的管理方式，充分地把更多的權力下放給了員工。例如，飯店規定所有員工在未經批准的情況下都可以使用高達2000美元的金額來處理顧客投訴和糾正錯誤。這一權力下放的做法是對員工充分的信任，給予了員工極大的工作積極性。

（二）「黃金標準」

麗思·卡爾頓飯店集團的核心價值觀是「黃金標準」，公司的每位員工都有一張寫有「黃金標準」的小卡片，各部門每天都要召集員工對「黃金標準」進行討論。「黃金標準」包括公司信條、理念、服務的三個步驟和20條基本要求四個方面內容。

1·信條

對麗思·卡爾頓飯店的全體員工來說，使賓客得到真實的關懷和舒適是最高的使命。

2·格言

「我們是為女士和先生提供服務的女士和先生」。這一座右銘表達了兩種含義：一是員工與顧客是平等的，不是主人和僕人或上帝與凡人的關係，而是主人與客人的關係；二是飯店提供的是人對人的服務，不是機器對人的服務，強調服務的個性化與人情味。

3·麗思·卡爾頓飯店服務的三個步驟

（1）熱情和真誠地問候賓客，如果可能的話做到使用賓客的名字問候。

（2）對客人的需求作出預期並積極滿足賓客的需要。

（3）親切地送別，熱情地說再見，如果可能的話，做到使用賓客的名字向賓客道別。

4·基本準則

（1）要做到使每一位員工都知道、擁有和履行飯店的信條。

（2）我們的座右銘是：「我們是為女士和先生服務的女士和先生。」實施互動合作的團隊工作和側面服務，即員工與員工互相聯繫溝通來創造一種積極的工作環境。

（3）全體員工都應該遵循三部曲的服務程序。

（4）所有員工都要成功地完成培訓證書課程，來保證他們懂得如何在他們自己的職位上履行麗思·卡爾頓飯店的標準。

（5）每一位員工要掌握制訂在每一份戰略計畫裡的有關他們的工作範圍和飯店目標。

（6）所有的員工要知道他們的內部賓客——同事和外部的賓客——顧客的需要，這樣就可以保證按他們的期望來提供產品和服務。並要注意使用賓客所喜歡的便箋來記錄賓客的需要。

（7）每一位員工要不斷地認識整個飯店存在的缺點，這些缺點可以稱為比費先生（Mr. BIV），即錯誤、重複做的工作、損壞、無效率行為和差距。

（8）任何員工接到賓客投訴以後應該接受投訴並進行處理。

（9）全體員工要保證使投訴的賓客立即得到安撫。要快速行動，立即糾正問題，並要在處理好問題以後的20分鐘內再打一個電話給賓客，核實一下問題是否已經解決到使賓客滿意的程度了。要做一切你可能做的事，決不要失去客人。

（10）要有賓客問題一覽表來記錄和處理賓客不滿意的每一件小事。每一位員工被授權去解決問題和防止問題的重複發生。

（11）嚴格遵循清潔衛生標準是每一位員工的責任。

（12）「要微笑，因為我們是在舞臺上表演。」要使用適當的語言與賓客溝通。如使用下列語言：「早晨好」、「行」、「我高興這樣做」和「我樂意這樣做」。

（13）在工作場所內外，每一位員工要成為自己飯店的大使，始終說積極的話語，不應有消極的評論。

（14）要陪同賓客到飯店的一個區域去，而不應僅指明如何

到那個區域去的方向。

（15）每一員工要掌握回答賓客詢問所需要的有關飯店的訊息，如不同設施經營的時間等。要始終先介紹飯店內的零售、食品和飲料設施然後再介紹飯店外有關的設施。

（16）在接聽電話時要注意禮節，要做到鈴響三下內微笑著回答。在需要時，要對打電話者說：「請您拿著電話等一會兒好嗎？」不要篩選電話。在可能的情況下要儘量接通電話，而消除再轉的電話。

（17）制服要乾淨整潔、沒有汙點，要穿合適、乾淨、擦亮、安全的鞋子，佩戴好自己的名牌。要以自己的容貌為驕傲，遵循所有的修飾標準。

（18）要十分清楚在緊急情況下員工的角色作用，知道在火災和生命危險情況下的反應程序。

（19）當發現存在危險情況和設備受到損壞時，當需要各種幫助時，應該及時通知主管。要注意節約能源，維護、保養好飯店的財產、設備。

（20）保護好麗思‧卡爾頓飯店的財產是每一位員工的責任。

上面這些最重要的「黃金標準」說明了員工修飾的要求，解決賓客可能有的問題的方法及房務管理、安全、效率的標準。

（三）飯店品牌

庫珀先生對半島這樣的亞洲名牌飯店很仰慕。在他看來，這些名牌飯店有堅實的聲望，它們把自己的傳統服務和價值觀帶到了美國。經過數年的經營，這些名牌飯店已建立了自己強有力的品牌形象和飯店文化。

因此，庫珀先生也十分強調對於麗思‧卡爾頓品牌的保護。他

說，我們的品牌就是我們的心臟。他表示無論何時何地，麗思·卡爾頓人都要保證其品牌能夠代表最佳服務質量。如果集團能保證其麾下的每個飯店都提供質量最佳的產品，那麼飯店就會真正得到客人的信任，這也是飯店最可寶貴的財富。庫珀先生把集團這種嚴格維護品牌聲譽的做法稱作是「科學的」態度。庫珀先生說，任何飯店集團在一個新的城市創辦飯店都不容有失，故而這種做法也是一種冒險。麗思·卡爾頓集團在實際操作中，因為有四家飯店的服務達不到集團的標準，已經放棄了它們。達不到服務標準的飯店會嚴重地影響飯店的聲譽。雖然放棄一家飯店意味著數百萬美元的損失，但是也只能忍痛割愛。事實上，大多數賓客對集團的這一做法表示了他們的贊成和支持的態度。

（四）人員培訓、考核

庫珀先生十分重視人員培訓。他認為培訓是降低員工流失率和創造「以賓客為中心」的企業文化的關鍵因素。麗思·卡爾頓飯店集團的戰略規劃和組織目標是新上任的經理和員工平均要接受250～310小時的培訓。從公司的整個飯店系統來看，員工流動率從1989年的79%下降到1998年的30%，這一數據比行業的平均水平52%要低很多。這可以說是麗思·卡爾頓重視員工培訓的結果。公司十分注重從成功員工的身上總結一些行為和性格特徵，經整理後設計成問卷調查的形式，以幫助在新員工招聘時瞭解新員工的可能成功潛質。在面試時，庫珀先生特別重視應聘者的特長，他認為這是麗思·卡爾頓成功的關鍵。

庫珀先生舉例說，公司有位總經理，從1997年到1998年，公司的業績在這位經理的領導下有了很大的提升，1999年又取得了進一步的發展。如果在別的公司，這位經理絕對會被推選為年度最佳，但在麗思·卡爾頓他卻只被評選為季度最佳經理。原因是這位經理的業績雖然很好，但手下的員工流失卻非常大，這表明他的管理方式還是存在問題的。

二、分析與評價

企業價值被大多數人定義為企業在生產經營活動中推崇的基本信念及奉行的目標。它被認為是企業文化的核心，企業理念的基礎。成功的企業價值觀無疑可以推動企業的發展：它能決定企業的整體形象，指導企業的決策，規範企業員工的行為，激勵企業成員的鬥志，協調企業的各項活動，更為重要的是企業價值觀這只「無形的手」在特定的時間和場合甚至決定了企業的基本特徵、生產經營特色和管理風格。

在飯店業中，每當談到麗思·卡爾頓飯店，人們自然會想到豪華的設施和精良的服務，似乎麗思·卡爾頓與「豪華」總有不解之緣。事實上，對於中國飯店業來說，麗思·卡爾頓飯店的「黃金標準」更值得推崇，「我們是為女士和先生提供服務的女士和先生」這一座右銘更是現代飯店服務的真理，是服務的真諦。

一個企業若要取得成功，必定會有與其企業特徵相符的價值觀。「我們是為女士和先生提供服務的女士和先生」這一平等價值觀已經成為飯店行業新的行業理念，麗思·卡爾頓豪華飯店的完美形象，已成為了其他豪華飯店評判自己的標準。能取得這樣的成功，與其價值觀的塑造不無關係。

第六節 萬豪服務社會的精神

萬豪國際集團公司是一家國際性酒店公司，1927年在美國華盛頓建立的一家菜根汽水店（Root Beer）是萬豪集團事業的真正開始。公司的總部設在華盛頓，已擁有2600多家飯店，遍佈美國及其他60多個國家和地區。

一、服務社會的精神

萬豪國際集團為了相關利益者的發展、為了給顧客提供優質服務、為了員工有良好的發展前途以及股東及企業所有者利益最大化，致力於不斷地發展業務，創造價值。經過70多年的發展，形成了自己獨特的企業文化。萬豪人堅信對他人的奉獻是集團成功的關鍵，70多年過去了，許多事情都有了新的變化，但公司的「服務精神」卻始終如一，這種被萬豪人稱之為「服務精神」的哲學是指在萬豪已有80餘年歷史的服務於社區的經營哲學。該「服務精神」的核心是：不論是萬豪的顧客、同事、商業夥伴，還是鄰居們，萬豪都真誠地希望其社區成員的生活有所不同。萬豪的這種服務社會的精神體現在日常生活中，員工和集團對當地、國內以及國際的行動和計畫的支持服務之中。

（一）關心員工

在萬豪的社會責任中，關心員工是其重要的一項。萬豪堅信這樣一條管理哲學：一個企業的成功不是因為它的規模或是建立的時間久，而是因為那些把全身心投入其中的人。集團認為萬豪的成功應歸因於集團擁有良好的管理人員和訓練有素的員工。

「保證公平對待」的政策是萬豪關心員工的開始。其具體做法是透過與員工交流，傾聽他們的訴說，對於他們提出的問題給予及時的解決，關心他們的家庭生活，瞭解他們的希望、抱負。透過這一系列的做法，讓員工感到自己的重要性。萬豪對於員工需求的滿足甚至連讓員工穿上乾淨的制服和使用合適的設備這些基本需求都考慮在內，可謂無微不至。萬豪的一位重要人士曾說過，如果你關心員工，員工就會關心客人。

萬豪集團公司透過許多內部計畫和社區的努力，解決了大量影響員工工作和個人生活的問題。這種個人和家庭問題的解決對每個人來說都是有益處的。對員工子女的關懷和照顧無疑能極大地解放員工，是對他們極大的關心，使他們沒有後顧之憂，全身心投入到工作之中。萬豪解決這一問題的做法是提供兒童保育和家庭服務，即在非傳統工作時間裡的兒童保育活動。萬豪參與到某些有創新的公立和私立的合夥企業中，這些企業可以向員工提供全面的安排計畫和支付得起的服務項目。

　　（二）關心社會

　　1．設立萬豪基金會

　　該基金是萬豪集團專門為殘疾人設立的。據猜想，每年約有超過一半的受過特殊教育的高中生在畢業後一年都找不到工作。該基金會的設立建立了「從學校到工作的橋樑」，其初衷就是為了幫助這批特殊的學子找到滿意的工作。在亞特蘭大、芝加哥、費城、洛杉磯、舊金山和華盛頓都設有該項基金計畫。

　　2．設立萬豪家庭服務基金會

　　該基金會的宗旨是為了保證像兒童保育、公共交通和住房這樣有價值的服務得以持續。萬豪在主要的市場中邀請一些由當地的酒店提名的非營利性組織從這個基金會申請資助。

　　3．費爾菲爾德客棧

　　1955年，費爾菲爾德客棧（隸屬於萬豪）與國際人道主義避難所聯手為需要幫助的人提供了這些人支付得起的住所。從那時起，費爾菲爾德客棧建設了約50所類似的住宅。萬豪與避難所的這種合作關係已超越了住宅，涉及到品牌和企業的參與。到21世紀，這種合作關係已延伸到國際範圍。

　　4．兒童奇蹟網絡

20世紀80年代，萬豪為了給美國和加拿大境內的170多家兒童附屬醫院籌資，發起創建了第一個「兒童奇蹟網絡」。公司組織了名為「萬豪的自豪」的活動，為那些在當地的萬豪社區需要住院治療的兒童捐贈了2500萬美元，這一活動也使員工能夠在各自的家鄉中發揮一定的作用。

5.「模仿工作」

萬豪集團公司承諾幫助美國的青年人，具體渠道是提供教育資助和在萬豪飯店提供「模仿工作」和實習機會，幫助那些「問題」高中生過渡到具有意義的職業上去。學生所獲得的獎學金是由社區的合作夥伴提供的，許多「問題學生」都是透過參與全國模仿工作活動才真正明白服務接待業也是就業的途徑。

6.二次收穫計畫

美國的二次收穫計畫把萬豪與數千家北美食品供應組織聯繫起來，組成了美國的二次收穫網。這一計畫讓萬豪感到驕傲，透過這一計畫，萬豪的剩餘食品可以確保被用於捐助，而不至於被浪費。

（三）社區服務精神

1.「社區服務日精神」

萬豪有種精神叫「社區服務日精神」，即萬豪常年把幫助社區所需作為自己的義務。具體做法是在每年5月的員工欣賞週期間（Associate Appreciation Week），公司會向全球所有的萬豪員工的家屬表示敬意，並且還留出一段特殊時間來幫助那些需要幫助的不幸的鄉居們。萬豪的志願者們會在活動期間伸出援助之手，幫助全球的萬豪社區。時至今日，在全球範圍內已存在著數以千計的萬豪社區，這足以使萬豪集團引以為榮，在這些社區的成長過程中，萬豪起著特別重要的作用。萬豪集團希望每一個萬豪社區都能因為集團的存在而成為人們生活、工作的良好場所。

2．員工與公司的共同捐助

在萬豪有一個傳統：員工和公司共同捐助，支持聯合之路。這一聯合之路每年的捐贈活動都影響著家庭成員、鄰居們和同事們的生活。萬豪集團在全球有數以千計的志願者，他們的精力、時間、承諾、奉獻和熱情對萬豪的社區項目和其開創性活動提供了依靠，體現了萬豪特徵的服務精神。透過志願者的活動，萬豪人得到了很多在工作內外成長、學習新技能的機會，並因自己的貢獻而獲得自豪感。

3．保護環境

萬豪在保護環境方面做了一些努力。公司把環境保護方面的目標定為「減少、再利用、回收」。公司不僅致力於把人作為改善社區環境的目標，而且還制訂了一項全面的公司政策，該政策旨在保護環境的商業活動。公司的員工在保護環境方面做了許多具體工作，如植樹、清潔海灘和其他一些保護自然資源的活動等。ECHO（注重保護環境的接待業務）在保護環境方面為集團麾下的所有酒店提供指南和方針。

4．參與社區合作

萬豪集團積極參與各種社區合作。除了有自己獨立的運作項目，萬豪還與一些非營利性組織合作，但只與那些向社區提供了重要的服務項目的非營利性組織合作，例如美國紅十字會、國際紅十字會和紅新月會等。萬豪很早以來就一直支持美國紅十字會，並且隨著業務在全球性的擴張，與美國紅十字會的合作範圍也日益廣泛。集團中各個飯店和員工對支持紅十字會和紅新月會的熱情都十分高漲，例如舉行捐血活動、支援災區和為地方籌資等。除此之外，美國紅十字會災害援助基金會每年都會得到來自萬豪的捐助，這些捐助直接應用於在世界範圍內受災害影響的萬豪社區。

二、效應與評價

（一）效應

萬豪作為接待業的領導者，對於全球多樣化的承諾落實到了其在世界上的每一家飯店，這種承諾的目的是為了滿足在不斷變化的人口和市場中獲得發展和盈利的機會。商務是萬豪多樣性承諾的中心，為了給那些日益多樣化的供應商、顧客、業主和特許經營商等提供更多的發展機會，萬豪改善了全球勞動力的多樣性。

長期以來，人們願意與萬豪集團公司合作的主要原因之一就是萬豪對全球多樣性的承諾。其不斷地為員工和客戶提供更多的發展機會，使得公司繼續保持著在接待業的領導地位。萬豪國際集團對於多樣性的承諾是集團建立發展必要的商務關係的唯一方法，是吸引、保留和發展公司最佳人才的唯一方式，也是與萬豪對員工、顧客、合夥人和股東負責任相符的唯一方式。

（二）評價

對於企業的社會責任，目前國際上普遍認同的理念是：企業在創造利潤、對股東利益負責的同時，還要承擔對員工、對社會和環境的社會責任，包括遵守商業道德、生產安全、職業健康、保護勞動者的合法權益、節約資源等。承擔一定社會責任的公司的確從長遠來說獲得了更好的社會形象以及員工的支持，但企業承擔一定的社會責任並不僅僅是利潤最大化的企業行為。

任何一家企業都應有自己的價值體系。作為服務性企業，飯店的價值體系是否應該包括顧客價值、員工價值和社會價值？作為一個經濟組織的飯店企業只是社會大系統中一個小分子，飯店企業中，從管理者到普通員工無一例外都是生活、工作在社會環境之中，雖然飯店的企業價值觀必定會受到社會大環境的影響和制約，

但是，飯店社會責任到底要承擔多少為宜？

目前大部分企業的經營目標都是追求企業利潤的最大化，但對於一個成功的企業來說，它不僅要實現經濟目標，更為重要的是要完成自己應盡的社會責任。可以說任何企業都不可能在「真空」中求得發展，從長遠考慮，一家企業如果僅僅關心自己的企業利潤而不關心其他利益相關者、社區和整個社會的發展，也是難以做到可持續發展的。

作為一家飯店集團，萬豪服務社會的精神值得推崇，萬豪並沒有把自己僅僅視為一部賺錢的機器，而是把自己視為一個社會細胞，堅信對他人的奉獻是集團成功的關鍵，服務社會已成為自己獨特的企業文化。關心員工、關心社區、關心社會的萬豪必定會有更進一步的發展。

引子評判

「投資者的利益必須受到保護，經營者的行為必須受到制約」。乍一看來，這一句話很有道理，但經過深入分析，這一道理在於企業的治理結構，不在於企業文化，如果把企業的治理結構的理念作為企業文化來提煉，則未必能夠引起企業全體員工的共鳴。這一言行尤其適合企業的投資者，是從投資者的利益出發來建構的文化理念。這一理念適合企業的治理結構。即：在現代公司制企業中，企業的所有權、決策權、經營權往往是三權分離的。實踐證明，「三權分離」的制度能夠充分調動經營者的積極性，與此同時，也對投資者的利益帶來了一定的威脅。如何使得以個人效用最大化為目標的經理們像照顧自己的財產那樣去管理投資者的財產，保護投資者的利益，是現代公司制企業的一個永恆的主題。為此，許多企業提出「投資者的利益必須得到保護，經營者的行為必須受到制約」的公司治理方針。

現代公司制企業中，投資者與經營者之間，投資者中的大股東

與小股東之間，以及股東與董事之間構成了公司結構的複雜關係。

　　首先，投資者與經營者之間的關係是委託代理的關係，從哲學的角度來看，投資者與經營者是公司治理結構中的矛盾對立統一的兩個方面。由這種委託代理關係所帶來的激勵約束問題以及如何有效地處理兩者的關係，是企業管理中的一個重要問題。在亞當·斯密看來，「作為別人的錢而非自己的錢的經營者，我們不能希望這類公司的董事像私人合夥中的合夥人通常照看自己的錢財一樣十分小心地照看別人的錢財」。如果企業的經理持有本公司50%的股票，而另外50%的股票由不參與管理的人分散擁有，那麼，經理就不會像他持有100%股票那樣賣力。投資者的利益很大程度上依賴於經營者的積極性，如何充分調動經營者的積極性成為企業創造財富的一個主要問題。因此，投資者的利益要得到保護，就必須激勵經營者的行為，同時也要用一定的規範來制約經營者的行為，從而達到企業效益最大化，同時實現個人效用最大化的目標。

　　其次，所謂「投資者」，是一個集合的概念，投資主體的多元化是現代公司制企業的主要特徵之一。投資主體多元化必然導致多元投資主體之間的利益不一致。公司的大股東與小股東就像「大魚和小魚」之間的關係。

　　從博弈論來看，大股東必須選擇主動「作為」，也就是說，必須非常用心地關注公司的發展、監督公司的運營、干預和控制公司的行為。儘管這樣一個過程是需支付成本的過程，但卻是大股東的一個最優選擇；小股東的最優選擇則是被動的「不作為」，他們不會非常用心地關心公司，同時也就無需為此支付成本。相對來講，小股東在公司治理結構中還是處於弱勢地位，有時可能要面對著大股東和管理層的雙重侵害，所以要給以特別的關照和保護。

　　最後，投資者與董事之間的關係。董事是為了代表投資者的利益而設計和設立的，但作為一種「用手投票」的機制，大多數情況

下，他們不可能反映全部投資人的意志而只能反映一部分投資者的意志，他們不可能代表全體股東的利益而只能代表一部分股東的利益。在少數服從多數的原則下，小股東的利益就有可能受到傷害。

經營者與投資者，大股東與小股東，股東與董事之間的關係是相當複雜的。要保護投資者的利益，制約經營者的行為，就必須依據這種複雜關係的特徵來「對症下藥」：第一，完善董事會組織結構，充分發揮董事會功能。第二，建立對公司經理層的顯性化、貨幣化為特徵的報酬機制。第三，建立體現公司主要利益相關者利益維護和參與治理的有效機制。

第五章 飯店的企業精神

導讀

　　無論是麗思、施塔特勒、希爾頓、保羅·杜布呂和傑拉德·貝里松等世界著名飯店企業家的創業精神，還是威爾遜的創新精神，都是值得國內飯店經理人認真思索的。作為飯店企業家，其使命除了經營管理好一家企業之外，更為重要的是要成為企業先進文化的塑造者、創新理念的創造者、企業形象的設計者、企業精神的倡導者、企業文化建設的率先垂範者和身體力行者。無論是飯店業主還是職業經理人，構建一體化的企業精神是其進行飯店企業文化建設的最主要工作。

　　引子：「即斷、即決、即行」為企業精神

　　有家飯店把「即斷、即決、即行」作為企業精神，如果僅從字義理解，似乎這是一家投資公司的經營理念，而非飯店的企業精神。

第一節 著名飯店企業家的企業精神

一、世界著名飯店企業家的創業精神

（一）凱撒·麗思的精神

　　凱撒·麗思（Cesar Ritz），麗思·卡爾頓飯店的創始人，他的名字和帶有他的名字的飯店已成為「時髦」與「豪華」的象徵。強烈的對客服務精神、精良的服務質量、不斷革新的服務意識、科學

的用人方式以及注重工作效率等是其創業精神的主要內容。

　　凱撒‧麗思1850年出生於瑞士。青年時期的飯店從業經驗，尤其是在巴黎沃依辛飯店的工作、學習，讓他不僅學會了服務技術，而且懂得了待人接物的方法，更讓他養成了強烈的對客服務精神。

　　在沃依辛飯店工作期間，麗思有過多次為國王、王后服務的經歷，這一切決定了後來麗思‧卡爾頓飯店服務於上層社會的辦店方向與優質上乘的服務方式。麗思認為，在豪華飯店裡，所有的東西都必須是上乘的，服務更是精良的。在對客服務上，他提出了「客人永遠不會錯」（The guest is never wrong）的觀點，這是麗思的信條，寧肯自己多擔風險，也不輕易得罪自己的顧客，麗思還實行過「一個客人一個僕從」的做法，即為每位客人都獨立配備一個服務人員，這更是其他飯店無法比擬的。

　　麗思一直強調要瞭解客人，投客人所好。多年的飯店從業經驗，讓他學會了認人和記人姓名的特殊本領。只要在門庭相見，握握手，幾句寒暄，他便能知道客人的愛好，明白該如何接待。這也是那些王公貴族、達官顯貴長期追隨他的重要原因。他常告誡服務人員，要想使客人真正喜歡自己的飯店，關鍵是要讓客人喜歡上那裡的服務人員。

　　第一家麗思‧卡爾頓飯店是巴黎的麗思飯店，其前身是旺多姆廣場15號院。在這裡，麗思不斷地變革創新，傾注了他全部的心血。巧用燈光是麗思的一大突破，除了照明之外，麗思還用燈光來創造氣氛，尤其是對反射光的利用更是出神入化，他不僅利用柔和的反射光來創造出舒適、靜謐和幽雅氛圍，更是巧妙地利用它來突出女性的化妝效果。

　　麗思能幹、自信、堅毅，但他卻從不獨斷專行，而是非常注重科學地用人。他十分善於發現人才，麗思飯店中的很多經理都是他親自從服務員中提升的。他非常注重集思廣益，從不獨斷專行，在

他執掌飯店時，每天都會召開部門經理的碰頭會，請大家就飯店管理問題多提建議，各抒己見。在作出任何決定前，更是要廣泛聽取多方意見，進行合理的分析。凡是已作出的決定，就會堅決執行下去，決不朝令夕改。

瑞士人珍惜時間、講究效率的傳統在麗思身上表現得尤為突出。他認為到了需要知道時間的時候才來找鐘錶，這就是等於在浪費時間。他也是這樣為客人著想的，所以在麗思飯店客房的牆上，甚至是僕人陪同的房間都掛有固定的鐘錶。

麗思塑造了豪華飯店，也塑造了麗思·卡爾頓飯店的豪華，但在與病魔的鬥爭中，他卻完全處於下風。他的才華還沒有完全得到發揮就離開了他所鍾愛的事業，這對於整個飯店業來說也是一種極大的損失。

（二）施塔特勒的精神

埃爾斯沃思·米爾頓·施塔特勒（Ellsworth Milton-Statler）是商業飯店的創始人，被譽為世界飯店業標準化之父。

1876年，年僅13歲的施塔特勒開始在飯店當服務員，兩年後由於工作出色升任領班。接著他又承包了飯店撞球間的經營，並率先在飯店內代理火車票。對於已取得的成就，他並不輕易滿足，不久後他開始獨立經營一家可供500人同時用餐的餐廳。後來，他又大膽地走出家鄉的小天地，先後在水牛城、克利夫蘭和底特律等地投資建造並經營當地的施塔特勒飯店。

一個只讀過兩個冬天書的農村孩子，卻在飯店業中取得令人矚目的成就，並推動了一個新的飯店時代的形成，除了對飯店業異乎尋常的熱衷外，施塔特勒在其個人發展和飯店經營管理中體現的創新精神是其成功的一個重要因素。

施塔特勒的創新精神是多方面的。

在飯店的設計建造上，他敢於拋棄飯店建築的舊傳統，創建飯店建築的新體系。他從不迷信建築師的意見，而總是和他們一起設計。他考慮問題的出發點是：飯店的一切設施、設備和服務都應該從滿足客人的需要出發，而不能只考慮建築和外觀的美感。20世紀初，施塔特勒在水牛城籌備建造第一座以他的名字命名的飯店時，在飯店的設計過程中，他向設計師提出要使每個房間都擁有「私人浴室」，在當時，世界上幾乎沒有一家飯店每個房間都有浴室，美國一般飯店都只有公共浴室。而為了實現這一計畫，他首創了用一組給排水管同時供給相鄰的兩間客房的用水形式，這在後來被稱為施塔特勒豎井式的配管。事實證明，這種由施塔特勒創建的飯店類型非常成功，在此後的飯店業中得到了普遍的應用，直到現在，這種建築結構在世界上許多飯店和辦公樓中仍有體現。

在飯店經營方面，施塔特勒的許多經營方法在當時看來都是頗具創新精神的。他主張在一般人能夠負擔得起的價格內，提供必要的舒適、服務與清潔的新型商業飯店產品。他認為最好的服務應該具備方便、舒適和價格合理三個要素，並且這種服務的價格是一般人力所能及的。為了能夠提供低價格的產品和服務，他在建築結構、客房與廚房設計、使用的器具設備、工作人員的組織結構和工作內容、成本管理以及其他經營管理體制上，在提倡效率的前提下，都推行徹底的簡單化、標準化和科學性的計數管理。但這並不意味著他不注重服務質量，事實上，他的目標是在千方百計提高服務質量的同時，實現合理化。施塔特勒在服務上的創新表現在他提出的服務哲學上：即「顧客永遠是對的。」這句話是他13歲在飯店做服務員時提出的，迄今已有100多年，已成為世界飯店業和其他一切服務行業共同遵循的服務哲學之一。

施塔特勒的創新精神不僅使其飯店取得了巨大的成功，也在很大程度上促進了世界飯店業的發展，現在世界上的飯店之所以能如此合理、簡捷，許多地方應歸功於施塔特勒先生的貢獻。他的許多

經營思想即使在現在也不過時，事實上，目前施塔特勒飯店在美國飯店業中仍是設施、設備和服務等方面的典範。

（三）希爾頓的精神

希爾頓飯店集團是世界上公認的飯店業中的佼佼者，同時也是飯店業中「優秀」的代名詞，其創始人康拉德‧N‧希爾頓（Conrad Nicholson Hilton）是一位優秀的飯店經營者。他之所以能將希爾頓飯店從一幢紅色磚樓的小旅館經營成一個世界知名的飯店集團，與他身上強烈的企業家精神有密切關係。

希爾頓剛開始涉足旅館業的時候，手頭僅有5000美元，誰都不會想到就是這5000美元，成就了今日的希爾頓飯店王國。希爾頓這位飯店業大王在他晚年的傳記裡，披露他發家的奧祕時，首先強調的一點就是：必須懷有夢想。他認為完成大事業的先導是偉大的夢想。在他看來，夢想和空想是截然不同的。他把夢想和空想做了比較，他認為，空想是做白日夢，永遠都難以實現；而夢想是指人人可及，以熱誠、精力、期望作為後盾，是一種具有想像力的思考。希爾頓自己就是在一個個偉大的夢想的激勵和指引下，白手起家，堅定不移地經營他的飯店業，最終一步一步登上他事業的巔峰，創立了舉世聞名的希爾頓飯店王國。

敢於冒險是希爾頓的另一種精神。為了實現企業擴張，他曾多次做出一些在當時看來是驚世駭俗的舉動，但最後事實都證明了他的決策是正確的。早年他在英國修建倫敦希爾頓大飯店時，就曾在英國朝野轟動一時。這家希爾頓飯店的選址是在英國女王所居住的白金漢宮附近。從飯店的樓上，可以直接眺望到白金漢宮的庭院，而且一覽無餘，因此希爾頓在作出這個決策的時候，引來了一片反對之聲。但是希爾頓畢竟是希爾頓，他堅持到底，頂著反對聲修建了這家飯店並成功開業。事實證明，這家引起轟動和反對的飯店極大地滿足了來自世界各國的客人的好奇心，當然也為希爾頓帶來了

滾滾的財源。

創新是希爾頓最為人稱道的另一種精神。在希爾頓飯店80多年的經營與發展中，它的很多經營思想和方法對於飯店業來說都是創新之舉。1943年，希爾頓在加利福尼亞、紐約、芝加哥以及華盛頓買下了幾家飯店，從而使希爾頓飯店成為第一家沿海岸線城市布局的飯店聯營。1947年，希爾頓飯店公司的股票在紐約股票交易所上市，成為第一家股票上市的飯店公司。1966年，Hilton Inns，Inc成立。希爾頓飯店成為第一家發展連鎖經營的高級飯店。1971年，希爾頓購買了拉斯維加斯希爾頓飯店，成為首家經營賭場的飯店公司。1973年，希爾頓飯店公司率先在所有的希爾頓飯店使用CRS系統，這是飯店客戶服務中作出的一大突破，極大地提高了飯店服務的效率。1995年，希爾頓飯店公司與美國運通公司合作，成為第一家聯合發行免費飯店信用卡的飯店公司。同年，希爾頓網站開通，希爾頓飯店登上訊息高速公路，又一次成為飯店業的先鋒。

擁有夢想、敢於冒險與創新，這就是成就希爾頓偉業的三大精神。

（四）雅高的精神

法國雅高集團是世界著名的飯店集團，其涉足的範圍包含了經濟、豪華、商務、渡假、賭場等飯店業絕大多數業態。

從雅高集團的發展歷程分析，則其成功經驗可歸納成如下五點：

（1）雅高充分利用了法國飯店業高速成長期有利的外部環境。一方面有利的外部環境使雅高能快速成長；另一方面，20世紀50年代法國為推動飯店業發展而成立的飯店業信貸署，為雅高快速發展提供了金融動力。

（2）雅高創業時以諾富特品牌（三星級飯店）為主，其時，相對四星及更高級飯店市場而言，三星級飯店具有更大的市場容量，也是成長市場中屬於品味、檔次較高的細分市場，這為雅高快速成長提供了市場空間。

（3）雅高飯店建設，從選址到飯店容量設計、建築成本控制和運營管理都有一套標準化體系，標準化具備強大的可複製力，成為雅高飯店業務快速發展的內在動力。

（4）雅高學習的標竿企業是假日飯店集團，飯店產業化、標準化的假日飯店成功精髓為雅高實施飯店特許經營和連鎖發展提供了榜樣。

（5）雅高具有從低檔到高級飯店的品牌系列，在地域上組成了一個不同檔次的飯店群落，成為區域飯店業務的壟斷者，具備了很強的競爭優勢。

而雅高集團創業者的創業精神，則為研究哪些人可以、哪些人不可以長期合作創業，何等性格的創業者可以合作創業等具有心理學性質的創業研究提供了絕佳的素材。

雅高集團的成長與保羅‧杜布呂和傑拉德‧貝里松這兩位性格截然不同卻又互補、平等而始終如一的合作分不開。他們相互信任，共同締造了一個龐大的飯店王國。

保羅有些喜歡幻想，也沒有任何職業經驗，但他對自己的計畫深信不疑，懂得如何使願意聽他講話的人產生興趣，具備對自己的產品進行精明分析的能力，擅長於產品戰略和營銷。保羅把許多時光花在事業上，但他並不覺得這樣壓力很大。從 1967 年到 1977年，他每年的休假時間不超過六七天。保羅在創業中體悟到，創業如同爬山，真正的樂趣並不在於到達山頂，而在於爬的過程，創業中會遇到艱難曲折，但你必須昂首前進。

傑拉德是行政管理和金融財務方面的專家。他不僅理論能力強，善於抽象思維，而且還表現出一種本能的求勝慾望。傑拉德在辦公室待不了很久。作為總裁，他的工作是風風火火，飛機上，汽車上，在哪裡都在思考問題，記筆記，跟別人建立聯繫。對他來說，生活就是建設，雅高充滿了他的生活。但他從來也沒有犧牲過自己的愛好。每次到國外出差，為了提高在工作會議中的效率，他總是讓經理們為他安排打一場高爾夫球。從三十歲開始，傑拉德完全把運動納入了他的生活。運動既需要精力集中又需要韌勁，作為一個高爾夫的業餘選手，傑拉德也許永遠達不到他在這項運動中想要達到的目標，但他喜歡挑戰這個目標。他說這種挑戰精神和每年建造100家飯店是一樣的。

保羅和傑拉德遵守同樣一個信條，那就是言必有信。他們制訂了一些個人守則，而且相互之間從不隱瞞什麼，保羅和傑拉德都認為，在默契中，絕對平等的原則是非常重要的。合作成功的原因在於他們兩個人都是想幹一番事業的人，且二人之間互補性強：保羅慢條斯理，傑拉德雷厲風行；保羅是製造產品的人，傑拉德則長於設計經營。

二、飯店企業家的核心精神

企業家精神是企業文化的核心，分析世界著名飯店企業家的創業精神，結合現代企業發展實際，我們認為，現代企業家精神應包括以下幾個方面：

1．創新精神

創新，是企業家的靈魂，是企業家創造力和革新精神的統一。創新精神是企業家不同於普通經營者的主要特點。

首先，企業家能預見到別人所不能預見到的新的投資領域或新

的盈利機會，或者別人即使預見到了新的盈利機會而不敢投資，而企業家卻敢於冒新的風險，敢於進行新的投資，從而獲得新的盈利。

其次，企業家的創新行為還有心理上的因素，即企業家除了致富的目的之外，還想透過創新實現顯示個人成功的慾望，從而獲得成就感，這樣一種非物質的精神理想實際上支持著許多企業家的一切行為和活動，這是一種「戰鬥的衝勁」。

2．冒險精神

經營企業要敢於冒風險。一個成功的企業家，冒險是其必不可少的經歷。敢於冒風險，不怕失敗，這是現代企業家應具備的基本素質。當然，企業家冒風險不是瞎闖蠻幹，其所作出的決策和風險意識應該是基於科學根據的。

3．改革精神

企業家的改革精神主要是指主觀世界即自身思想觀念的改造更新和客觀世界（工作環境）的改造更新。具體表現在：

（1）不受陳規陋習的影響，不安於現狀，勇於探索革新。

（2）把引起日常變化的行動看做是探求新事物的種子，並付諸實施；不屈服於習慣勢力和困難障礙，敢於開闢新道路。

（3）不人云亦云，善於提出新思路、新見解。

（4）不迴避現實中的各種矛盾，善於抓住事物的本質和問題的核心，創造新辦法，及時解決矛盾。

（5）歡迎競爭，把壓力化作動力，創造新的工作成果。

（6）不怕挫折和失敗，有雄心、有抱負，對未來充滿信心和希望。

4．創業精神

企業家的創業精神是指一種強化創業意識，勇於改革，銳意進取，艱苦奮鬥，勤儉創業的精神。

強化創業意識，首先要克服因循守舊、愚昧閉塞、無所作為的精神狀態，樹立適應經濟社會發展要求的新思想、新觀念和新方法。

其次要在全體員工中弘揚頑強奮鬥的獻身精神，樹立「敬業樂業」的責任感和意識觀念。

再次，企業要杜絕鋪張浪費現象，提倡「節約惜福」的精神風尚。

5．寬容共事精神

企業家要具備寬容心，願意與他人合作，互相幫助。

（1）要尊重同行和下屬，發現他們的長處，善於團結和使用人才。

（2）要虛懷若谷，善於聽取別人的意見。

（3）遇大事要多磋商，不能自以為是，獨斷專行。

（4）善於和敢於聽取下屬的批評，對同行和下屬要寬容和忍讓，切忌責難他人。

6．追求卓越精神

卓越並非一種成就，而是一種精神，這一精神是一個人或一個公司的生命與靈魂。只有以卓越為奮鬥目標的人才能帶領企業走向最後的成功，也只有追求卓越的企業才能為顧客帶來更多的價值，從而為企業的持續發展奠定堅實的基礎。追求卓越是一種永不滿足的精神，也體現了一種競爭精神。具備了這種精神，才能有一種傲

視群雄、勇往直前的大無畏英雄氣概。

7 · 誠信精神

誠信是現代商業行為的基本遊戲規則之一，任何一個涉及商業運作的企業人都應該以誠信為本。企業誠信絕非一日之功，但要毀掉這種誠信的形象卻十分容易。企業家對這點要尤為重視，如果企業家本身的行為缺乏誠信，那麼很難想像他領導的企業是一個誠實、守信用的企業。在市場的商業行為中，總是存在著不誠信乃至欺詐行為，因而誠信就顯得更加珍貴，一個誠信的企業就意味著其高品質的企業文化。

當然，企業家精神還可以列出很多，但上述各點應為基本精神或核心精神。

第二節 傑出飯店企業家的基本素質

飯店最高領導人的素質和品質，在某種程度上決定了企業的成敗。

在企業文化完善之前，可以說，企業之間的競爭，實際上是企業家的競爭，是企業一把手之間的競爭。然而，如果把一家飯店的成敗繫於一人，則該飯店難免一敗，企業經營風險太大。

因此，企業家的使命除了經營管理好一家企業之外，更為重要的是要成為企業先進文化的塑造者、創新理念的創造者、企業形象的設計者、企業精神的倡導者、企業文化建設的率先垂範者和身體力行者。

可以說，沒有卓越的企業家，就不會有卓越的企業文化，沒有卓越的企業文化，也不會有卓越的企業。企業家在企業文化中的作用是任何人無法替代的。在市場經濟裡，企業家不但是市場舞臺的

主角，而且還是企業的掌舵人，在企業文化建設及其形成過程中起著舉足輕重的作用。

一、優秀企業家的基本素質

根據哈佛商學院的總結，優秀的企業家應該具備以下基本素質：

1．創造性思考問題的能力

能突破傳統的框框和常規思維方式，進行創造性的思維活動；敢於創新，能辨識事物的規律和形式，能舉一反三，從個別事例中歸納出一般性的結論；既能把握局部，又能控制全局。

2．解決問題的能力

在研究問題時，能應用所學的概念、理論、方法，發揮創造性，運用判斷力，找出問題的癥結所在，並能設計出恰當的解決方案。

3．綜合能力

能認識並綜合一項工作或一個問題的兩個不同方面，認知它們之間的關聯及對整體的影響，學會從整體考慮問題。

4．嚴密推理的能力

能在理論指導下運用邏輯分析，立假設，擺論據，定出明確的評估標準；能綜合不同觀點，所得的結論能經得起邏輯推理和實踐檢驗。

5．表達能力和談判能力

能有效地進行談判，能篩選、組織各種紛繁的訊息，能在口頭和文字上清晰地表達自己，能簡潔地解釋複雜的問題；能以禮服

人，在談判時能建設性地與對方對話，有效地引導兩方共同解決問題。

6.領導才能

能制訂和表達自己的目標和理想；能鼓舞和激勵別人；能創造條件幫助他人排除困難，去爭取成功。

7.團隊精神

能以成員和領導的身份與各種不同群體一起有效地、有創造性地工作；能理解他人不同的背景和看待問題的不同角度，能理解他人的動機感情和所關心的問題；善於識辨他人的才能；善於獲取他人的支持、合作和尊重；善於影響群體和社會。

8.企業家精神

目光遠大，能構想未來，能認識並創造機會，而且不受條件的限制去追求這些機會；能擔負起促變的責任。

9.知識結構

精通至少一種專業，對工商企業分工有全面的、系統的基本知識，充分理解各個專業的作用和它們相互間的關係；對工商企業活動的各種環境和層面有明確的認識；懂得並致力於技術的生產性應用，懂得產品技術工作和它的應用，以及它們對工商企業、社會所產生的普遍影響。

10.道德準則

堅持基本道德準則，身體力行；對工商環境和決策中涉及的道德問題有敏銳的認識；對個人、企業、社會有義不容辭的責任感；用對別人一樣的標準來要求自己。

11.超越自我的能力

努力提高和超越自我，保持求知慾，尊重知識和學習，不怕承認缺點和無知；能作自我反省，也能省察他人；關心社會，關心自然環境；善於實踐和從經驗中學習；能鍥而不捨地尋找正確的答案，並為之而努力。

二、飯店企業家的基本素質

與一般企業對比，飯店的經營管理存在自身的特點和難點，因此傑出的飯店企業家除了具備上述一般企業家所需的素質之外，還必須有一系列特殊的企業家素質。

1．廣博的知識

飯店企業家要能夠幾乎大事小事無所不通，對飯店內部所有問題的處理得心應手。既能夠全盤掌握事情的來龍去脈，又能明察秋毫。

2．堅持原則性

飯店是特殊行業，經營管理過程中可能出現各種各樣的問題，有的甚至超乎預料。面對這種情況，飯店企業家要能夠把握原則性，才能保證下屬處理問題時也能遵循飯店的原則。

3．獨特的敏銳決策力

飯店企業家在創業過程中，要能統率全局；從飯店雜亂無章的事物中，整合飯店的一套邏輯框架；具備獨特的敏銳決策能力。

4．情緒穩定，善於控制自己的感情

飯店企業家必須做到喜怒不形於色，以大局為重，掌握感情的分寸；決不計較小事，在感情衝動時儘量不做決策。

5．迎接挑戰，保持年輕的心態

飯店企業家應該保持自己對新鮮事物的興趣，具備一定的冒險心態。面對一切挑戰和困難，能夠帶領飯店員工一起接受挑戰，攻克難關。

6‧善於為他人著想

飯店企業家應該有關心下屬、關愛他人的品德，否則就無法做到對員工、對賓客的關心。要能夠體會家人、朋友和員工的難處，並主動提供幫助。愛他人，也由此獲得他人的愛。

7‧人際關係處理能力，對人際交際有強烈的興趣

飯店企業家要能妥善處理飯店內外關係，包括與周圍環境、社區建立廣泛聯繫的能力和對外界訊息的吸收、轉化能力。

8‧深謀遠慮

成功的飯店企業家必須具備長遠的眼光，為長遠利益而犧牲誘人的眼前利益。長遠利益應當成為制訂政策的依據。

第三節 職業經理人的企業精神

現代商業發展的結果之一就是職業經理人的出現，職業經理人是在企業發展成熟後細分出來的一個職業群體。大型企業一般都外聘職業經理人，負責企業的經營管理運作，起著核心和領導的作用。

一、職業經理人的企業精神

1‧競爭精神

市場競爭的日益激烈和日益複雜，給企業帶來了生存和發展的

更大障礙，任何一家企業都不可能輕易取勝。一家害怕競爭的企業是無法在經濟社會中立足的，相反，一個樂於競爭、勇於競爭的企業則會為自己創造更多的機會。競爭精神是職業經理人企業精神的基礎，沒有競爭精神就沒有帶領企業突破困難，不斷進取的毅力和鬥志。職業經理人在企業中的地位和作用，決定了競爭精神是一個職業經理人所必需具備的精神和素質。

2．敬業精神

敬業精神是職業道德的一個重要組成部分。在職業經理人市場日益成長的今天，由於出色的表現和功績，他們可能被不同的企業「挖墻腳」，因此，職業經理人的忠誠成為一個大問題。即使在不同的企業、不同的行業從事工作，一個優秀的職業經理人都應該具備敬業精神，用自己的聰明才智、人格尊嚴、榮譽來打造自己的職業成就，為所從事的職業盡力盡職。

3．團隊精神

職業經理人是企業運作的核心和領導，但是企業從本質上來說是一個由許多員工組成的團隊，沒有員工的合作和支持，職業經理人即使具有超強的能力和素質也無法帶領企業走向成功。因此，團隊精神是職業經理人所必備的又一精神，懂得合作，願意與他人合作，知人任用，充分挖掘、發揮企業內部的知識創造能力，為企業塑造一個和諧的團隊氛圍。

4．進取精神

職業經理人的進取精神是帶領企業面對困難、不斷前進，充滿生機和活力的積極進取的精神。這種旺盛的鬥志和堅強的意志將會透過其所帶領的團隊慢慢滲透、影響到整個企業，從而影響整個企業的士氣。進取精神是職業經理人必須具備的一種精神和素質，只有這種積極向上、不斷進取的鬥志才會給其自身帶來進步，也給企

業帶來無限生機。

　　當然，職業經理人所必備的企業精神遠不止這些，有些也是企業家精神的因素，二者在相當程度上具有相同點①，這裡恕難一一贅述。

二、飯店職業經理人的企業精神

　　職業經理人的企業精神，對於飯店職業經理人來說，一樣也不能少。但是，飯店作為一種服務型的特種服務行業，經過幾十年的發展，飯店管理的專業化越來越強，飯店管理制度越來越完善，職位規劃與規定越來越到位，飯店管理的職業化要求越來越強烈。在這種新的背景下，目前國內的飯店職業經理人的企業精神尤其需要突出如下兩點：

　　① 職業經理人與企業家既有聯繫也有區別。職業經理人與企業家既可以是不同的群體，也可以是在企業發展不同階段的職能定位的相同群體。職業經理人與企業家在經營管理企業方面需要的素質和精神具有一定的共通性，即二者都必須具備經營管理企業的一些素質和理念。二者的區別在於：企業家是企業的創業者，因此企業家擁有企業的所有權。但是職業經理人只負責企業經營管理層面的運作，並不擁有企業所有權。

1．職業素養

　　職業素養需要職業眼光，飯店內外的一草一物，一人一事，都要有明確的次序，飯店經營管理過程中出現的任何問題，飯店的職業經理都要很清楚，具體說來，職業經理人必須到哪個位置一看，就知道有什麼毛病，碰到什麼情況知道怎麼處理，馬上就能處理好。

2．精業精神

精業精神就是對這個行業一定要精通，要有職業習慣，要竭盡所能地為客服務，例如，地上有一滴水要馬上擦乾，有一張紙要馬上撿起來，與客人同乘電梯要禮讓客人先進先出，一切為了客人，要形成一種職業習慣。

職業聲譽可以作為檢驗一個職業經理人是否具備良好的企業精神的最根本標準。對於飯店職業經理人來說，重要的不是他在哪家飯店做過，而是他在那家飯店的聲譽如何，他在行業內的聲譽如何，聲譽決定了他的職業行為。

第四節 飯店一線員工的企業精神

飯店企業的一線員工是飯店的主體，一線員工精神是飯店企業精神的基本組成部分，體現著飯店的總體水平和層次，因此，員工精神應該作為飯店企業精神的重點來對待。

一、一線員工企業精神的內容

1．主人翁精神

所謂主人翁精神，是指員工在完成任務、承擔責任、關心和維護企業形象與利益時表現的主體意識、自覺意識和當家做主的精神。一線員工代表著飯店的形象，因此主人翁精神是他們所必須具備的基礎意識和核心。如果員工沒有把自己看做是企業真正的主人，他就不能以主人的姿態和主人的精神去對待工作和企業的一切利益，就不可能努力工作、認真負責和自覺維護企業利益和信譽。

2．服務精神

作為服務性企業來說，服務就是企業的生命線，服務的好壞直接影響著企業的生存與發展。飯店一線員工的工作內容就是為賓客提供各種各樣的服務，從而為飯店創造價值，維持忠誠客戶。可以說，一線員工的服務精神直接反映了飯店的服務精神。服務精神應該作為飯店一線員工企業精神的立足點。

3．敬業盡職精神

敬業盡職是指飯店員工誠摯、專心地對待自己的工作，從而為賓客提供優良的產品或服務。敬業盡職是飯店良性運行的重要條件，也是包括企業家在內的飯店全體人員應有的社會責任和精神觀念。馬克斯·韋伯曾高度評價了「一個人對天職負有責任」的觀念在西方走向市場經濟的歷程中重要作用。他指出：「假如一個製造商長期違反活動準則，他就必然要從經濟舞臺上被趕下去，正如一個人不能或不願適應這些準則就必然被拋到街頭淪為失業者一樣。」①

4．團隊精神

團隊精神在有些場合又稱集體精神，是指能使人們按照一定的共同心理特徵結合起來，並能夠在統一的原則基礎上進行共同活動的一種精神觀念。從這個意義上說，組織就是把一些人集合起來，發揮團隊精神，以達成一個共同的目標。

團隊精神在企業中，一方面表現為強烈的團隊意識。員工與團隊結為一體，使大家有一種同仁的歸屬感，大家分享共同的價值觀和使命感。另一方面，這種精神又表現為以忠於團隊為榮的精神，重視對員工忠誠感的培養。在很多場合，有人情味和親和力的領導乃是培養員工忠誠感的最好導師。

5．競爭和創新精神

不論是在製造性企業還是服務性企業，只有具備競爭和創新意

識才能使企業立於不敗之地。飯店的成長壯大不僅需要企業家的競爭和創新精神，還需要企業全體員工的競爭和創新意識。飯店內部要形成一種支持和鼓勵革新創造的小氣候，鼓勵一線及其他員工學會創造性思維方法，對日常的工作和技術提出建設性的意見，共同推動飯店的創新。

6．參與精神

所謂參與精神即要求一線員工除了做好自己的本職工作，還要把自己的工作視為飯店事業的一部分，關心飯店的發展與成長。美國許多公司都把參與作為一種企業精神，灌輸給全體員工，要求每個員工每年要寫一份自我發展計畫，簡要敘述自己在一年中要達到什麼目標，有什麼需要，希望得到什麼幫助，並對上一年的計畫進行總結。自我發展計畫，一方面是員工實行自我管理的依據；另一方面給每個員工的上級提出了要求：如何幫助下屬實現自己的計畫，它既可以作為上級人員制訂自我計畫的基礎，又成為對上級人員考核的依據。

① 參見莊培章著．現代企業文化新論 ——邁向成功企業之路．廈門大學出版社，1997，第277～278頁。

二、一線員工企業精神的培育

（一）培育渠道

（1）主管垂範：以身作則地引導。

（2）榜樣示範：透過宣傳體現飯店精神的模範人物的先進事蹟來引導。

（3）輿論灌輸：透過各種輿論工具和媒介，廣泛傳播企業核心精神，使飯店核心精神深入人心。

（4）教育培訓：透過培訓、研討，強化飯店員工對企業精神的理解和認同。

（5）集體參與：放手讓職工群眾自己引導自己，發動大家就企業精神的培育提建議，想辦法。

（二）具體培養方式

1．如何培養主人翁精神

飯店一方面要樹立一種觀念：一線員工不是被管理的對象，而是被「授予權力」的企業主人。另一方面要不拘形式地讓一線人員參與飯店的經營管理活動。美國優秀企業總結出員工主人翁精神培養的實質基礎是企業資產所有權和企業物質利益分配權。但是，對於激發員工的主人翁精神來說，還必須從每個員工的理解、尊重、關心、團結、友愛出發，使每個人不僅把完成任務、承擔責任、關心和維護飯店形象與利益視同自身利益，而且看做是自我價值的實現。

2．如何培養敬業盡職精神

（1）僱用認真積極工作的員工；（2）當員工表現優異時，要適時給予肯定；（3）所有的工作都應該被重視，尤其是一線工作；（4）建立渠道讓員工瞭解市場訊息；（5）讓員工參與和員工有直接利害關係的決策過程；（6）在客人投訴後，多注意員工的牢騷；（7）特意將不同部門的員工結合成任務小組，讓所有員工都覺得自己是個有用的人。

3．如何培養團隊精神

（1）根據部門、班組把一線員工分成不同的任務小組，實行集體培訓，要求小組內成員要同心協力，形成強大的合力和凝聚力；（2）實行獎勵時，多給予團體績效獎，避免個人獎項過多；（3）在部門實行決策過程時實行集體一致透過的原則；（4）透

過團隊目標的確立，把員工個人的方向轉化為團體的方向。

4．如何培養創新精神

（1）獎勵創造力和創新；（2）允許員工出錯；（3）透過鍛鍊員工橫向思考、正面思考、聯想觸發性思考等思考方法訓練創造力。

第五節　經理人如何構建一體化的飯店企業精神

一體化的企業精神就是企業的上下員工要「同心」，心懷共同的願望為企業打拚，關心企業的成長。「同心」對內表現為共同的願景，對外表現為良好的團隊精神。即透過共同願景的確立、團隊精神的塑造，使全體員工同心同力，共同為實現企業的目標而努力。

一、「同心」的內部保障——管理的穩定性

飯店企業的運作根據不同的部門、不同的職位、不同的職位，設立不同的管理制度，也可能根據不同的管理目標應用不同的管理手段。

但是，不論採用哪種管理方式都要保證管理原則、宗旨、理念的統一和一致，不要換一班管理人員就換一種管理文化。企業的管理原則、宗旨、理念就像企業的根基，是企業在長期發展過程中逐漸形成並得到實踐驗證而確立的企業文化構成根基。飯店企業只有保持管理的長期穩定性，才能給員工帶來穩定和踏實的感覺。譬如，原先所實施的獎懲制度不能輕易變動，否則將動搖員工的工作

積極性；原先的管理制度隨著職業經理人的更迭就隨意變換，將使企業內部人心惶惶，不利於給員工創造安心、平和的工作環境。

二、「同心」的外部輔助——企業形象的一致性

企業必須建立統一的、一致的形象，才能有力地作用於公眾、顧客，獲得社會的認知和認同。

企業的印像是消費者選擇產品和服務的依據，實質上是對企業形象的選擇。企業形像是飯店的招牌，是飯店透過長期努力塑造的品牌，只有透過統一的、一致的形象才能保證顧客對飯店印象的熟悉和認知。統一的企業形象主要透過飯店的經營策略、形象戰略、產品質量和員工服務質量的一致性而塑造。一致性的企業形象給飯店員工帶來自豪感和榮譽感，對自己所工作的企業能夠如此為社會所認知而感到驕傲與榮耀，從而熱愛自己的工作，對企業產生歸屬感，上下「同心」。

三、企業精神與飯店品牌的一體化

把飯店的企業精神和飯店的品牌結合起來，飯店的最終價值是要被顧客認同、同行認可的，品牌的最終價值是要被消費者認同。

因此，可以按照統一識別理論，把飯店的企業精神與品牌的社會認同和品牌的消費者認同統一起來，讓企業精神、企業宗旨、企業文化與企業形象、品牌形象特徵一致起來，把品牌作為企業精神培育起來，把企業精神作為熔煉品牌的熔爐。如果這樣，飯店的市場影響力將大為增強，飯店員工的凝聚力也將增強。

四、一體化的企業精神需要訊息傳遞的有效性

企業內部訊息傳遞的有效性和暢達性是企業精神一體化的機制保障。

企業訊息的傳遞從廣義上講，包括對內傳遞和對外傳遞兩種。對內傳遞是指訊息在企業內部的交流與溝通；對外傳遞是指企業向它所處的外部環境提供訊息的一種活動。企業內部的員工眾多，從上至下有許多管理層，在同一管理層面還有許多部門，企業訊息傳遞的內容複雜，且以縱向傳遞為主。因此訊息傳遞的準確性是企業內部穩定的保證，可避免不必要的混亂和誤會。訊息的對外傳遞要合理確定訊息傳遞的對象、內容和時機，提高訊息傳遞效率，為企業有效地塑造形象傳遞正確的訊息。

第六節　威爾遜的創新精神

凱蒙·威爾遜在30多年的時間裡，不但使一個僅有幾家路邊汽車旅館的假日公司發展成為世界上最大的飯店集團，把設施簡陋的汽車旅館變成了一個受一般大眾喜愛的家外之家，而且也使他的名字出現在1969年倫敦《星期日泰晤士報》開列的「20世紀世界名人錄」上，與邱吉爾和羅斯福齊名。他的著名格言是：當你想到一個主意的時候，你應該努力去尋找實現它的理由，而不應該去尋找不去實現它的藉口。威爾遜作為一名國際著名企業家，從爆玉米花到做住宅建造商，再到以後成為假日公司的創始人，一生充滿了開拓與創新精神。

一、開拓與創新精神

威爾遜的成功經驗主要有以下四點。

1.出售特許經營權

1952年，威爾遜從銀行借了30萬美元，建了第一家假日旅館。1953年，威爾遜就開始銷售假日旅館的特許經營權。當時有4個人買下了假日旅館的特許經營權，每份特許經營權的轉讓費是500美元，在開業後再付專業費與廣告費，分別按每出租一間客房每夜5美分和2美分計算。

延伸閱讀

出售特許經營權是指某一飯店公司與另一企業或個人簽訂合約，同意該企業或個人使用這一飯店公司的名字和管理標準來經營管理他們自己的飯店。而飯店公司對已獲得特許經營權的企業在其飯店選址、開業、人員培訓及促銷和經營等方面提供諮詢。為了獲得這一特許經營的權利，申請者要先付一筆費用，然後再根據經營收入，按期交納一定比例的專利權使用費。一般情況下，特許經營權的出售者不負責籌集飯店建造的資金；同時，特別在國外，特許經營主不會因東道主國家政策的突然變化而蒙受嚴重的損失。

20世紀60年代，由於假日公司經營成功，許多人申請購買它的特許經營權。這時，假日旅館公司為特許經營權的購買者提供除土地以外幾乎所有其他飯店開業所需要的服務。假日旅館公司首先提出幾種可供選擇的設計方案，然後按選定的方案建造飯店，生產並運送所必需的家具。開業後，假日旅館公司的中央採購網還供應香皂、毛巾、紙品以及加工的食品，提供標準統一、價格低廉的飯店日常供應品。當然，最重要的還是假日公司所提供的系統的經營方法和管理制度。

20世紀70年代初，假日旅館公司每年接到1萬多份購買特許經營權的申請書，但只有200多份獲得批准，其中大部分申請者又是已經經營假日旅館並證明是經營成功的企業家。土地費與飯店建造費完全由特許經營權購買人籌集，他們一般自籌總資本的1/4～3/4，其餘部分則向銀行、保險公司或抵押貸款公司借款。獲得特

許經營權的飯店主要比獨立的飯店擁有者容易借貸，因為他們有假日公司作後盾，聲譽好，風險少。假日旅館公司的特許經營權的售價也越來越高。1953年它的第一批客戶僅付給它500美元，而到1957年漲到了1000美元。20世紀70年代以後，猛漲到1.5萬美元。另外，每100間客房要再增加100美元，需支付2500美元的假日旅館標誌費，每月每個房間交3美元的客房預訂系統使用費，按每間客房出租一夜次收入的1%交納培訓費，交納1%的廣告費、1%的推銷費和其他費用。上述特許經營費用總計大致相當於這一飯店客房收入的6%。此時，假日旅館公司自己擁有的飯店數僅占全公司飯店總數的15%，而剩下的85%都是特許經營的飯店。可見，特許經營權的出售獲利甚豐。

2．不斷完善自己的電腦預訂與訊息系統

最初，每當假日旅館為住在自己飯店的客人代打電話預訂下一站的假日旅館時，長途電話費由客人自己支付。1965年假日旅館系統建立了自己獨立的電腦預訂系統 Holidex I，20世紀70年代又建立了更加先進的Holidex II系統。透過Holidex II系統，在每一個假日旅館裡都可以為客人隨時預訂任何一個地方的假日旅館，在幾秒鐘之內就能得到確認，而且這一切都是免費的。

3．標準化的管理與嚴格的檢查控制制度

假日公司要保持它在全球的每一家假日旅館的服務標準的統一，這是十分不容易的。假日公司為此編印了《假日旅館標準手冊》，每家旅館持有一本，每一本都有編號，嚴格保密，不得遺失和外傳。《手冊》對假日旅館的建造、室內設備和服務規程都做了詳細的規定，任何規定非經總部批准不得更改。《手冊》對於飯店經營方面都有嚴格規定。威爾遜當年選擇特許經營權作為銷售對象時，主要考慮飯店的地點和購買者的資本與信譽，不考慮他們個人經營飯店的經驗，不少醫生、房地產經營商、律師、銀行家等人都

167

成了假日飯店特許經營權的買主，威爾遜依靠《手冊》使整個聯營保持一致。如假日旅館的客房，必須有一個辦公室，一張雙人床，兩把安樂椅，床頭上有兩盞100瓦的燈，要有一臺電視和一本《聖經》。《手冊》甚至對香皂的重量和火柴的規格都有具體的要求。

為了保證《手冊》中的各項規定確實被很好地實施，假日公司還有嚴格的檢查控制制度。自20世紀70年代初開始，假日公司就有一支由40人組成的專職調查隊，每年對所屬各飯店進行4次抽查。抽查的項目有500多項，滿分為1000分。如果檢查結果不到850分者，予以警告，並限定在3個月內進行改正。第二次檢查時對上次指出但仍未改正的毛病加倍罰分，同時再給一定的時間改正。如果仍不能在規定時間內達到標準，對於公司所擁有的飯店就解僱經理，對於特許經營的飯店，就將情況報告給公司特許經營持有者的機構，即國際假日旅館協會（ International Association of Holiday Inns ），由它發佈收回假日旅館標誌、從假日旅館系統除名的決定。每年被開除或解除特許經營合約的飯店大約有30多家。

4．千方百計地降低成本

假日公司供應部為各飯店進行集體採購，自然要比每家飯店單獨採購便宜得多。為了減少熨燙費，假日公司購買不起皺的床單。地毯不用昂貴的，但三四年一換，保證乾淨完好。它還要求服務員把小香皂收集起來磨碎，製成清洗地板的清潔劑。假日公司採用節能鑰匙來節約能源，客人進客房只有把節能鑰匙插入門側小槽中，客房電源才會接通（現在國內飯店已通用）；離房時，將鑰匙從小槽中拔出，除有專用線的電冰箱外，其他電源都會自動切斷。這樣做不僅降低了電耗，而且還延長了燈泡、燈管、電視和空調等電器的使用壽命。

二、威爾遜創新精神的啟示

隨著中國旅遊業的發展，各地旅遊飯店劇增，市場供過於求。這給現代旅遊飯店提出了要求，即找出面臨的主要問題，制訂合理的經營策略；把握住經營中心，科學管理，創造理想業績。

從威爾遜的身上，可以感受到飯店經理人的真實形象和力量。他一生充滿開拓與創新精神，成功的經營之道給我們極大的啟示。

1．經營模式創新的啟示

假日飯店採用出售特許經營權的經營模式，目的在於創造新的需求、新的市場和新的經營方式，建立一種富有彈性的、能迅速應變的經營體制，做到能在適當的時候及時提供恰到好處的服務，使服務更加盡善盡美。

假日飯店先樹立自己的品牌，然後透過自己的經營優勢，出售特許經營權。對已獲得特許經營權的企業在飯店選址、開業、人員培訓及促銷和經營等方面提供諮詢，之後便可獲得企業上繳的可觀的費用。透過市場上優勝劣汰的原則，假日飯店可以選擇較具經營優勢的企業來授予特許經營權。這樣假日飯店集團所擁有的都是些比較成功的企業經營者，便於各個企業攜手塑造假日飯店這個品牌，樹立優秀形象，為飯店創造更加理想的業績。

2．技術創新的優勢

技術創新是飯店經營創新的重要組成部分，是飯店形成核心競爭力的關鍵。現代科技的發展已徹底打破了人們慣有思維模式、產品開發模式、管理模式和營銷模式，在競爭日趨激烈的今天，採用高科技增強飯店的競爭力，提升飯店形像已成為必然趨勢。飯店的高科技化既是一種發展趨勢，也是飯店業實現由數量效益型向質量效益轉型變的技術保障。飯店科技創新可以使人們獲得更大的行為

自由度和娛樂空間。訊息的數字化、訊息容量的提高，飯店資訊搜索、儲存、展示方式可以進入「隨心所欲」的地步，既可以方便顧客，又可以縮短飯店與顧客的空間和時間的距離，還可以使飯店有機會和有條件使顧客的個性化需求得以充分滿足。先進的訊息化網絡技術的應用，不僅可以節省飯店的交易成本，擴大交易範圍，而且透過快捷、準確的訊息溝通，使飯店訊息處理和傳輸能力大大增強，為飯店開發國內外客源市場贏得無限商機。

促銷手段與網絡經營創新是飯店科技創新最關鍵的領域。在影響飯店業的各種新技術中，電子商務的影響是最為深遠的。它突破了飯店傳統的經營模式，徹底地改變了飯店的促銷手段。促使飯店在橫向與縱向兩個方面進行集中和整合，在更大範圍內得以有效運作，從空間和時間兩個方面得以擴張。飯店在進行技術創新時，要特別注意強化飯店內部訊息中心的建設，完善飯店內部的技術創新機制，實現寬窄帶一體化接入、一體化計費、一體化維護等。

1965年，假日飯店系統建立了自己獨立的電腦預訂系統Holidex I，70年代又建立了更加先進的Holidex II系統。透過Holidex II系統，在每一個假日旅館裡都可以隨時代客人預訂任何一個地方的假日旅館。技術創新為假日飯店的顧客帶來了便利，同時擴大了飯店的經營範圍。

3·成本領先的效用

假日飯店經營中，在保證飯店服務質量和飯店形象的基礎上千方百計地降低成本，從而在對抗競爭對手中處於有利地位。

當前國內飯店競相颳起降價風，削價競爭成為飯店競爭的主要手段，各飯店開始考慮如何降低成本問題。降價一般會出現兩種結果，一種是在原來成本基礎上的單純降價，另一種是在降低成本基礎上的降價。前一種降價儘管也可以直接縮小現行價格與有效需求之間的缺口，刺激需求，但它有許多負面作用，如造成服務質量下

降，造成顧客逆反心理等。後一種在降低成本上下工夫，拉大飯店成本價格與社會價格的差額，使企業有了更大的定價選擇空間。但是，降低成本有其自身的路徑，並非想降低成本就可降低。

飯店要使自己獲得成本優勢，基本的做法有：

（1）擴大飯店經營規模。一般說來，飯店的經營規模越大，飯店內每個房間、每次餐飲消費和康樂消費的單位成本費用就越低。這是因為：擴大經營規模使單位產品中的固定成本分攤減少，同時提高了勞動生產率，使單位產品耗費的勞動時間減少。如果採取飯店連鎖經營方式來擴大經營規模，其降低成本的效益更加明顯。由於實行統一管理，可以大大減少各飯店的管理層人員；由於統一採供，大批量進貨可以享受優惠價；由於經營規模大，飯店集團有可能實施「飯店商品品牌策略」，使飯店用品的生產利潤也攬入囊中；各連鎖飯店的資金可以相互調劑，設備可以借調，客戶可以相互介紹；統一的CIS（Corporate IdentitySystem，企業識別系統）的導入又便於樹立統一鮮明的企業形象，可以大大節約廣告費投入，等等。

（2）利用價值鏈實現網絡競爭優勢。成本節約來自經營和管理的各個環節，如採供、銷售、前廳、客房、餐飲、工程維修、康樂、顧客管理等。邁克爾·波特把這一系列活動稱為價值鏈，並指出這是一個相互依存的系統，而不是相互獨立的分散活動。同時，由於社會分工越來越細，企業的價值鏈不僅僅限於企業內部，還和飯店外部的供應商、銷售商、合作夥伴的價值鏈密切相關。

（3）進行成本構成分析，明確降低成本的重點。不同類型飯店由於其市場定位與經營特色的不同，因而降低成本的重點也不盡相同，關鍵環節和項目每降低1%的成本，對總成本下降可造成決定性的作用。

第七節 上海威斯汀關愛員工的企業文化評析

「喜達屋關愛」是喜達屋飯店集團的企業文化，這一服務理念包括：關愛生意、關愛客人、關愛同事。對於這一企業文化，集團做了如下說明：沒有滿意的員工就沒有滿意的客人，沒有滿意的客人就沒有令人滿意的收入，而沒有令人滿意的收入就沒有了培養優秀員工的物質基礎。「喜達屋關愛」的企業文化十分注重對企業的最重要資本──員工──的關愛。上海威斯汀大飯店作為喜達屋飯店集團的下屬成員飯店，我們是否可以從中窺視出其集團整體企業文化的縮影？

上海威斯汀大飯店①坐落於舉世聞名的上海外灘，是一家五星級飯店，樓高26層，由世界知名的連鎖飯店集團──美國喜達屋全球飯店及渡假村集團管理。上海威斯汀大飯店於2002年10月8日建成並開業，其建築及室內裝潢的風格充滿現代時尚感，使之成為外灘「萬國建築博覽群」中的新地標。威斯汀大飯店擁有2400平方公尺的飯店大廳，是上海少有的超五星級飯店大廳之一。挑高26.5公尺的大廳中廳，氣宇軒昂，其中連接四個樓層的玻璃天梯更是獨具匠心。除了在建築上的與眾不同之外，上海威斯汀大飯店在選人、用人，在飯店文化和對員工進行系統培訓等方面同樣有著自己的特點。

一、上海威斯汀大飯店的選人標準

上海威斯汀大飯店為了確保向顧客提供高質量的服務，飯店根據員工每年的績效評估結果，採取優勝劣汰的法則，對績效評估不合格的員工予以辭退，同時飯店在每年的招聘中都會招募一些新的

員工，充實一些新鮮血液，對於有志於服務行業的應屆畢業生，威斯汀大飯店更是向他們敞開了大門。

① 本案例資料來源於南方網2005—11—15，作者：梁傑。

威斯汀大飯店在挑選員工時會關注其專業背景。不過，威斯汀認為那些雖然沒有飯店工作經驗，但是本人具備飯店所要求的素質，並且具有發展潛力的人，仍然是飯店工作的合適人選，威斯汀大飯店仍然歡迎他們。事實上，不論應聘上海威斯汀大飯店的何種職位，工作態度、工作熱情和責任感是每一位應聘者的基本素質要求。飯店是服務性行業，員工的工作態度是員工在團隊中的合作精神的體現，員工的工作熱情則直接影響著員工的服務意識，而責任感作為飯店員工必不可少的基本素質，直接影響著員工的工作質量與數量。除了以上三種基本素質，擁有從事與本職位所需的相關經驗，對於應聘者來說也是必不可少的，與眾不同的是，威斯汀還要求應聘者的個性與價值觀也必須與威斯汀的飯店文化相吻合。不過，為了能招聘到更多合格的人才，上海威斯汀大飯店完全打破了地域界限，不像其他一些飯店，設置戶籍門檻，任何有能力的人都可以在上海威斯汀大飯店找到屬於自己的施展才華的舞臺。威斯汀大飯店認為傳統的片面追求學歷的做法在面試過程中是不科學的，所以上海威斯汀大飯店一直堅持以「適用」為選人原則。

在選才原則上，威斯汀大飯店認為：能力、素質、人格比知識更重要。

在招聘選拔方面，上海威斯汀大飯店有一套完善的面試選擇程序。每位候選者按照自己所應聘職位，接受不同級別主管或經理的面試。飯店採用「行為面試」的獨特面試方法。「行為面試」的內容包括應聘者在處理狀況、任務、工作行動、反應結果四個方面的考察。在面試程序中，通常面試官會問應聘者一些特定的問題，然後將應聘者的回答，與他們對上百位優秀的飯店管理人員測試整理

出來的標準答案進行比較，測定他們是否符合上海威斯汀大飯店的企業文化，是否適合在威斯汀從事這項工作。

二、 喜達屋企業文化的傳承：關愛員工——關愛客人——關愛生意

「關愛員工——關愛客人——關愛生意」是喜達屋國際飯店及渡假村集團獨特的企業文化。威斯汀大飯店認為飯店只有做到讓員工滿意，員工才會提供給顧客滿意的服務和與眾不同的體驗，進而才能保證飯店的順利發展。在威斯汀，每一個管理人員，無論是高層管理人員、中層管理人員還是基層管理人員，都秉承著員工是上帝、為員工服務的理念。威斯汀認為員工就是管理人員所服務的客人，管理人員應該以親切謙和的態度對待每一位員工，管理人員的職責就是盡心盡力為每一位員工創造一個愉快舒心的工作環境。只有滿意的員工，才會有滿意的顧客。飯店是人員密集型的行業，在飯店中，貢獻最大，創造價值最多的是員工，只有給予員工足夠的重視，真誠地為員工服務，才能使員工更好地服務於飯店。

上海威斯汀大飯店強調讓員工滿意，這並不是一句空洞的口號，而是實實在在的、具體細微的行動。透過各種看似瑣碎的小事，就可以看出威斯汀對員工真情實意的關心。比如：各部門員工代表可以就員工福利、員工培訓、職業發展、飯店管理、經營建議、顧客服務等各方面的問題在飯店每兩個月一次的員工溝通會上暢所欲言；威斯汀在每個月都為過生日的員工舉辦生日會，生日會上，飯店總經理會與員工一同慶祝生日，分享員工的快樂，並親自將飯店精心準備的小禮物送給員工。這樣一些小事無不滲透著威斯汀大飯店所倡導的「關愛文化」。

員工培訓是喜達屋國際飯店及渡假村集團的首要任務，集團鼓

勵全方位的培訓，培養全才和通才。上海威斯汀大飯店也有一套完善的員工培訓系統，培訓課程多種多樣，幾乎覆蓋了從高層管理人員到普通員工之間的所有層次，所有領域，從管理層的領導力培訓，到客房服務員的實際操作培訓，無所不包。在威斯汀，每位員工每月至少必須參加6個小時的培訓，而且，威斯汀對員工的培訓是強制性的，即使是高層管理者，每年也必須完成一定課時數量的培訓。

上海威斯汀大飯店的員工培訓系統可以分成六大方面，即：飯店文化、服務意識、質量意識、職位專業技能技術及標準、領導力培養、部門或飯店間交叉培訓等。

根據喜達屋的關愛文化傳統，上海威斯汀大飯店實施了一項「高潛力人才發展計畫」，即由人力資源部組織、各部門總監或經理參與的對表現出色的基層管理人員分級別進行系統的領導力及跟進課程培訓，在經過幾個月至一年的培訓輔導及考核合格後使其成為更高一層管理隊伍的後備人選。

一般人對外資飯店有這樣的錯覺，國內員工在職業發展方面容易受到限制。然而，在上海威斯汀，國內員工擔心的玻璃天花板並不存在。威斯汀大飯店儘可能給予員工更多的職業發展機會。假如飯店某個部門的主管職位出現空缺，飯店最先想到的是提升內部高潛力、有經驗的人才，其次才會考慮對外招聘。威斯汀相信，只有自己培養出來的員工，才最瞭解也最認同威斯汀的飯店文化。另外，不管是國內員工還是外籍員工，也不管是上海本地員工還是外地員工，威斯汀都給予他們同樣的發展和培訓機會。

無論是在對員工的招聘選擇還是晉陞上，上海威斯汀大飯店一直遵循先內部、後外部，先本土、後外聘的原則。在員工晉陞方面，威斯汀一般根據員工表現進行評估考核。部門經理根據其工作表現及工作結果作出評價，同事們提出各自的意見，有些職位還須

進行技能考核，之後由部門總監及人力資源部總監綜合各方面考核結果提出意見報飯店總經理批准。

三、啟示

　　人力資源是世界上各種資源中最為寶貴的資源。很多管理學家在總結企業經營管理的成功經驗時，都把人力資源的開發管理放在顯著而重要的位置予以闡述。

　　飯店業是個服務性行業，同時又是一個勞動密集型企業，有學者還認為飯店是一個感情密集型企業。對於飯店來說，人力資源管理的重要性更是毋庸置疑。有效地進行人力資源管理，對飯店人力資源進行科學的管理、合理的使用，能最大限度地挖掘飯店員工的潛力，充分調動員工的積極性，激發員工的主動性和創造性，提高飯店的服務質量和服務效率。如何選人、用人，以及如何有效地對員工進行培訓是飯店面臨的一大難題。員工招聘是飯店人力資源管理中的一個非常重要的環節，它與飯店其他的人力資源管理活動之間存在密切的關係。由於飯店是勞動密集型企業，而且勞動力的流動率較高，以及社會上對於飯店工作還存在一些認識上的偏差，以至於很多飯店都出現了招工難，「跳槽」多的現象。上海威斯汀大飯店傳承了喜達屋全球飯店和渡假村集團在選人、用人方面的特點，在招聘員工時，不侷限於其專業背景，而是重點考察應聘人員的合作精神、服務意識和責任感，而且強調應聘人員的個性、價值觀必須與威斯汀的飯店文化相吻合，透過威斯汀完善、獨特的面試選擇程序來招收符合威斯汀實際需要的新員工，將新鮮血液不斷地輸入飯店，確保了飯店經營的順利進行。

　　眾所周知，現代飯店業競爭的焦點是人才，員工素質已經直接成為飯店生存和發展的重要條件。而員工素質的提高主要依賴於有

計畫的培訓措施。越來越多的飯店都把對員工的培訓視為一項重要的工作內容，看作是加強飯店管理、提高競爭力的致勝法寶。在員工培訓方面，上海威斯汀大飯店利用了喜達屋作為國際飯店集團在員工培訓方面的優勢，並且在具體操作方面使其更為中國化和本土化。我們熱切地盼望上海威斯汀大飯店發展得越來越好，真誠地希望上海威斯汀大飯店的經驗能夠為國內的其他飯店帶來些許借鑑。

引子評判

「即斷、即決、即行」，反映的是速度，而速度反映的是效率。從人類社會第一種科學雜誌問世以來，新的科學刊物及其所發表的文章平均每年以3%的速度持續增長，目前已接近5萬種，全世界每天平均發表的各種論文達萬餘篇，而且知識倍增的週期已從19世紀的50年，20世紀60年代的8年，70年代的6年，發展為90年代以來的3年。近50年來，人類社會所創造的科技發明和思想文化，就比過去3000年的總和還要多。更有甚者，有人列舉世界首富的事例來說明效率的作用：比爾·蓋茲若在去辦公室的路上看到地上有500美元，他不值得浪費彎腰的時間，如果他直接奔向辦公室去工作，他會賺得更多。這些數字證明了在當今飛速變化的時代中講時間、講效率是何等的重要。

一個人，不管他有多麼高深的「知識」，掌握多麼豐富的「訊息」，如果他不懂得使用時間的技術和學問，他就不會獲得較大的成功或成果。「時間就是金錢，效率就是生命」這句著名的口號，在改革開放初期，因為在觀念上的新穎和大膽，具有強大的衝擊力。它儘管遭到非議，仍然傳遍了全國。20世紀80年代深圳人說，「時間就是效率」。這些經典話語都告訴我們，只有及時決策、適時用人，才能贏得時間、空間和先機。新時期、新形勢對於領導者來說，時間觀是個核心要素。正確的時間觀是既要善於選擇，還要學會放棄。當我們選擇了51%的價值，就要毫不猶豫地放

棄 49%的機會成本，全力把51%變成100%，以贏得時間，從而贏得人才和事業發展。

　　「時間就是效率」這句話似乎已經被時代尊奉為最高的價值判斷標準。從另一方面說，「效率」僅僅是一個形式上的東西，一個速度的問題。而更加重要的實質性問題是「效果」或效能，即我們匆匆忙忙、快馬加鞭地做了以後，是不是能達到我們的最終目標，這才是真正重要的問題。著名的時間管理大師肖恩·柯維說，各行各業的人——醫生、院士、演員、政治家、職業企業家、運動員和工頭——都是常常為得到更高的收入、更多的承認或者某種程度的專業能力而奮鬥，陷入了事務性的圈子，為生活忙忙碌碌，在成功的階梯上日益奮力地攀登，可到頭來卻發現梯子靠錯了墻。我們奮力爭取的名望、成就、金錢或者其他一些什麼東西可能甚至不是梯子該靠的墻的一部分，結果我們每走一步就向錯誤的地方接近一步。我們可能很忙，可能「效率」很高，但是只有從一開始心中就有最終目標，我們的忙碌才會有真正的「效果」。這一言論值得我們深思，也值得經理人深思。

　　飯店把「即斷、即決、即行」作為企業精神，如果不僅僅出於效率的考慮，更出於效果的考慮，則此精神可嘉也。

第六章 飯店經營文化塑造

導讀

在飯店經營文化塑造中，如何塑造主動性的飯店市場理念、能動性的創新理念、有效性的競爭理念和快速性的應變理念，是飯店經營者們最需要關注的問題。從成功飯店的發展歷程看，希爾頓的「挖金子」藝術是充分利用飯店每一寸空間的範例，辛德勒霍夫飯店與顧客主動溝通是充分挖掘顧客資源的榜樣。

引子：「想到，說到，做到」

有飯店把「想到，說到，做到」作為企業的經營文化理念，這一理念似乎非常適合飯店這種服務行業。

第一節 經理人如何塑造主動性的飯店市場理念

所謂主動性市場理念，就是指企業有尊重市場和爭奪市場的內在衝動，主動地去保持和開拓市場。即，飯店在面對市場問題的時候是非常主動的，經理人在作出任何經營決策的時候首先考慮到的是市場狀況，把市場看作是決定所有經營活動的最根本的依據。在市場經濟條件下，主動性市場理念應該作為現代飯店自覺堅持的一種價值理念。

一、市場理念闡釋

正確理解市場理念，必須明確飯店與市場的關係，要意識到：不是企業決定了市場，而是市場決定了企業。因此，飯店經理人從事企業經營，要樹立尊重市場的內在規律的意識。不要試圖透過自己的主觀想像和意識去改變市場的運行規律，尤其不能把自己對市場的預測視為現實的市場，而是應該非常主動地考慮和把握市場的各種變化，根據市場的變化而調整自己的經濟活動。

在目前的市場條件下，主動性的市場理念就是飯店所有的經營活動都必須圍繞著顧客需求進行，以顧客為中心。隨著社會經濟的發展，各國政治、經濟來往的頻繁，飯店業的需求類型增多、數量增加。各種類型的飯店，如豪華飯店、渡假村、中低檔飯店紛紛建立，分別迎合各種需求的客人。顧客選擇飯店的機會越來越多，顧客的需求也日益複雜，同時也為飯店選擇不同類型的顧客需求提供了可能。為了使飯店產品能較持久地適應市場需要，飯店經營者應以顧客需求為導向，以市場營銷觀念作為飯店經營的指導思想，根據顧客需要，系統地研究飯店整體營銷活動和營銷計畫，使飯店的產品、價格都適合顧客的需要。

二、主動性地開拓市場意識

對於飯店而言，忠誠客戶的培養始終是一個大目標。提高客戶的回頭率，才能保持飯店已有的市場份額。高回頭率和穩定的忠誠客戶群也從客觀上證明了飯店的服務品質。目前，在客戶關係管理的引導下，已經有很多飯店都建立了較為完整的客戶檔案，以便維持客戶，爭取更多的回頭率。

如果說保持市場只是在「保溫」，那麼吸引新的客源則是「高火加熱」，這需要飯店全體員工付出更多的努力。這就需要做到：

（1）要跟蹤市場需求的變化，注意收集新的市場訊息。飯店

應始終關注市場動態，根據市場的新需求去改善飯店產品，進行市場分析，尋找目標市場，針對目標市場中顧客的需求來確定飯店營銷計畫和策略。也就是說，飯店不僅要注重現實的市場需求，更要關注潛在的市場需求。只有把市場的現實需求與潛在需求有效結合起來，找尋市場發展的規律，飯店才能獲得長遠的高效益的發展。因此，兩種需求的有效結合，尤其是關注潛在需求，是飯店經營文化的一種很重要的價值理念。這個理念有時也往往被稱之為動態性創新需求的理念。

（2）飯店在發展中還要創造市場。飯店尤其要透過自身的創新來創造市場，這包括產品創新、服務創新、體制創新、技術創新、管理創新、經營創新等，任何創新都會創造出市場。飯店的主動性市場理念的重要內容之一，就是必須要注重創造市場，透過創造市場而發展自己。飯店應透過提供產品，為一個或幾個目標市場中的顧客服務，而不是沒有目標地推銷招徠。飯店應以滿足顧客的需要，而非透過降價來吸引客人。我們應堅決反對削價競爭，尤其反對毫無目標地削價。考察世界500強企業的發展歷程，能夠可持續發展的企業，都是創造市場能力很強的企業。

三、貫徹始終如一的市場經營理念

有人問著名的航海家達·伽馬：為什麼你總能順利的到達目的地？是因為你擁有一流的航船，還是上天總會賜給你好天氣？達·伽馬回答得很簡單：「我從不偏離航向！」

企業的經營活動正如航海一樣，不能背離企業所崇尚和信仰的價值觀，飯店的經營也是如此。由理念延伸而確定下來的目標市場，在行動過程中不能出現漂移，否則就達不到最終的目的。當經營活動沒有明確理念的時候，就難免會在行為上出現偏差。當一個

飯店前後行為缺乏一致性的時候，就很難贏得社會的讚譽，即使策劃得再巧妙也缺乏應有的價值。

四、保持與開拓市場的有效方法

飯店實行主動性的市場理念不能停留在空洞的口頭上，必須充分利用市場中的各種機制，透過各種措施、方法來實現自己對市場的有效把握與開拓。這種利用市場機制而有效維持、爭奪市場的行為，是主動性市場理念的重要組成部分。對於飯店企業來說，利用市場機制，維持和開拓市場的有效方法包括如下幾種。

1 · 質量機制

所謂質量機制，是飯店透過提高產品和服務質量的方式，以及以承諾產品高質量的方式，來維持和開拓市場。質量是任何企業在市場上競爭，獲得自己一席之地的基本武器。凡是主動性市場理念比較強烈的企業，都必然會注重質量機制。

2 · 品牌機制

所謂品牌機制，就是指飯店透過品牌來維持和開拓市場。利用客戶對品牌的忠誠度來維持舊市場，利用品牌的美譽度來開拓新市場。品牌機制的內容很多，其中包括使用產品品牌、服務品牌、企業品牌等。在激烈的市場環境中，品牌就是市場，品牌就是客戶，品牌決定著飯店企業的高效發展。

3 · 資源機制

所謂資源機制，就是指飯店透過創造和使用某種對市場非常有效用的資源，從而實現對市場的爭奪。譬如，一家飯店針對未來女性商務客人增多的趨勢，率先提供了女性客房，或者家庭房，為帶小孩的女性提供更多的兒童服務。這家飯店就可能在女性市場獲得

更多的份額。實際上，從國際經驗來看，充分利用資源機制的飯店往往能夠搶先占領市場，這正是主動性市場理念的體現。

4・客戶機制

所謂客戶機制，就是指透過擁有和開拓客戶等方式來把握和開拓市場。客戶機制的內容很多，其中包括創新客戶管理方式以及創新客戶吸收方法等。目前中國很多飯店已經建立自己的客戶關係管理方案，不過對客戶關係管理的運用不夠，主動性市場理念還有欠缺，還需要進一步挖掘其中的價值。

5・文化機制

所謂文化機制，就是透過創造和提高企業文化品味、產品文化內涵、服務文化品質來維持和開拓市場。文化是現代社會企業競爭的實質，所有產品、服務背後都隱藏企業的文化。企業不僅僅在銷售自己的產品、服務，更多地是在宣揚自己的企業文化、民族文化和國家文化。在這方面，中國飯店企業與國際飯店集團尚有較大差距，急待提高。

第二節　經理人如何塑造能動性的創新理念

能動性創新理念，是指企業具有強烈的內在的創新的衝動，能夠非常主動地去創新，透過各種創新的方式推動自己的經營活動。這種創新不是一種被動性的行為，而是一種完全的、內在的主動性行為和自主性理念，因而這種創新是一種能動性的創新理念。

一、創新是企業發展的基礎

在這個充滿競爭的時代和市場，隨時隨地都有新興的企業帶著新興的理念闖入競爭行列，飯店業也無法逃脫這種激烈的市場氛圍。因而，缺乏創新能力的企業是無法獲得持續發展的，更無法實現百年基業。激烈的競爭對於企業來說既是挑戰，同時也是推動企業不斷創新，提升自身活力的外在動力。從某種角度來說，創新成為企業發展的基礎。

從創新的角度來探討經營性企業文化以及創新對飯店經營的作用，更需要看重經營創新的重要性。實際上，創新不僅僅作為飯店的經營理念的重要內容，對於一個有生命力的企業來說，創新還應該是企業的核心文化。創新理念應該是貫穿企業全部活動的價值理念，反映在企業體制及管理和技術活動的各個方面。對於一般企業來說，創新的內容實際包括了技術創新、管理創新、體制創新、經營創新和結構創新等內容。

二、經營創新的層次

對於飯店來說，不同創新活動會給飯店帶來不同的經營結果。倘若詳細細分飯店經營創新活動，則可分為如下幾個層次：

第一個層次是在原有經營活動的基礎上提升經營活動的質量。這是最淺的創新層次，主要是進行一些細枝末節的修改和補充，因此相對成本較低，卻可能是最容易出成效的活動。

第二個層次是將原有經營範圍進行一些擴展，拓展原有的經營業務。如原先的餐廳只經營中餐，隨著外國客人的增加，可以考慮增加西餐。這種活動需要對市場進行充分調研，並結合飯店自身物質基礎條件的考量，需要承擔一定的風險。

第三個層次是對原先的經營方式進行重新組合，對經營體系進行再造。這需要最多的創新思維和行為，也需要最高的成本投入。

它可能徹底改變飯店的經營模式，給飯店帶來新生。一般這種經營創新可能會影響整個行業，帶來行業技術和方式的更新。

飯店經理人應該注重各種層次的創新。創新理念要體現在實踐中，這樣才能給企業帶來價值。實際上，任何一種創新都會促進企業的經營活動，提高企業的績效。

三、創新理念的來源

1·員工——創新思維

任何創新都是來自思維的創新，沒有思維的創新不會帶來技術的創新、方式的創新、產品的創新、服務的創新、體制的創新。只有觀念上的調整和創新，才能最終使各個方面的創新得以產生，把各方面的創新能夠真正推動起來；相反，如果因循守舊，思想上沒有一種超前的思維的創新，那麼最終都會約束企業的創新及發展。

思維的創新來自員工。飯店的各層次管理人員都應該樹立重視員工、重視創新能力的意識，從本質上認同創新來自員工的觀念。飯店從招聘員工的時候應該尤其注重挑選具有創新思維的人，並且根據其所長安排職位，以便發揮其潛質。鼓勵具有創新思維的人為提高飯店的服務水平、產品質量提出任何建議，給員工敞開創意的窗口。

2·投入——創新投資

飯店除了要重視對員工創新思維的啟發與運用，還要重視對創新的投入。因為任何創新理念從形成到傳播都需要投入。目前流行的把企業塑造成學習型的組織，實際上就是指要非常注重創新的投資，為了使員工擁有很好的創新理念而必須加大員工的學習投資。對於飯店來說，員工工作後的再培訓和再學習很重要，這不僅能夠

促使員工把握外部的各種新訊息和新理念，也能夠讓員工覺得自己時刻同企業一起在進步，保持著和外界應有的交流和溝通。

一般來說，創新理念的成本投入，既包括用於各種思想交流、各種訊息交流的費用，也包括學習先進經驗或者先進體制的費用，當然還包括各種基礎知識的學習費用。總之，創新的投資是推動創新的必要前提，尤其是思維創新的投資更為重要。

3‧制度──創新激勵

飯店在創新活動中，對於任何一種創新理念，都應該尊重，同時還應該採取各種方式給以創新激勵，尤其是給予制度上的保障。即，凡是在技術上、管理上、經營上等各種活動中提出創新理念的人，都應該得到應有的尊重和獎勵。應把鼓勵、獎勵創新的條文列入員工手冊，成為員工規則的一條，從而為飯店創新文化提供制度保證。

這種制度需要飯店上下全體員工的認可，特別是管理層和老員工的認可。由於職位和年齡的關係，一線員工和年輕員工最容易發現實踐中的問題，也最可能把外界的訊息帶入飯店內部。他們可能會向上級提出各種改進措施和意見，甚至有可能打破常規。這就需要管理層和老員工能尊重普通員工的創新意識，接受他們合理和科學的意見。而不是用權力和地位來壓制他們，使之成為不敢創新、因循守舊的員工。

飯店是勞動力密集型企業，但是現代社會更多的是需要有思想、能創新的員工。經理人應該以身作則，帶領企業其他成員，為飯店不斷注入新的血液，保持企業良好的狀態，迎接新的挑戰。

第三節 經理人如何塑造有效性的競爭理念

在市場經濟環境下，企業已經成為社會的一個重要組成部分，飯店尤其應該視自己為社區的一員。任何企業都要在考慮外部狀況包括社會和競爭對手狀況的條件下，獲得自己的應有利益。即，企業與外部的競爭，與競爭對手的競爭，不能危害其他一方，這樣的競爭才是有效性的競爭。而這種競爭理念就是有效性的競爭理念，這種理念對於促進企業健康成長起著監督和規範作用。

一、實力——有效競爭的基礎

競爭意味著跟外界比較，跟自己的對手比較，而勝出的根源是實力，即企業有效競爭的基礎是自身的競爭力。隨著越來越多的新興飯店進入市場，越來越多的國際品牌入住中國，國內飯店市場的競爭也就愈發激烈。要在眾多競賽選手中獲勝，靠的是實力。而飯店的實力是什麼呢？從企業文化到服務質量，從硬體設施到員工素質，從聲譽到地理位置，缺一不可。這些要素都能做得面面俱到的飯店自然能夠在千萬「敵手」中吸引顧客的眼球，勝券在握。但是，羅馬不是一日建成的，這些因素無一不需要飯店長年累月的努力和積累。因此，一個飯店應該從建成之初就樹立有效性競爭理念，用這種理念督促自己，不斷修繕自己，為顧客提供高品質的產品和服務，贏得屬於自己的市場地位。

這裡僅從服務文化、服務質量和顧客投訴處理三個層次談談可資參考的一些做法：

（一）飯店服務文化塑造

飯店服務文化並非完全不可觸摸，在服務現場總會有一些有形的物質內容來承載無形的服務。應該說，飯店建築物的環境、建築本身，大廳、客房、餐廳的裝修，服務設施和服務環境等都是飯店服務最直接的有形展示。顧客透過這些有形實物的感知，來建立對

飯店企業形象和服務質量的認知。飯店應有意識地設計、突出、完善服務傳遞系統中的有形展示內容，以增加軟性服務的透明度。利用服務過程中可傳達服務特色及內涵的有形展示手段來輔助服務產品推廣的方法是飯店服務文化塑造的重要手段，其最終目的是使飯店服務易於被顧客把握和感知。

服務文化需要將環境視為支持及反映服務產品質量的有力實證，而且將有形展示的內容由環境擴展至包含所有用以幫助生產服務和包裝服務的一切實體產品和設施。這些服務的有形展示，若善於管理和利用，則可幫助顧客感受服務產品的特點以及提高享用服務時所獲得的利益，有助於建立服務產品和服務企業的形象，支持營銷策略的實行；反之，若不善於管理和運用，則它們可能會把錯誤的訊息傳達給顧客，影響顧客對產品的期望和判斷，進而破壞服務產品及飯店企業的形象。

飯店的服務氣氛對飯店服務文化的塑造舉足輕重。氣氛往往是透過飯店內部的空間設計來營造的。良好的氛圍不僅能夠影響客人在飯店內的消費意向，而且對於飯店員工的工作情緒也會產生很大的影響。有的飯店內部裝潢得豪華氣派、富麗堂皇，有的簡約樸素、色彩明朗，不論何種設計，都力求為客人營造一種溫暖和親切的氣氛。影響氣氛的因素包括：

視覺效果：如照明、採光、顏色的運用、家具的擺設等。

味覺效果：飯店餐廳應當充分運用香味來刺激客人的消費，但應當注意避免因氣味引起顧客的不適，甚至反感。

聽覺效果：音樂通常是氣氛營造的背景，不同的音樂會創造出不同的氣氛。飯店應該使用高雅、舒緩的輕音樂，營造典雅、寧靜的氛圍。

觸覺效果：地毯的厚度、壁紙的材質、家具的木質感和大理石

的冰涼感，都會給賓客帶來不同的感覺，輔助飯店營造獨特的氣氛。

員工的著裝和外貌也很重要。服務員的著裝、外貌在飯店服務環境中容易被忽視，但是卻會給顧客留下很深的第一印象。對於在飯店消費的賓客而言，一個蓬頭垢面、衣衫不整的員工就意味著一家飯店的管理很混亂。尤其是一線服務人員，他們與顧客的接觸機會最多，他們的形象代表了飯店的形象，他們的服務水平代表了飯店的水平和檔次，也反映了飯店服務質量的高低。

（二）飯店服務質量的培育

服務質量是指服務的效用及其對顧客需要的滿足程度。服務質量是飯店推行服務文化的基礎，只有高水準的服務質量才能給飯店營銷活動帶來績效，否則就可能對飯店的形象產生不良影響。好的服務質量並不是指服務提供者做得越出色越好，也不一定要達到最高服務水平。一項高質量的服務就是讓顧客在他期望的服務和所體驗到的服務之間找不到差距的服務。因此，服務質量不僅包括服務提供者提供的質量，還包含著顧客感知的質量。

顧客感知的質量依賴於顧客個體的眾多因素，如個人品味、偏好、性格、價值觀、經歷的差異都會影響顧客對服務質量的評價。這點可以透過對顧客的期望管理來實現。對飯店來說，更重要的是從自身角度出發，提高服務質量。

首先，應當制訂合理且明確的服務標準。服務標準依服務的複雜程度而定，不同形式的服務有著不同的標準。這些標準是評估服務質量的標度尺，是培訓員工的依照細則。服務標準的制訂是以顧客滿意為指導，但是必須考慮到技術上的現實可行性，不能完全忽略員工的能力和感情。

其次，是重視員工培訓，提高員工的服務水平。除了進行服務

技能、服務知識、服務效率等有形培訓以外，還應該對員工實施情感培訓。（1）與員工進行有效的溝通，瞭解員工的特長和能力，以及他們的個人目標；（2）實行飯店企業向心力教育，增強員工的向心力，讓員工瞭解飯店的企業文化、傳統、目標，培養員工對飯店的信心和感情；（3）幫助員工提高他們的文化水平，從而從根本上提高他們的綜合素質。

第三，制訂服務績效監督制度，以保證飯店員工的服務水準的一致性和長期性。對競爭對手的服務績效進行跟蹤調查審計，將其同本飯店的實際情況相比較，知己知彼，不斷完善本飯店的服務質量。

（三）變不利為有利的投訴處理機制

顧客投訴是飯店經營活動中最為被動的一件事，但是，顧客投訴如能處理得好，也許能夠建立起變不利為有利的管理機制。

（1）轉變觀念，鼓勵顧客投訴。任何經營性企業都在所難免會發生失誤。飯店是以提供服務為主體的服務企業，服務人員與顧客接觸的頻繁性決定了飯店不可避免要面對顧客的投訴。這就要求飯店在觀念上要把投訴的顧客當做是朋友，而非敵人。只有少數顧客會對他們在消費過程中感到的不滿向飯店提出投訴，大部分顧客會選擇保持沉默，然後下次到另一家飯店消費。因此，飯店應該鼓勵顧客的投訴行為，讓他們發洩出對飯店的不滿，盡力解決他們遇到的問題，只有這樣才能最終留住客戶。

（2）建立便捷的投訴渠道，方便顧客投訴。如在總臺或者大廳經理處設置意見箱，這種方法不需要花費顧客太多精力，但是由於比較被動，往往不能馬上解決投訴的問題；還可以在飯店內開設一個全天候的電話投訴接待系統，改變以往由總臺或總機分散處理的情況，既不會影響總臺或總機工作人員的正常工作，又可以將投訴集中起來，便於記錄、分析、總結原因。電話投訴能使投訴者在

自然、輕鬆、無壓力感的狀態下傾其所怨，不易引起情緒的激動，有助於飯店形象的維護和對問題的解決。

（3）爭取迅速解決問題，減少顧客的不滿。接受顧客投訴的目的是為了及時發現由於飯店失誤造成的顧客對飯店的抱怨，以採取相應措施解決投訴。在飯店裡顧客投訴涉及的內容廣泛，嚴重程度不一，性質差別較大，因此，在處理前要認真梳理、分析。如從內容上看是屬於有形產品的問題，還是服務質量的問題；從解決的難度上看是較難解決還是較易解決的問題；從處理的時間上看是需要耗費較多時間還是較少時間，等等。再針對不同的問題，採取相應的措施和辦法解決。

（4）建立顧客投訴處理責任制度，保證投訴處理的有效性。為了提高解決問題的效率，飯店還應建立嚴格的顧客投訴處理責任制度，明確每一位顧客投訴的接待者、實際問題的處理者、領導責任的承擔者，做到層層銜接、環環相扣，需要飯店各個部門相互協作、密切配合，保證將每一件顧客投訴都處理得迅速、及時、圓滿。在處理顧客投訴過程中，要注意避免讓同一個問題重複發生，因為每次重複都會加劇顧客的不滿。為此，飯店要有一個完備的顧客投訴記錄系統，將顧客的問題在他第一次向飯店投訴的時候就詳細記錄下來，建立投訴檔案。

二、比較優勢——有效競爭的武器

競爭是靠比別人做得好而取勝的，因此，競爭實際上也是比較優勢的競爭。正因為如此，任何企業都要在提高自身實力的同時，研究競爭對手或者市場的特點，從而發掘和培養自身的比較優勢，做到「人無我有，人有我優」。飯店經理人要明確：競爭並不是絕對優勢的競爭，因而無論飯店規模大小、等級高低，只要同自己的

競爭對手相比有比較優勢就行。

如何挖掘、培養自身的比較優勢並加以強化呢？首先，飯店應該明確自身的優勢和劣勢，特長與不足。將優勢發揚，把劣勢彌補。比如，飯店的硬體設施設備雖然很先進，環境幽雅，但是員工技能不熟練，專業素養不夠。這就需要人力培訓部加強對員工的培訓，組織員工學習。其次，相關部門應該收集與自己處於同一細分市場的競爭對手的訊息。做到「知己知彼，百戰不殆」。熟悉對手的比較優勢，為企業制訂發展計畫和競爭計畫。再次，競爭對手也是朋友。市場的開放性決定了任何企業都不可能封閉自己，要多與外界學習、交流，互相促進，互相提高。

延伸閱讀

巴黎麗思飯店：永遠無法超越的豪華

巴黎麗思飯店將營銷目標定位在「永遠無法超越的豪華」，也就是將豪華作為自己永遠的比較優勢。圍繞著這一目標，飯店展開了一系列營銷活動，使人們產生一種印象，世界上最豪華的飯店在巴黎，巴黎最豪華的飯店是麗思飯店。

這家飯店創建於1898年。其豪華套房每夜要花3500美元以上，如果將一日三餐、咖啡、飲料、消費等加在一起，每天的花費達5000美元以上。其中最講究的是以前英國的溫莎公爵夫婦在巴黎多次指定要住的「溫莎套房」為最。這個套房面積達300平方公尺，套房內除了主人臥室、客人臥室與客廳外，光浴室就有三個。地板與天花板全由大理石鋪砌，到處鑲嵌著玉石。套房的家具建造於路易十五時期，部分來自宮廷。浴室的水龍頭與門把手以及電燈的開關全都是鎦金的。按飯店規定，每間客房都要有兩名服務員專門服務，客人隨叫隨到。客人用餐時常有六七個人服務。飯店可以供應百年以上的陳釀白蘭地。麗思飯店的比較優勢在於「豪華」二字，處處體現出與眾不同。一位美國作家在溫莎套房享受一晚後感

慨地說：我用幻想來寫小說，但不管我怎麼幻想，也想像不出它的豪華。麗思飯店以其明確的策劃目標令世人留下了深刻的影響，獲得了空前的成功，成為老飯店的經典之作。

三、有效競爭的途徑

1·理性競爭

從競爭者之間的相互關係來看，有效競爭實際上就是理性競爭。正如上文所述，競爭對手也是朋友。飯店在增強自己競爭力的同時，也要考慮協作競爭的問題，從而在競爭實踐中形成增強競爭力與協作競爭有效結合的格局。這種增強競爭力和協作競爭的有效結合而產生的理念，就是理性競爭理念。理性競爭理念是有效性競爭理念的重要部分，也是現代經營性企業文化的一個重要內容。

理性競爭是促使市場實現良性競爭的一個重要理念，它需要每個企業遵守。中國飯店業市場一段時期曾出現非常嚴重的「價格戰」，五星賣四星的價格，四星賣三星的價格……導致市場陷入惡性價格競爭。這正是缺乏理性競爭理念的結果。惡性競爭不但無法給飯店的發展帶來良好的推動作用，反而可能讓飯店的經營陷入困境。

理性競爭不僅可以促使市場良性競爭，更重要的是促進企業品質的提高，進而提高行業整體水平，從而更好地為顧客提供服務。

2·規範性競爭

規範性競爭就是要遵守行業守則和市場規範，不能用非規範的手段對付自己的競爭對手。競爭是靠各自的實力所進行的比較，因而任何競爭者都要按照遊戲規則辦事，不能破壞遊戲規則。規範性競爭是一家優秀企業所應基本具備的競爭理念，尤其是在進入國際

性競爭後，規範是不容許隨意打破的原則性問題。跨國企業之所以能夠在他國市場獲得良好的發展，其中一個很重要的因素就是他們都能夠遵循該國、該市場的規則，從而在該市場爭取自己的份額。

目前，中國的市場規範性相對較差，存在許多非規範性的競爭行為。這不但擾亂了市場，不利於企業的良好發展，對於想進入國際市場的企業而言，這更是一個極大的障礙。規範性競爭比理性競爭更需要企業之間的互動，即要求所有的企業都能夠共同遵守規則，否則一旦有人犯規，犯規的行為就會越來越多。對於本土企業來說，這方面需要走的路還很長。

當然，實現有效競爭不僅僅需要培育飯店理性、規範性的競爭意識，還需要外界，尤其是市場和相關行業協會的監督和幫助，共同為塑造中國飯店業健康的競爭環境付出努力。

3．向競爭對手學習

有效性競爭不單純是對抗，在現代社會競爭對手之間的相互學習才是正確的競爭理念。國際飯店管理集團，非常注重向競爭對手的學習。這種學習分為兩種：一種是當集團飯店新進入一個城市的時候，在還沒有制訂市場營銷計畫前，集團的市場營銷專家，會對該城市的目標競爭對手進行一次非常全面的學習。學習的內容包括競爭對手的數量、競爭對手的集團優勢、競爭對手進入該市場的時間、競爭對手的目標市場份額、競爭對手目前的平均出租率和平均房價、競爭對手的產品狀況等等。另一種學習是在飯店經營後的每一年，要對競爭對手進行同樣的學習，學習的具體方法是：現場消費、實地考察。只有充分地學習競爭對手，相互吸取對方的經驗，才會不斷進步，共同提高服務質量。

4．透過增加顧客利益提高競爭優勢

飯店主體之間的競爭不能透過價格實現競爭優勢，即使透過價

格競爭獲得的優勢也只是暫時的，並非長久之計。在競爭日益激烈的當今市場，真正的長久之計是實現顧客價值的附加，即透過增加顧客利益來提高競爭優勢。這種競爭途徑不但不會影響飯店業的價格體系，還會有利於促進地區飯店業整體服務水準的提高與服務設施的完善。

延伸閱讀

雅高集團在泰國發展的啟迪

雅高於1982年進入亞太市場，並於1986年開始在泰國開展業務，其業務等級主要分為三個層次：豪華型（如Sofitel）、高級型（如Novotel）和中低檔型（如Mercure、Ibis、Motel 6）。在飯店經營領域，雅高實行了品牌多元化經營戰略。雅高希望抓住泰國旅遊業不斷發展，泰國各大城市和主要旅遊地的遊客不斷增加的有利時機，擴大自己在泰國的業務範圍。

有研究者透過研究發現，雅高在泰國是透過員工培養、內部授權、數據管理和新產品開發等要素的組合，在泰國飯店業取得了競爭優勢。雅高的競爭優勢不是來源於行業協作、產品或服務的組合，相比而言，泰國本地的飯店更加依賴行業間的合作交流。

1・雅高培養員工的能力

激烈的競爭使各飯店都認識到人力資源是經營成功的一個決定性因素。因此，雅高和其他競爭者都十分注重員工的培養。

雅高對人力資源的重視開始於員工招聘環節。在招聘員工的時候，雅高非常看重兩樣東西。經驗相對來說並不重要，關鍵是員工要具備奉獻精神和高度的工作積極性，同時也重視員工是否具備發展潛力。員工的受教育水平、語言水平、表達能力也是考察員工的重要標準。他們是否有一種自我發展的意識？是否願意在飯店長久地待下去？

雅高的競爭對手也很注重員工培養。四季飯店集團在員工中培養了一種集體歸屬感。一位高層主管說：我們遵守這樣一條不變的準則：把對方當成自己一樣去對待。我們也鼓勵員工交流思想、經驗。對待員工像對待客戶一樣。我們為員工提供了高級次的設施、私人的空間和漂亮的制服。我們鼓勵飯店各層次的員工互相合作、積極參與，為飯店的發展貢獻自己的力量。

雅高的另一個競爭對手Central為員工提供了內部專業培訓機會和專題研討會。曼谷Central Maza Hotel每月都為新員工提供熟悉周圍工作環境的機會。同時，還為員工提供了中高級技術培訓班、團隊構建技巧培訓班以及各類管理課程。所有這些培訓項目每兩年在巴提亞的Central連鎖飯店舉行一次。Central還輸送了一批員工到美國、歐洲及中國的香港進修，進修單位中有著名的美國康奈爾飯店管理學院。

泰國本地飯店集團Dusit還創辦Dusit學院，學院內有一座擁有400間客房的飯店，專門為員工提供實踐機會。Dusit學院是泰國第一所企業大學（1993年開始招生），具有優越的教學設施和環境，向Dusit的員工和普通公眾開放。

2．雅高的內部授權

雅高是一家具有內部授權核心競爭力的飯店集團。透過分散組織結構、賦予員工更多的工作自主性，雅高在企業內部塑造了一種靈活的內部授權機制。

雅高採取分散化的組織結構賦予飯店總經理更多的經營自主權，這是因為飯店總經理最熟悉當地市場情況。一位飯店高層主管這樣說：「集團僅僅為我們提供了一個大的框架，我們在預算上達成一致意見，然後項目計畫就能得以實施。我們不需要再把計畫上報給總部尋求批准。總經理有很大的自主權。某種程度上，我們幾乎是一家獨立的飯店。」

除此之外，雅高為管理人員提供了很多培訓機會。例如，跨文化管理培訓能增強飯店總經理的適應能力。透過參加一個為期6個月的交流培訓計畫，雅高亞洲區的管理人員能領略到各地區不同的文化。

成立於1985年的雅高學院也幫助雅高進行旅遊、接待和飯店管理的培訓。雅高學院是法國最大的企業學院，也是歐洲第一所飯店和接待業的企業學院。學員中有50%來自企業的高級管理層。

透過創造一種分散化的組織結構和靈活的內部授權機制，雅高賦予它的一線員工更多的自主權，從而為消費者提供更優質快捷的服務。

3．雅高的數據管理能力

雅高是一家具備卓越數據管理能力的飯店，而其他競爭對手還沒有建立起完善的數據庫管理系統。利用網絡，雅高將自己納入到了Resinter這個全球客房預訂系統中。Resinter是開放的，完全免費的，它為泰國雅高提供了雅高在全球多家飯店如索菲特酒店（Sofitel）、諾富特酒店（Novotel）、雅高美居飯店（Mercure）、雅高套房飯店（Suitehotel）、宜必思飯店（Hotels Ibis）、一級方程式汽車旅館（Hotel Formule1）、紅屋頂旅館（Red Roof Inns）、六號汽車旅館（Motel 6）、六號長期旅館（Studio 6）、雅高海洋會館（Accor Thalassa）等飯店的鏈接。Resinter與全球五大客房分銷系統以及十個國際預訂系統相連，利用Resinter可以進行機票預訂、汽車租賃、遊船和飯店客房預訂。Resinter為旅行社、中介商、散客和團體旅遊者提供了即時的網上確認服務和完備的飯店訊息。遊客可以透過任何一個航空公司預訂系統，如Sabre、Apllo、Pars、Syatem One、DataⅡ、Sahara，與雅高的數據庫連接。雅高在泰國的競爭對手，即使已經進入了全球客房預訂系統，也還沒有開發出完善的數

據庫管理系統。雅高完善的數據管理能力，提升了產品價值，使雅高具備了競爭優勢。

4．雅高的產品創新能力

透過產品創新，雅高和它的競爭對手共同創造了一種新的行業經營理念。Novotel酒店（曼谷）推出了一種全新的飯店娛樂消費組合，包括球室、酒吧和卡拉OK廳，這些娛樂項目的營業收入占到了飯店經營總收入的25％。現在，95％的娛樂消費者不是飯店的住宿客。娛樂消費組合的推出一方面顯示了當地居民巨大的消費能力，另一方面也改變了飯店在當地居民心目中的一貫形象。

雅高的競爭對手也在積極地進行產品創新。Mandarin Oriental（東方文華）創辦了洗浴中心和烹飪學校。Central也推出了一整套的商業組合。Dusit開發了一種內部信用卡，為飯店經營開闢了一條新的途徑。相比之下，如果沒有足夠的資源，新產品是不容易被效仿的。比如，飯店信用卡需要一個龐大的客戶群體作為基礎，同時還需要與當地銀行、國內外的信用卡公司進行合作。Dusit首先開發了飯店內部專用的信用卡，後來又與MasterCard和Visa進行合作。透過產品創新，飯店在進一步拓寬了海外市場的基礎上，又重新開闢了一塊新的市場。雅高和東方文華推出的娛樂消費組合吸引了一批當地消費者，Central專注於承辦各類發佈會和時裝表演等活動，如影響力比較大的有泰國小姐選美大賽。Dusit利用飯店內部信用卡構建起了一個龐大的客戶群。

5．雅高的競爭劣勢：協作能力

雅高的一個競爭劣勢是它缺乏協作能力。善於利用自身資源與其他商業組織進行合作的企業往往能依靠合作雙方的資源優勢，創造內容豐富、綜合性強的產品或服務組合，從而取得競爭上的優勢。透過與最佳西方國際（Best Western）集團進行戰略合作，Dusit把目光瞄準了全球市場。Dusit可以說是最佳西方國際在泰國

的一家特許經營飯店，最佳西方國際不但為其加盟成員提供了一個全球飯店預訂系統接入，而且還幫助它們開展跨國經營。Dusit把目標瞄準了所有的遊客，包括泰國國內遊客、亞洲區內遊客以及區外遊客。在泰國，Dusit聯合了其他企業，如旅遊經營商、信用卡公司、汽車租賃公司、零售商店、航空公司和銀行，共同進行了宣傳促銷活動。

6．啟迪

在上世紀90年代，雅高抓住了泰國旅遊業迅猛發展這一有利時機，開始在泰國全國範圍內開設飯店，形成了覆蓋全國的連鎖網絡，滿足不斷增長的遊客住宿需求。可以說，雅高憑藉其卓越的員工培養、內部授權、數據管理以及產品創新能力，確立了自己在泰國飯店業的領導地位。透過對雅高集團在泰國發展的比較研究，可以發現，雅高集團的比較優勢在於：雅高的員工培養計畫極大地激發了員工的潛力和工作積極性。透過靈活的內部授權，雅高培養了一批具有強烈的敬業精神、過硬的技術、創新意識強、工作積極性高，能夠應對各種挑戰的企業骨幹。高超的數據管理水平為雅高建立了與全球其他飯店、旅行社以及最終消費者的鏈接。透過不斷的產品創新，雅高在行業內塑造了一種新的經營理念。所有這些都幫助雅高建立起了行業競爭優勢。雅高90年代在泰國飯店拓展中的弱點是缺乏企業間的協作能力。雅高在泰國僅與為數不多的幾家企業進行了合作。

透過對國際大型飯店的經營優勢和經營之道的比較分析，我們清楚地看到，國際飯店集團的發展也有其弱勢與缺點，這對於國內飯店經營者來說，也許更有直接的借鑑意義。

第四節 經理人如何塑造快速性應變理念

所謂快速性應變理念，就是指企業能夠根據外部環境的重大變化而迅速地調整自己的經營活動。快速應變是現代企業所必須具備的一項經營素質。

一、快速性應變理念的必要性

隨著市場的複雜多變以及變化的速度在日益加快，如何跟上時代的步伐、適應迅速變化的市場需要，成為當前企業管理中的一大難題。企業只有快速反應、快速應變才能生存。企業行為不僅是比價格、質量和服務，還要比反應、比速度、比效率。在商機稍縱即逝的時代，誰搶先一步誰就把握了獲勝的先機。企業快速反應能力的建立成為企業管理研究的新領域。管理工作效率的持續提高成為衡量組織效能的首要標準，敏銳的觀察力是預測和預見未來的首要條件，抓住時機果斷決策使企業始終和市場的變化同步，企業不但要建立效率高、適應性強的生產體系，而且還要儘可能建立有戰鬥力的團隊，以期能迅速及時處理因為環境變化而產生的新課題，使企業立於不敗之地。

實際上，飯店的經營狀況容易受到季節性的影響，淡旺季更迭明顯，一年中，旅遊旺季的業務量可能高出淡季好幾倍，尤其是旅遊飯店淡旺季差別更為明顯。從一週的銷售量來看，城市飯店前半周的營業額較低，週末的營業額則大幅度攀升。而商務飯店每七天就有一個下降週期，它必須努力補償週末不景氣的生意。此外，飯店還容易受到其他外部因素的影響，比如政治問題、經濟危機、治安問題等等。可以說，旅遊業是一種脆弱性行業，任何一種外部環境的變化都會直接影響到飯店的經營，於是，建立高效率的應變機

制對於飯店來說尤為重要。飯店必須具備快速性應變理念，才能保證飯店經營管理的穩定性。

二、影響飯店經營的外部因素

1．技術因素

雖然飯店業不是高科技行業，但是它也需要技術的支持。譬如，在中央空調尚未出現時，飯店一般都安裝分離式空調。但是隨著中央空調的普及，顧客們就將是否安裝了中央空調作為判斷飯店硬體設施檔次的標準之一。除了中央空調，還有電子鎖、客戶數據庫等等，這些都是飯店所需要的技術支持。目前，已經出現許多專門生產飯店用品的企業，不斷為飯店的設施設備更新換代提供各種產品和服務。飯店必須跟蹤相關技術訊息，尤其是電腦技術，不斷提高自己的綜合實力。

我們在分析世界500強的時候，發現世界500強中的任何一家企業，都具有強大的隨著技術發展而調整自己的應變能力，而且它們懂得任何新技術的發展都會使企業的原有市場份額發生重新整合的規律，因而它們創新技術的主動性極強，往往利用新技術而使自己在市場中占有優勢地位。

2．市場因素

市場在不斷變化，因而飯店應該按照市場的變化而進行快速的應對。經理人必須意識到：市場的變化是全方位的，各種形式的變化都可能發生。比如中國飯店業曾經一度輝煌過，因為當時還處於賣方市場。但是現在的飯店市場卻從賣方市場轉化為完全的買方市場，這種變化就帶來了整個行業的大洗牌，能夠適應這種變化並且及時調整經營戰略的飯店才能夠存活，得到後續的發展。

隨著中國居民生活水平的提高，未來的飯店市場可能出現新的細分次級市場。例如，近兩年出現的經濟型飯店就是應這種市場需要而出現的。市場的進一步細分意味著專業化分工更為細緻，飯店經營者要根據自身的條件，適時轉變經營方向。

3．消費觀念因素

消費者的觀念隨著可支配收入和休閒時間的增多，會逐漸發生變化。目前，中國消費者已經從原先對物質享受的關注漸漸轉移到對精神享受的關注，因而人們對消費的需求，就不僅僅表現在對物質的功能追求，而且還要求獲得更多的文化品質。另外，隨著市場上備選產品和服務越來越多，消費者的要求和品味可能越來越高。對於產品和服務具有一定雷同性的飯店而言，競爭的加劇不可避免。如何根據消費者需求及時更新產品和服務，甚至引導顧客消費，將是飯店未來的一大重要挑戰。

三、建立緊急事態的快速反應機制

快速反應機制包括飯店面對外部經營環境變化而建立的經營面的快速反應機制，也包括面對日常緊急事態的快速反應機制。前一個問題需要引起飯店高層的關注，以形成面對新經營環境的快速應變機制；對於日常的緊急事態，則需要建立一套行之有效的快速反應機制。具體說來，如下方法可供參考。

1．理念識別

理念識別是快速反應的基礎。飯店必須在所有員工中都灌輸快速反應理念，即不論飯店出現任何問題，面臨任何困難，都要保持冷靜，沉著應對。員工要能夠識別不同的外部挑戰，遇到任何問題必須能夠馬上作出反應，上報給上級。上級管理者要根據不同的情況制訂不同的應對措施。快速應變理念的基本要求就是員工始終要

保持冷靜、沉著，這樣不但有利於問題的解決，也不會影響到客人的住店生活。

2 · 制度保障

飯店必須建立起快速反應的制度保障，將各種可能出現的危機、問題、挑戰根據影響大小、處理難度分成不同的等級，並制訂相應的快速反應計畫，以保證在問題出現的時候能夠迅速作出反應。這種機制的建立需要有一定的前瞻性，並根據外界的變化及時進行調整；同時還要遵循審慎原則，預測最壞的結果，制訂最完整、全面的計畫，避免樂觀行事，導致後患。

3 · 員工培訓

根據快速反應機制對員工進行理念和行為的培訓，使快速反應意識滲透進所有員工的日常行為。培訓可以透過授課、演練的方式進行，併力求在日常工作中就學會快速反應。在不同層次的員工中各挑選一名快速反應負責人，一旦遇到情況，保證員工可以尋求到幫助，保證組織性和紀律性。

第五節　希爾頓的「挖金子」藝術

著名飯店集團希爾頓的創始人唐拉德·希爾頓，所創造的經營哲學給人以無限的啟迪。1907年，希爾頓一家因為生活窘迫開設了一家旅館，家人為此十分辛勞。希爾頓說：「當時我真恨透辦旅館這個行業，真希望那個破旅館早點關門。」他當時並沒有想到，日後他會成為飯店大王。從10多歲開始工作算起，希爾頓差不多用了整整20年的時間在發展自己，塑造自己，在探索自己的成功之路。他的美夢曾一個接一個地破滅，但靠著執著、熱忱的精神和把握機會的能力，他沒有被打倒，最終創造了自己的王國。

一、把飯店的每一寸土地都變成贏利空間的挖金子藝術

　　希爾頓在得克薩斯買下了屬於自己的第一家旅館——毛比來旅館時，由於這裡發現了石油，人們蜂擁而至。地利、人和的有利條件，令毛比來旅館人滿為患。為瞭解決床位緊張問題，希爾頓經過不斷的思考和摸索，對它進行了有效的改造。他找來木匠，將寬大的餐廳隔出一部分，改成許多只夠容納一張床和一張桌子的小房間，而後將大廳的櫃臺截掉一半，把省下來的空間改為出售香菸、報紙的攤位，還把大廳的一角騰出來開了一個小小雜貨舖。幾週後，旅館就因這幾項措施增加了一大筆收入。希爾頓由此悟出了經營飯店的第一原則，即「裝箱技巧」，把有限的空間巧妙地加以利用，使飯店的土地面積和空間面積產生最大的效益。他把這些措施稱為「挖金子」藝術。從此，「把浪費的空間利用起來」，「使每一塊地方都產出金子來」成為希爾頓經營飯店的重要原則。

　　事業鼎盛時期，希爾頓以 700 萬美元買下了紐約豪華的華爾道夫—阿斯托里亞飯店。他敲擊走廊裡的四根漂亮的大圓柱，確定那些圓柱是中空的與支撐天花板無關，純粹是為了裝飾。於是，他立刻下令打開中空的圓柱，之後讓人在這些圓柱裡安裝若干小型玻璃陳列櫥窗，並立即被紐約市著名珠寶商、香水商所租用，年收入租金約 3 萬美元。他還把朝聖飯店的地下室出租給別人當倉庫，每年收入達 92 萬美元，把書店變成高利潤的酒吧，頭一年的收入就達 49 萬美元。餐廳每天都營業，把衣帽間改為小房間，這些輔助設施的收入與飲料、食品的收入，可以抵消這座 2200 間客房飯店的全部經營開支。

二、評析

在飯店的經營史上，如果說施塔特勒商業飯店的經營模式開創了商業飯店時代，那麼，希爾頓飯店以神奇的方式挖掘飯店的每一寸生產空間，則促進了飯店建築水平和設施布局的進一步優化，適應了社會經濟的發展需要。此後，飯店建築與豪華設施逐步適應了市場發展的新需求，飯店設施的使用效率大大提高。挖金子（digging for gold）即把飯店的每一寸土地都變成贏利空間，也就成為希爾頓飯店管理的金科玉律之一。

從飯店經營管理的角度看，希爾頓飯店的挖金子藝術具有非常特殊的意義。這是因為：

1 · 飯店經營自有其特點與難點

飯店的經營較之其他類型的企業有三種不同的經營特點：產品的不可儲存性，不穩定的銷售量和高比例的固定成本。

飯店生產和銷售服務產品的方式與一般企業不同。實物產品的生產、銷售過程是兩個分離、相繼的過程，而飯店服務產品的生產與銷售過程是同時或幾乎同時進行的。產品的不可儲存性和同時性消費，決定了飯店服務產品不可能透過銷售渠道被送到外地出售，而且決定了飯店企業規模必然受到區域性的限制，決定了飯店市場的侷限性和有限性。飯店的銷售量大幅度波動的特點，給飯店經營管理工作帶來很大困難，首先給飯店預測工作增加了難度，給飯店各項經營計畫的制訂和執行增加了不準確性和波動性，其次給飯店造成空餘的業務能力，飯店使用的設備得不到充分利用，飯店在淡季所遭受的損失要花很長時間才能在旺季補回來，長時間的業務清淡對職工的工作積極性亦將產生消極影響。高比例的固定成本增加了飯店成本控制的困難。固定成本在建造飯店、購買設備時已經支付，是既定成本，無論是否有銷售收入，房屋、機器和設備的折舊費都必須負擔，它沒辦法透過節約開支來提高利潤率。

飯店的這些經營難點影響了飯店利潤的穩定性。飯店是一家經

營企業，企業必然要追求經濟效益。飯店的經濟效益是每一位管理人員最為關心和最感興趣的問題。因此，飯店經營管理人員要選擇有利於經濟效益發揮的經營策略，做到開源節流。希爾頓飯店的挖金子藝術就是增加收益、降低成本的範例。

2·許多飯店建築設計與運行的脫節，為飯店經營的挖金子藝術提供了空間

一家飯店的經營，實際上是從飯店設計就開始了。因此，飯店內部結構的科學合理和有效性也是經營成功的要素。然而，許多飯店建築本身並非作為飯店建築而建造，建築中存在一些不夠科學合理的空間，為挖金子藝術提供了空間；在國內，由於飯店設計理論研究的薄弱和飯店設計人才的欠缺，飯店設計與發達國家相比較尚處於起步階段，存在著許多問題和不足。

例如，由於設計師對飯店的運行規律缺乏瞭解，許多飯店設計雖然在建築力學、美學上幾盡完美，但卻不適合飯店的經營、管理的需要，使建築的實用性大大降低，更嚴重的是由於建築結構的不適應，功能布局的不合理，使飯店開業後的運行非常不便，增大成本開支，甚至直接影響服務質量。如有的飯店在大廳裡設計建造了自動電梯，運行中自動電梯的噪音破壞了大廳的氣氛，又阻擋了客人的視線，使大廳空間面積縮小，顯得支離破碎。有的飯店將客房設計在緊靠客用電梯的位置，表面上方便了客人。但實際上電梯的使用影響了客人良好的休息。有的飯店在設計中沒有考慮後勤服務區域與客用區域的適當分隔問題，使飯店正常的管理、準備工作干擾了客人的休息。這些問題的存在，都為類似希爾頓飯店的挖金子藝術提供了空間。

3·希爾頓飯店設計的經濟原則很值得提倡

飯店是一個經濟實體，利潤是飯店的最終目的。希爾頓飯店的設計充分考慮飯店的經營與管理，有利於經濟效益的發揮。希爾頓

飯店集團的做法應該引起我們高度的重視和借鑑。

希爾頓飯店設計的經濟性，表現在建築的結構類型上。希爾頓飯店為了發揮有效空間的最大經濟價值，竭盡全力，從飯店結構出發，在給定的建築面積內充分發揮空間的最大利用率，透過巧妙的設計與建造，有效地利用飯店的每一空間，使飯店的每一寸空間都能得到合理、有效的利用。在不影響飯店產品和服務質量的前提下，挖掘飯店中有效使用空間，為飯店創造可觀的、最大化的經濟效益，從而在一定程度上解決飯店經營的一些難點。

第六節 辛德勒霍夫飯店與顧客主動溝通的經營理念

辛德勒霍夫飯店坐落在德國巴伐利亞北部，位於紐倫堡、菲爾特及埃爾蘭根三大城市之間。1984年開業的時候還只是一家小型鄉村旅館，如今已成為德國著名的飯店之一。辛德勒霍夫飯店自開業以來獲得許多國際國內獎項。1998年，獲得歐洲質量管理基金會授予的「歐洲質量獎」，同年還獲得歐洲質量協會授予的「路德維格獎」；2003年因處理顧客抱怨的傑出性，再次獲得歐洲質量管理基金會授予的「歐洲質量獎」，另外，辛德勒霍夫飯店被兩家德國商業雜誌評為召開會議的最佳飯店，還獲得飯店市場協會授予的「營銷獎」；2004年，因出色的人力資源管理，獲得「歐洲質量獎」。

辛德勒霍夫飯店運用自己獨特的卡片評估系統，認真地處理每一位顧客的抱怨，增加客人的滿足感，給顧客留下了極為深刻的印象，從而有效地提高顧客回頭率和維持忠誠的顧客群，達到保持市場份額的目的。換句話說，辛德勒霍夫飯店採用主動的顧客投訴處理機制，贏得了顧客的青睞，保持了飯店經營的主動性。

一、主動處理顧客抱怨的理念

辛德勒霍夫飯店已經認識到獲取新顧客的費用要比保持現有顧客的費用高得多。在大多數餐廳中，一位客人來用餐一次價值是25歐元。在辛德勒霍夫飯店餐廳即使客人也花費25歐元，卻被看做價值100000歐元。辛德勒霍夫飯店認為，如果辛德勒霍夫飯店的員工不僅讓顧客滿意，而且使他高興，他將每年光臨餐廳40次。這樣就有1000歐元（40×25歐元）。如果辛德勒霍夫飯店能夠更進一步使這位顧客感到愉悅，下一個20年他將在辛德勒霍夫飯店進餐，就是20000歐元（20×1000歐元）。客人將有可能告訴五個朋友：他是多麼喜歡這家餐廳。從而，辛德勒霍夫飯店就擁有一位價值是100000歐元（5×20000歐元）的客人。

因此，顧客要是對服務感到不滿意，辛德勒霍夫飯店將盡全力有效地處理抱怨，而且總是優先處理有關飯店基本服務的抱怨，諸如產品質量和服務質量，從而穩固與顧客間脆弱的關係。在顧客發出抱怨的情況下，辛德勒霍夫飯店旨在恢復全面的顧客滿意，並且防止顧客悄然轉向其他飯店。飯店也試圖阻止消極口頭交流的發生並且鼓勵積極的口頭交流。

辛德勒霍夫飯店相信顧客抱怨是改進服務的有效訊息來源，每一個抱怨被認為是一次改進的機會。飯店努力從抱怨事件中尋找飯店結構和管理過程中存在的問題，並且發現新的市場機會；注重在各方面把握客人與飯店間的溝通；認為只有意識到問題的存在，才能有效地處理問題，提高工作質量，增加客人的滿足感，減少投訴，改善飯店的社會形象，擴大飯店的銷售額。

二、飯店卡片評估系統

1987年，辛德勒霍夫飯店建立了卡片評估系統，這是評估顧客滿意和不滿意的最重要工具。之後，飯店又進行了多次修改。

最初，飯店使用同一種標準化的卡片；1989年，飯店決定在每一部門使用相關具體的卡片，來綜合記錄不同的顧客要求；1991年，每一部門用不同的顏色作記號；在1994年增加了「關鍵視覺」和4種笑臉類型；最後，1995年加進了顧客的到訪日期。

辛德勒霍夫飯店設置的卡片格式簡要而準確。因為卡片填寫越容易，回收率就越高。客人可在餐廳中、在會議房間的門廳及客房的任何桌子上找到卡片。而且，每一張卡片附注有發信人姓名、住址的回回信封。辛德勒霍夫飯店每天從郵箱中收到15到20張卡片，還有3到5張卡片是用電子郵件回覆的。處理收集到的卡片是飯店管理人員日常的職責之一。飯店加強意見的反饋跟蹤工作，不僅使用標準的正文模塊和個人簽名對顧客表示歉意和對一些意見做存檔工作，而且努力加以解決問題和改善服務。飯店要求儘可能簡化程序，縮短解決的時間，提高工作效率，還想辦法避免或減少今後再度發生的可能性，使客人達到最高滿意度。

1995年，飯店制訂年度目標計畫時，還是一年一次合計歸檔評估卡片。自1996以來，飯店每月評估卡片並在年底作總結。這種改變是由於ISO 9001管理體系的出臺，同時也可以更好地處理任何被動的投訴。辛德勒霍夫飯店在處理過程中發現，年終一年一度的評估似乎太表面。不同於年度的評估，透過每月的評價，可以發現稱讚和抱怨的高峰。現在的每月評估系統就可以對顧客作出較迅速的回覆。而且，不再像過去一樣僅僅統計抱怨的總數量，辛德勒霍夫飯店現在側重於區別以下幾方面的問題：

● 發送感激客人稱讚的信件數（ ＝謝謝 ）。

● 發送道歉的信件數（ ＝道歉 ）。

● 帶有兩者的信件數（＝謝謝與道歉）。

● 沒有任何反應的卡片數。

三、評估卡片的處理機制

　　辛德勒霍夫飯店將抱怨分解到相應的部門，徵收賠償費，並且把抱怨的原因劃分為軟體（人為錯誤）和硬體差錯（例如，加熱器出故障）。部門經理依據這種策略確定他們的目標，並決定如何對顧客的抱怨作出回覆。他們必須確定抱怨的原因，處理並且消除抱怨。因此，部門經理必須精通解決問題的手段。

　　辛德勒霍夫飯店的市場計畫預算中有10000歐元是用來解決抱怨問題的，而且飯店從來沒有考慮要減少這項費用。這種策略可以減少抱怨的頻繁發生，同時可以使預算資金運用於對顧客抱怨的賠償。例如，有一次，在飯店的會議區，通往一個會議室的樓梯正在安裝防滑條。由於防滑條太滑，一個顧客摔倒了。當天，會議經理就讓裝修工人完成任務，並花了24馬克買了兩瓶香檳酒賠償給顧客。

　　前廳部曾經發生這樣的事情：一個顧客的帳單存在問題，這意味著他要自己付帳，而這筆錢本來應該由他所在的公司付。飯店僱傭許多新手，所以有些時候這種情況的發生是在所難免的。最後，辛德勒霍夫飯店償還了這名顧客200馬克，並給他所在的公司發去信件。告知那名顧客在飯店消費，公司沒有新的帳單。這樣，辛德勒霍夫飯店支付了200馬克的賠償成本。

四、不斷改進評估系統

辛德勒霍夫飯店始終認為抱怨是改進飯店服務質量的價值源泉。評估卡片反饋的抱怨和投訴訊息越是準確、及時、全面和符合決策的需要，飯店管理人的決策和控制的質量也就越高。從而更好地處理問題，作出創新的舉措。

從評論卡片、顧客調查、顧客滿意討論中得到的意見、建議和抱怨使飯店得以發現改進的措施，制訂執行方案和工作職責，最後由此派生出許多提高飯店服務質量、保持市場率的策略。飯店因此會對那些給予良好意見和建議的顧客發放電話卡或優惠券等獎勵。

例如，辛德勒霍夫飯店舊式建築內浴室的改進就是受了一位顧客抱怨的啟發。顧客的建議改變了飯店浴室的設計款式。現在的浴室變得更寬敞了，擁有更大的儲藏空間，同時也安裝了現代化的廁所設備、毛巾加熱器、新的燈飾以及室內自動調溫器等。另外，顧客們抱怨在飯店裡不能使用蘇格蘭卡付帳。當飯店得知這一情況時，在幾個月之內就安裝了所需的設備以便顧客使用蘇格蘭卡付帳。

可以看出，辛德勒霍夫飯店總是認真地對待顧客抱怨，利用抱怨訊息尋找新的解決抱怨的方案，讓顧客達到最佳的滿意程度。

五、啟示

飯店的消費主要來自兩種顧客群：新顧客和老顧客。有人評估過，吸引一個新顧客的成本是維護一個老顧客的5倍，尋找新顧客往往比保持老顧客需要更多的成本。保持顧客的關鍵就是要處理好顧客的抱怨，讓顧客滿意。

顧客滿意包括產品滿意、服務滿意和社會滿意三個方面。產品滿意是指飯店產品帶給顧客的滿足狀態，包括產品質量、功能、價格、設計、時間等方面的滿意。產品的質量滿意是構成顧客滿意的基礎因素，沒有過硬的產品質量就談不上顧客滿意，飯店要贏得顧客的滿意必須樹立質量意識，強化質量管理。在產品的價格上，除按質論價，使產品質價相符外，企業還應進一步減少消耗、降低成本、提高經濟效益。服務滿意是使顧客滿意，飯店消費是就地消費，除了要滿足飯店顧客旅居生活的物質需要外，還要給顧客一種精神和心理的感受，提供優質的服務，使顧客有賓至如歸之感。優質的服務質量是飯店管理的核心問題。社會滿意是顧客在飯店產品和服務的消費過程中所體驗到的社會利益的維護，主要指顧客整體社會滿意，它要求飯店的經營活動要有利於維護社會穩定，促進社會進步。因此，飯店要樹立現代主動性市場理念，以顧客滿意為宗旨，不斷推出使顧客滿意的特色產品，大力完善令顧客滿意的優質服務，站在顧客的立場上，把顧客需要和顧客滿意放在一切考慮因素的首位，不斷提高飯店的市場競爭力，維護自己的市場。

辛德勒霍夫飯店處理顧客抱怨、讓顧客滿意的例子是飯店業的成功典範。它的許多經營文化是值得借鑑的。辛德勒霍夫飯店總是很樂意瞭解顧客的抱怨，從而有利於瞭解市場的需求狀況，發現問題和機遇，使飯店能夠按顧客需求確定計畫，制訂有競爭力的管理策略。它還積極吸納顧客的意見和建議，這樣可以根據顧客的建議對飯店的硬體設施、服務項目、服務規格、住宿和餐飲結構等進行及時調整，更好地改進工作流程和服務質量，以適應顧客需要，儘可能多地獲得銷售收入。辛德勒霍夫飯店並沒有認為顧客的抱怨既浪費時間又浪費金錢，而是覺得處理抱怨是一個保持將來市場的良好機會。

辛德勒霍夫飯店正確理解了市場理念，明確了飯店與市場的關係，意識到是市場決定了企業發展。在此基礎上，辛德勒霍夫飯店還充分地認識到保持市場是擴展市場的基礎，主動地去保持自己已有的市場，努力提高回頭率和穩固顧客群。高回頭率和穩定的忠誠顧客群從客觀上證明了辛德勒霍夫飯店的服務質量。

　　事實上，「人無完人，金無足赤」，任何最熟練、最優秀的員工，在給客人提供接待服務的過程中都難免會出現差錯，所以飯店管理層、飯店員工要充分認識到，在飯店經營管理活動中，在接待服務過程中，避免出現差錯，積極有效地處理顧客的抱怨具有十分重要的意義。處理抱怨的潛在好處，對於飯店目標的達成起著至關重要的作用。只有積極地處理顧客的抱怨，才能讓飯店運作更加順暢，才能提升飯店的市場競爭力與永續力。

引子評判

　　一會兒想想今天做什麼，一會兒又想想明天做什麼，按照這一思路想下去，未來未必成功。想只是一種思路，而正確的思路只是做到、做好的前提。所以，俗話說：想到不如說到，說到不如做到。敢想還要敢說、會說。問題是說到未必能做到。有些人心裡想的，口中並沒有說；口中說的心裡並不是這樣想；口中說的實際也不是這樣做；口是心非，言行不一致。自古至今，凡成就大事業者，都是「說、做」不分家，只想只說不做，那是空想家。

　　對於一家飯店來說，市場競爭異常激烈，飯店服務競爭不僅要以人為本，突出個性化服務，更要以誠信為本。「言必行、行必果」是企業誠信服務的承諾。墨子說：「政者，口言之，身必行之。」不管為官為民，都要言行一致，表裡如一。戰國時代的秦國，商鞅要推行變法措施，害怕人們不信賴變法措施，於是，令人在城的南門立一併不沉重的木頭，貼一告示：將其移動到北門者獎賞十金。人們議論紛紛，難以置信，因此沒有人動。這時，商鞅將

獎金數額漲為五十金，終於有位願意一試的人，將那根木頭移到了北門，商鞅依照告示發出了那份巨額的獎金。於是，商鞅變法有了信任基礎，得到了社會公眾的信賴。

「言必行，行必果」，言是行的前提，行是言的目的。每一個飯店員工，想要得到成功滿意的結果，就必須從平時的點點滴滴做起，每件事都要認真負責地去做，老老實實做人，兢兢業業做事。要做到想、說、做一致，要誠信服務，踏實工作，以實際行動證明自己的所言所想。

想到、說到、做到，以此作為飯店的經營文化理念，可也！

第七章 飯店管理文化塑造

導讀

如何塑造飯店責權利對稱性的管理文化和高效率的管理文化，立意在於提高飯店的管理效率；而塑造人本主義的管理文化、有序化的管理文化和契約性的管理文化，則應著重考慮管理效率和一體化的企業運行。飯店經營管理的執行者是經理人和一線員工，他們是管理文化塑造的主體，也是管理文化塑造的對象，本章所述花園酒店管理文化和凱悅人本管理文化都值得借鑑。

引子：「沒有藉口，也不給任何人藉口」

「沒有藉口，也不給任何人藉口」似乎貼近高效率管理文化，而遠離人本主義管理文化。

第一節 經理人如何塑造飯店責權利對稱性的管理文化

責權利對稱是指在企業的整個管理過程中，尤其是在處理各種矛盾和關係的時候，堅持追求責任、權力、利益三者之間的有效結合，並且使它們之間具有對稱性。責權利對稱性管理理念是企業管理文化極為重要的組成部分，也是飯店管理文化的一個重要組成部分。

一、管理的責權利對稱

企業中的任何人只有擁有同等的責任才能擁有同等的權力和利益，責任是約束權力和利益的最主要的約束條件。如果在責任、權力、利益三者中只有後兩者，那麼人對權力和利益的追求就是無限的，管理就會失控；反過來說，如果僅僅只有前者，沒有權力和利益，管理者就成為光桿司令，失去活力，組織也就不成其為組織。在管理過程中，需要用責任來界定企業中每個人的權力和利益。

管理要保證管理的有效性，否則管理就沒有意義，而保證管理有效性的基本條件就是責權利的對稱性。

在飯店的運行過程中，飯店的任何人，從經理人到普通員工，都具備一定的權力，也都要對飯店擔負一定的責任，從而獲得承擔該責任的利益。責任包含兩層含義。第一層次是每個人在飯店中應該做的事情，主要是指職位所應該承擔的任務。比如，客房服務生就要負責客房的清潔、打掃、服務工作，而樓層管理人員就是負責樓層可能出現的各種問題，管理該樓層的客房服務員。儘管每個人由於職位的不同，所負責的事情也不盡相同，但是每個人必須承擔自己應有的責任，這種責任在飯店設置職位的時候就已經確定了。第二層次是當每個人沒有做好職位的工作造成一定後果時，就要承擔由於自己的過失給飯店帶來的損失。這個層次的責任具有一定懲罰性，是對第一層次責任的監督。只有使飯店中的每個員工都意識到，當自己沒有盡職盡責時，就要承擔應當的責任，受到一定的懲罰，這樣才能保證每個員工能夠認真、努力對待工作。

權力是飯店賦予每個員工的基本要求權和工作權。與責任相對應的，在企業中每個員工都擁有一定的權力。權力也包括兩個層次：首先是基本權利，其次是工作權力。前者包括人身自由權、平等權等等。這些權力是人的基本權利，不論在哪個企業工作都應該擁有。飯店必須首先滿足員工的基本權利，才能保證員工在企業工作受到應有的保護和尊重，給予員工踏實、安全的工作環境。後者

是針對不同的人，確定其擁有不同的權力，這種權力是根據職位來制訂的工作權力。一個有效的管理體制，要求企業中處於不同職位、不同層次的員工各司其職，並且有一定的權力。飯店只有賦予每個人應有的權力，員工才能利用這些權力，發揮各自的效用。

利益是指飯店中每個員工透過自己的努力而得到的回報。這種回報既有物質上的，也有精神上的。不同層次的員工對於回報有不同的要求，一般來說，隨著職位層次的提高，對精神回報的要求也就越大。對於中高層員工，應該特別注意他們的精神需求。基層員工可能會更注重物質鼓勵。但是，這種規律也並非絕對，應該因人而異。物質上的利益包括薪資、獎金、紅利、補貼以及各種物化的福利。這些利益很容易量化，也容易與工作績效掛鉤，同時也是人們最為關心的。精神上的利益則包括口頭獎勵、評選先進工作者、來自同事的誇獎和認可，以及上級的提拔等等。這些都構成了對員工的利益吸引，飯店應該針對不同層次的需求來設計利益分配。

責權利中的責任對於人們對權力和利益的追求有一定的約束作用，要根據責任來賦予權力以及分配利益。飯店上層人員在賦予權力和設計利益機制的時候要使權力、責任和利益結合起來，實現三者的對稱性，從而最大程度激發員工的積極性，保證管理的有效性。

二、責權利對稱性管理的意義

責權利對稱對於保證管理的有效具有重要的促進作用，而這種促進作用主要是來源於對員工的激勵影響，這也正是責權利對稱性管理的意義，主要體現在以下方面：

首先，要想調動員工的工作積極性，使他們接受飯店的企業文化，融入到企業的整體價值觀中，就要滿足員工對於基本權利的需

求，在設計企業文化的時候顧及到員工的利益和權力。只有從員工的角度提出的價值觀，才會被更多的員工認同。

其次，責權利的對稱性源於員工的自尊需求，因為員工對於自身權力和利益的追求實際上是為了實現自尊，得到更多的尊重。隨著社會的進步，任何企業都應該把員工自尊需求的滿足當做員工的一項基本權利。只有企業尊重員工，員工才會尊重企業，才會把企業的發展與自身的發展相聯繫，積極為企業貢獻才智。

再次，保證責權利對稱性也是增強企業凝聚力的助推器。員工在工作的時候，可能經常相互比較各自的收益和權力。如果飯店在分配利益和權力的時候，沒有做到對稱性，員工就會有意見，從而產生分歧，導致組織的渙散。

最後，堅持實行責權利對稱性管理，實際上體現了飯店機會公平的企業文化。一個好的企業必須在設計責任、權力和利益機制的時候，將公平原則列入考慮範圍，保證員工的機會均等。只有堅持公平原則，設計統一的獎懲制度，為每一位員工提供相同的機會，才能從根本上保證員工積極性的激發。

三、責權利對稱的設計

（一）以責任為中心的責權利對稱設計

飯店在進行責權利對稱性管理的時候，要以責任為中心來設計權力和利益。人們對權力和利益的追求都是無限的，靠什麼來約束這種無限的追求呢？只能靠責任約束。責任是約束人們權力和利益的最主要標準，也可以說是最主要的約束條件。同樣，飯店中的每個員工在工作中也應該用責任來約束自己，擁有什麼樣的權力，享受什麼樣的利益，就要承擔什麼樣的責任。

因此，飯店在設計利益機制的時候就要考慮利益與責任、權力的對稱。每個人對利益的追求都是無限的，難免會有人認為自己比別人更有價值，更能勝任工作，同時又試圖迴避責任。如果我們把利益和責任掛鉤，就會將這部分能力較差又害怕承擔責任的員工篩選出來，賦予那些有能力、有進取心、勇於承擔責任的員工更大的權力，使他們在職位上充分發揮自己的才能，促使飯店的文化管理更加有效，加速飯店的發展。

（二）兼顧員工利益的責權利對稱設計

在飯店企業中，飯店業主是飯店文化的設計者和倡導者，職業經理人是實施者，員工是飯店文化的實踐者和主要載體。一家飯店是由企業家、管理人員和員工組成的。企業家是引路人，員工是主體。在目前的所有飯店管理中，大多數人習慣於強調企業家或者模範人物的個人素質對飯店企業文化的巨大影響，忽視員工在飯店文化建設中的作用，實際上，從企業文化建設的角度來看，員工的表現將直接影響到飯店文化的實施效果和發展方向。只有從員工的角度提出的價值觀才會被更多的員工所認同。

因此，我們在設計飯店管理文化理念時，要充分顧及員工的利益和權力，這樣，才能調動他們的工作積極性，使員工樂於接受飯店的管理文化，並且能和諧地融入到飯店的整體價值觀中。

（三）以獎懲機製為手段的責權利對稱設計

完善且公平的獎懲制度也是實現責權利對稱性管理的有效保障。要想使責權利對稱起來，我們可以透過很多途徑，例如制訂書面的企業制度，但是這些書面上的東西只能增強員工的信心，而最終要使員工信任飯店的承諾，還是要落實到在現實中對員工的獎懲上來。所以說，飯店採用獎懲機制是實現責權利對稱性管理的最重要手段。

第二節 經理人如何塑造飯店高效率管理文化

　　高效率包括經營管理的高效率和經營成果的高效率。管理的目標是為了提高企業的管理效益，最終提高企業的收益。然而，管理也有成本，不同的管理模式、管理方法會帶來不同的管理績效，但也會消耗不同的成本。因此，飯店在管理過程中要權衡管理的成本和收益。只有將管理收益和管理成本有效地結合起來，才是一種高效率的管理，這種高效率管理理念構成了企業管理文化的核心。

一、高效率管理的來源——成本和收益相對應

　　效率是管理的重要組成部分，指輸入與輸出的關係。對於給定的輸入，如能獲得更多的輸出，就提高了效率。如果以較少的輸入獲得同樣的輸出，則是提高了效率。管理者經營的輸入資源是稀缺的，必須關心這些資源的有效利用。因此，管理就是要使資源成本最小化。然而，僅僅有效率是不夠的，管理還必須使活動實現預定的目標，即追求活動的效果。當管理者實現了組織的目標，則是有效果的。因此，效率涉及的是活動的結果。

　　效率和效果是互相聯繫的，如果某人不顧效率，則很容易達到效果。為什麼一些政府機構的工作受到公眾的質疑，按理說他們是有效果的，但他們的效率太低，亦即他們的工作做了，但成本太高。因此，管理不僅關係到使活動達到目標，而且要做得儘可能有效率。

　　在更多的情況下，高效率還與高效果相關聯。低水平的管理絕大多數是由於無效率和無效果，或者是透過以犧牲效率來取得效

果。

因此，將經濟學中的成本——收益分析引入到管理工作中來，是為了透過對成本和收益的分析來判斷管理的效果。一種高效的管理，應該實現管理收益和管理成本的有效結合。管理成本是指企業在進行管理過程中所支付的一切費用，如管理人員的薪資，管理人員的培訓費用，管理設備的投入等等。管理收益則是指因為管理所引起的企業收益的增長狀況。

判斷企業的管理效率，必須要從管理收益和管理成本兩個方面進行考察。管理收益高並不意味著管理的效率高，如果單純注重收益而忽略成本，則會導致管理成本的提高。同時，管理成本也是必須被重視的因素，我們不能一味地追求低的管理成本，因為這可能會誤導管理者忽視一些必要的管理程序，導致不必要的損失。我們應該將管理成本和管理收益有機結合起來，根據飯店的實際情況，選擇合適的管理成本，帶來儘可能大的管理收益。

對於飯店來說，有幾組矛盾在短期內恐怕難以消弭，具體說來，如：

（1）飯店建築等硬體設施與軟體設施的高投入與市場消費水平之間的矛盾。作為飯店投資來說，高投入意味著高成本，也就意味著要面對高端市場，但是，在一定的區域範圍內，客源市場及其需求是相對固定的，高投入未必能夠獲得高收益。

（2）飯店管理的高成本與人力成本降低之間的矛盾。飯店的高質量服務意味著需要投入更多的人力資源和人力成本，在中國現有飯店組織結構下，員工配備一般為客房數的1.5倍，例如一家300間客房的飯店，其員工總數為450人，其中，管理人員為總經理一名、副總經理或總經理助理若干名，有的飯店還設事務總監，如餐飲總監、人事總監、客務總監、房務總監、財務總監、工程總監等，部門經理包括前廳、客房、餐飲、娛樂、商場、工程、採

購、人事、辦公室、銷售、財務、保安、公關、培訓等正副經理或助理，及大廳助理若干名，平均每個部門至少兩人，共30多人，各營業部門（非營業部門可不設）下設主管若干名，總數與部門經理相近，領班人數則遠遠超過主管。作為管理人員，薪金待遇遠比員工高，以現有國內飯店業管理人員年均 5萬～ 10萬元的待遇及成本計算，則監控管理的成本很大。因此，有人提出縮減中間層次，減少中間管理層級，倘如此，則該飯店每年可節約人力成本數百萬元，對於飯店業來說，壓縮的成本就是利潤。但是，在目前國內飯店一線員工職業素質和培訓相對不足的情況下，要實現飯店組織結構的扁平化談何容易，高昂的人力資源成本短期內難以降低。

（3）飯店對待員工的授權與監控之間的矛盾。在實際的飯店日常運營過程中，面對顧客的是飯店的一線員工，員工培訓不足、待遇不高，服務質量難有保證，而領班、主管、乃至部門經理，忙於日常事務和對員工服務的控制，又很難有時間真正面對顧客，顧客體驗不到飯店優質的服務。由於一線員工素質不高，即使面對顧客的疑問或投訴，也難以圓滿解決，要實現高水平的服務質量非常困難，而管理人員也未必有時間和精力長時間地面對顧客。於是，一線員工的素質有限，只能採用儘可能合理的管理人員來加強員工控制和飯店質量管理。在這種境況之下，建立既適應國內飯店員工素質、又能體現員工價值的監控與授權並重的管理制度談何容易。

實際上，在飯店的日常經營中，這類理論上可行、而實踐中難以做到的事例太多了，因此，在探討高效率的管理文化時，更需要注重理論與實踐的有效結合，更需要找到適合飯店發展實際的最佳運作方式和實現高效率的管理模式。

二、最佳管理模式的選擇

不同的管理方式的管理成本不同，有的管理制度的成本較低，而有的管理制度的成本可能會相當的高。因而在選擇管理制度的時候，必須考慮管理成本。如果成本太大，超過了飯店的承受空間，則要考慮該管理模式的適用性。

根據飯店所強調的重心不同，我們把管理模式分為四種類型。

第一類是以人為中心的管理模式。這種管理思想是要體現人在整個經營管理中的主體地位。要實現科學主義和人本主義的結合，既要有助於人的理性發展，又要有助於人性的實現。而管理的重點要放在提高員工的知識、智慧、能力上，充分開發和利用員工的潛力，並且努力為員工創造可以啟發人的潛能的文化氛圍。飯店為員工塑造了自我實現的舞臺，員工反過來就會全力以赴為飯店的成長和發展服務。人本主義的管理文化將在下一節詳細闡述。

第二類是以經營為中心的管理模式。這種管理強調對經營過程和經營規律的認識，是飯店在長期經營、個性經營中總結出的成功法則。而管理的重點要放在如何形成一種統一的經營理念，並把這種經營理念推廣到飯店的所有部門、所有員工中。但是，飯店的各個部門和員工總會自發地形成一些以局部利益最大化為目標的部門價值觀，從而形成干擾飯店統一目標實現的內耗因素，這就給統一的經營管理帶來了障礙。飯店就是要克服這些障礙，實現組織的統一性、有機性，使飯店內部的活力不斷提高。

第三類是以飯店的長期目標和行為為中心的管理模式。這種管理要求飯店確定一個長期目標，而其他的一切管理活動都服從於這個目標。飯店所處的環境具有不確定性、變化性極高，因此短期目標可能隨時調整，但是長期的目標卻是難以改變的，飯店應該在長時期內逐步培育自己的核心競爭力，因而在管理中就要把所有員工的努力都集中到飯店的長期目標上來。在長期目標的指引下，所有人齊心協力、共同奮鬥。

第四類是以硬規範、硬約束為中心的管理模式。這種管理所強調的是沒有規矩不成方圓，員工需要接受規範和約束，否則就不能形成統一的意志和行動。這種管理抹殺了人的自覺性，但是一切都建立在契約基礎上的管理，使得責權更加明確，便於企業的統一管理。

以上四種管理模式具有不同的管理成本和管理收益，具體應該採用哪種模式進行管理必須要根據飯店的自身情況來決定，從而尋找能夠給飯店帶來最大效率的模式。另外，在不同的時期運用不同的管理模式也會帶來不同的管理績效。譬如，在飯店建立初期，尚未走上正軌，此時需要員工們眾志成城。在這種狀況下應該採用第三種模式進行管理，能夠最大程度地促進飯店成長。而在飯店進入穩定的成熟期後，則應該考慮用第一種模式。尤其是高級次的飯店員工素質相對較高，更應該考慮充分發掘員工的主觀能動性，用人本主義的管理儘可能調動他們的積極性和創新力。

三、高效率管理的保障

管理的對象紛繁複雜，從物到人，而人又是最複雜、最具難度的對象。因此保障管理的高效率還需要企業體制的輔助。任何管理模式要實現高效率的結果，必須要有體制的保障，保證其有效實行。如果體制與現行管理模式不符合，則無法實現預期的高效率管理績效。譬如，很多國有體制的飯店，其原先的運行機制就不太符合現代企業制度，就算改革管理模式，效果肯定也不盡如人意。另外，還要根據飯店的自身文化來設計管理模式，如國外飯店品牌進入中國，其企業必然要經過與本土文化的融合，不可能全套照搬外國的模式。

飯店也可以透過引進一些先進的管理理念，來推動企業體制的

更新，為飯店培育出一套良好的體制。有了好的體制，飯店就可以減少推行新的管理模式的阻力，從而實現最優的管理績效。

第三節 經理人如何塑造飯店人本主義管理文化

企業文化的實質就是以人為中心，以文化引導為根本手段，以激發員工的自覺行為為目的的獨特的文化現象和管理思想。企業文化建設有利於發揮人的積極性，有利於形成科學的經營理念，有利於促進企業的管理與實踐，最終有利於達到企業的高效發展。因此，經理人必須樹立尊重人、理解人、關心人的經營理念。在企業內部，以人為本的核心是解決員工和企業的關係問題，即正確看待企業員工的權利和需要問題。

一、人本管理的哲學內涵

從本質上講，以人為本實際上是「人本主義」的一個必然要求，「人本主義」是對應「資本主義」提出的概念。我們知道，所謂資本主義，實質上是指企業是以資本為紐帶建立起來的，資本在企業生產和資本積累中起著關鍵的主導作用，企業的資本積累和擴大再生產是謀取更多的剩餘價值的最主要手段。對應這種以資本為主的管理方式，資本家當然就成了主導因素，股東利益需要得到最有效的保護，一切的管理都是以「資」為「本」的。

20世紀50年代以後，人對企業生產率的貢獻越來越大，企業中人的力量超過了資本的力量，於是，人本被提升到一種比物力資本更為重要的地位上來。「人本主義」逐漸取代了「資本主義」在企業中所占的主導地位，以人為本的管理方式應運而生。

因此，人本管理思想逐漸成為現代企業的核心。以人為本之中的「本」實際上是一種哲學意義上的「本位」、「根本」、「目的」之意，人本管理在本質上是以促進人本身自由、全面發展為根本目的的管理理念與管理模式，而人自身自由、全面發展的核心內容是個體心理目標的發展與個性的完善。企業中的人應當被視為人本身來看待，而不僅僅是將他們看做一種生產要素或資源。所以有人把人本管理歸納為：點亮人性的光輝，回歸生命的價值，共創繁榮和幸福。當然，這種人本主義的管理思想是極其先進的，但是，在目前的生產力水平之下，我們認為，人本管理還只能先停留在其發展的初級階段，即先有效地激發員工的工作積極性，在人本管理中推崇「能本管理」。

二、人本管理的首要功能是激勵員工的工作積極性

所謂激勵是透過科學的方法激發人的內在潛力，開發人的能力，充分發揮人的積極性和創造性，使每個人都切實感到力有所用、才有所展、勞有所得、功有所獎，自覺地努力工作。激勵作為飯店的職能管理之一，要求管理者要根據人的心理規律，透過某種方式激發人的動機，使之成為動力，促發人的內在潛力和能力，充分發揮人的積極性和創造性，朝飯店所期望的目標前進。

（一）激勵的原則

飯店管理人員要善於透過激勵，把蘊藏在每個職工身上的積極性和創造性充分地調動出來。為了有效地調動廣大職工的積極性，必須遵循以下各項激勵的基本原則：

1．激發職工主人翁精神的原則

要使廣大職工意識到飯店經營的好壞、經濟效益的高低，同每

個職工的切身利益息息相關，辦好飯店也是自己的事。在飯店中，由於各種原因，不少職工抱有僱傭心態，並沒有完全真正以主人翁精神來對待工作，為此，要從制度上真正保證職工成為名副其實的企業主人，從而增強職工向飯店目標前進的內在動力。職工有了主人翁精神，其內在動力就充足，就能做到愛店如家，積極工作。

2．堅持物質利益與精神激勵相結合的原則

密切關心職工的生活，堅持按勞分配的原則，用物質手段來鼓勵那些積極工作並取得顯著成績的職工，藉以鼓勵先進，鞭策後進。但錢並不是萬能的，在職工生活日益改善，生活有了保障之後，適當地採用精神獎勵的方法來激發職工的工作熱情和積極性與創造性，同樣可以收到事半功倍之效。在飯店經營中，要充分發揮激勵的作用，堅持物質獎勵與精神獎勵相結合的原則。

3．關心職工的切身利益原則

要調動職工的積極性，就應該關心他們的切身利益，並鼓勵職工為了實現飯店的整體利益而積極工作。職工的切身利益很多，飯店只要在能力、財力所及的範圍內，關心職工的生活、住房、子女入托、求學等日常生活迫切需要解決的問題，就能穩住職工隊伍，並在此基礎上調動起職工的積極性和創造性。

4．飯店目標與個人目標相一致的原則

飯店有自身的特定目標，飯店組織內的職工也都有各自的個人目標。飯店目標如能與職工的個人目標互相融合，職工必然會為達到飯店目標而努力，因為飯店目標完成之日就是個人目標實現之時。職工的個人目標各不相同，但大部分職工的個人目標是相似的，若能使飯店目標與大部分職工的個人目標相一致，則大部分職工就會為飯店而努力工作。所以，激勵要堅持飯店目標與個人目標相一致的原則。

5 · 激勵要面向所有員工的原則

激勵對飯店職工來說是非常重要的，職工只有在激勵的作用下，才能發揮出他們的主觀能動性和創造性，才能發揮他們最大的工作效能。如果一名職工一年365天，天天機械地上班、下班、工作、休息，沒有人去過問他們的工作情況，沒有人關心他們的生活、學習、娛樂和要求等等情況，職工會變得死氣沉沉。他們工作是為了保住飯碗，所支付的能力必然是低的，服務質量、工作質量是不高的。所以，激勵要面向飯店的每一個職工，無論是管理人員還是服務人員，不管是老職工還是新職工，從總經理到服務員都需要激勵。運用適當而有效的激勵方式促使飯店所有職工處於熱情興奮的狀態，發揮較高的工作效能，應當是飯店激勵職能努力的目標。

（二）工作熱情激勵是飯店員工有效激勵的基本表現

從飯店經營管理的角度看，透過激勵能有效地激發飯店員工的工作熱情，調動飯店職工的積極性和創造性，提高勞動效率，特別是能推動員工工作行為的規範化和科學化。工作是員工的行為表現，行為是人類活動獨有的特徵，只有人類有意識、有目的的活動才稱得上是行為。人的行為是由需要引起的，需要和動機決定著行為過程。飯店員工工作表現如何，不僅直接關係到飯店人力資源是否充分利用，還直接關係到飯店的服務質量，關係到飯店的生存與發展。要使飯店員工都成為一名優秀的人員，人力資源得以充分發揮，需要在強化管理的基礎上，進行有效的激勵，激發每個員工的工作積極性和進取心，開發他們的工作潛力，發揮他們的聰明才智。

在尊重和關心的基礎上，確保員工在飯店中的主人翁和管理中的主體地位，充分調動員工的工作積極性，把蘊藏在員工中的聰明才智充分挖掘出來。為了達到這一點，一方面要改變壓制型的管理

方式，變高度集權式的管理為集權與分權相結合的管理，給員工適度的授權；另一方面要為員工創造良好的工作條件和發揮個人才能、實現個人抱負的條件。

三、變人本管理為能本管理

知識經濟時代，知識變成能力才能產生效益。人的能力的內在結構是由知識、智力、技能和實踐創新能力構成的。知識是人的認識能力的體現，智力是知識轉化為智慧的能力，技能是智慧在工作實踐中的一種應用力，實踐創新能力是以知識、智力、技能為基礎的改變現有結構的能力。

從人本管理到能本管理，就是要以人的能力為本，透過採取各種行之有效的方法，最大限度地發揮個人的才能，從而實現能力價值的最大化，並把能力資源透過優化配置，形成推動企業創新發展的巨大力量。

從人本管理到能本管理，就是要努力消除人情關係、權本位和錢本位在組織中的消極影響，積極營造一個能力型組織，使組織的制度、體制、管理、運行機制、發展戰略和政策，都圍繞有利於充分發揮個人的能力來設計、運作；努力消除維持型組織，建立一個創新型組織，逐步實現文化創新、制度創新、組織創新和技術創新；努力消除經驗型組織，將組織改造成一個學習型組織，從組織結構、組織形態和制度設計到成員的理念、價值觀、思維和行為，都具有較強的自我組織、自我調整和自我完善的能力，促進企業的發展。

針對員工進行其職業生涯的規劃和培訓，倡導員工充分發展的「喜達屋關愛」的企業文化也許是較為典型的人本主義管理文化模式，因為「喜達屋關愛」的企業文化十分注重對企業的最重要資——員工——的關愛。本

四、人本管理的內容

人本管理首先要改變理念，在飯店實際管理中提升員工的主人翁精神，並積極推行情感管理、民主管理、自主管理、人才管理和文化管理等人本管理方式。

（一）改變理念

成功的管理就是引導飯店中所有人都鼓起幹勁，使得被管理者不覺得自己是被人管理，每個人都向自己喜愛的方面奮發努力，從而達到企業的目標。長期以來，許多飯店都用「顧客永遠是對的」來規範員工，認為這是提高服務質量的真理。這種思想雖然能夠給飯店帶來高的顧客滿意度，卻忽略了員工的滿意度。事實上，在現代的競爭狀態下，不僅顧客是顧客，員工也是飯店的顧客，只有員工滿意了，才會帶來顧客的真實滿意。「顧客永遠是對的」偏重顧客的感受，但是實際上飯店人都知道顧客並不一定永遠是對的，這種理念無法讓員工心服。員工只有在意識上真正理解了服務的本質，從上級那裡獲得寬慰和尊重，才會熱愛工作，覺得工作給自己帶來樂趣。

（二）推行人本管理方式

1．情感管理

情感管理主要是透過上下級、同級之間的情感交流和溝通來融洽關係、增進感情，從而實現有效管理。例如，「走動式管理」就是非常適合飯店管理層人員使用的一種管理方式。各部門主管走出辦公室，深入現場，與各層次各類型人員接觸、交談，加強感情溝通，建立融洽關係，瞭解問題，徵求意見，貫徹實施飯店的戰略意圖。

2．民主管理

民主管理體現在兩個方面：一方面，上層主管要多聽少談，儘量聽取大家意見；另一方面，員工要參與決策，集思廣益解決問題。透過民主管理使員工形成團隊意識，感到大家是平等的，相互尊重的，更重要的是在遇到困難的時候由大家共同面對，共同克服，其結果是使員工的積極性得到充分的發揮。

3．自主管理

這是現代企業的新型管理方式，是民主管理的進一步發展。這種管理方式主要是員工根據飯店的發展戰略和目標，自主制訂計畫、實施控制、實現目標，即「自己管理自己」。它可以把個人意志與企業意志統一起來，從而使每個人心情舒暢地為企業做奉獻。自主管理的根本點是對人要有正確的看法，會識才、用才，信任那些具有能力的員工。

4．人才管理

善於發現人才、培養人才和合理使用人才是人才管理的根本。人才的一大特點就是好學，熱衷於廣泛獲取訊息。飯店如果給員工創造學習和發展的環境和機會，就是對人才的最大的愛護。員工們在飯店工作感到自己始終是被培養的對象，在這裡工作總是會有無盡的機會和前途，那麼員工自然會兢兢業業地幹好每一天。這也是人本管理的實質。

5．文化管理

文化管理是人本管理的最高層次。它透過飯店文化的灌輸、管理文化模式的推進，使員工形成共同的價值觀和共同的行為規範。文化管理，就其重視人和文化的作用而言，是行為科學的發展和繼續，將文化對人的作用全面覆蓋到人的心理、生理、現實與歷史，把以人為中心的管理思想全面地顯示出來。

第四節 經理人如何塑造飯店有序化管理文化

有序性是客觀事物存在和運動中表現出來的穩定性、規則性、重複性和相互的因果關聯性,而無序性則表現為不穩定性、不規則性、隨機性和彼此間的相互獨立性。

飯店管理的有序化,第一層次是飯店組織中應該維持良好的物資秩序和人的秩序。管理的每一層次、每一職位都應在組織中占據一定的位置,處於一定的秩序之中。飯店要提供高質量、高標準的服務,就必須維持良好的人和物的秩序,做到人有其位,物有其位,位有其人,位有其物。就是以工作職位為設置人、物的標準,精簡閒雜人員,將所有的物資都按規定放置。經過嚴格的定崗定位,每個人員都應堅守其工作職位,真正做到工作時間位有其人,需要的物資在規定擺放的位置必須能夠找到。

第二層次是有序化的管理文化,即實現飯店管理目標與管理手段的有效結合。飯店要根據所設定的目標來選擇管理手段,管理目標與管理手段的關係必須是前者占主動位置,後者圍繞前者。這種有序化的管理能夠保證實現最佳管理績效,不會導致「竹籃打水一場空」的惡果出現。

一、有序化管理理念

人類理性的功能主要在於抓取對象世界中的有序性以形成關於世界的規律性的認識。但是,在複雜的適應系統這種大型的多主體

的自組織系統（如經濟系統、社會系統）中，管理的最佳方式必然是有序性與無序性彼此適中的結合。其中有序性用以保證整體的協調性，無序性用以使各個組成單元能夠在各個局部因地制宜、因時制宜地實現最佳可能性，從而達到整體功能的最優。

從飯店管理的角度看，飯店管理並非一成不變，在不同的時期，根據飯店的內外部環境以及經營目標的變化，管理目標也隨之發生變動。管理目標的變遷體現了飯店的發展，反映了飯店所處的不同發展階段。例如，在飯店建立初期，各方面因素，人力、物力、財力等都尚未進入正常的運行軌道，此時的管理目標就應該是推動飯店盡快成熟，那麼管理手段一般採用比較硬性、模式化的方法。而飯店進入成熟期後，隨著服務水平的提高，員工工作熟練程度的提高，飯店的目標可能是與競爭對手競爭，爭取儘可能多的市場。此時的管理目標就要保證各方面因素能夠在原有的發展水平基礎上進一步提高品質，塑造品牌，而管理方法則可能採用更為柔性的管理。因此，管理目標的提升，必然要帶來管理手段的提升；而管理手段的提升最終也會促使管理目標的實現。隨之而來的是新的管理目標，產生新的管理手段。管理目標與管理手段的關係是以目標的提升為先導的互動提高關係。這種互動提高就是一種有序化管理，作為形成有序化管理的理念、觀念、制度、規則和管理行為，則成為有序化管理文化的表現。

二、有序化表現為管理目標與管理手段的有機結合

從理論上講，管理的最佳方式必然是有序性與無序性彼此適中的結合，從而使管理目標與管理手段得以有機結合，但是，在實際的管理活動過程中，尋求有機結合的最佳管理方式談何容易。因此，我們只能根據飯店在其成長過程中需要不斷提升的管理目標，

有選擇地就質量管理、成本管理兩方面，談談與此相適應的管理手段，從管窺之中探討飯店管理的有序化。

（一）質量管理的有序化

在現代企業中，質量是影響企業生存和競爭的決定因素，尤其對於像飯店這樣的服務性企業而言，由於其產品的無形性，對服務質量的管理和控制就顯得尤為重要。應該說，服務質量管理是服務性企業經營管理的核心內容，服務質量直接影響著飯店的經營績效，關乎著飯店的生存。進行服務質量管理的最終目的就是為了滿足顧客的需要，顧客是這個體系的焦點，服務質量體系的整個運作、對服務質量的監控管理就是要以顧客為中心。這也是在當今競爭激烈的市場環境下「顧客至上」、「以顧客為中心，保證顧客滿意」的服務觀念和意識的反映。簡而言之，服務質量管理的目標就是顧客，保證顧客的需求得到滿足，保證顧客滿意。

1．飯店服務質量的獨特性

飯店的服務質量與一般有形商品相比，存在很大差別，其主要特點有：

（1）服務質量評價標準多元化。因為飯店的服務質量由技術質量和功能質量兩個方面構成，技術質量是可以透過量化指標進行測定的，但是功能質量卻無法固定一個標準。所以，飯店服務質量的評價標準應當是硬性指標和「軟性指標」的統一。所謂硬性指標主要是為飯店設施質量和實物產品質量制訂一套完整的、科學的評價標準。而軟性指標主要是針對勞務質量和環境質量而言，除了為服務人員制訂一套系統的、規範化的服務規程以外，還應當將客人的反饋意見，甚至顧客的回頭率作為衡量標準。

（2）飯店服務質量是多方面的、多層次勞動服務相結合的結果。客人進入飯店，從前廳的登記入住開始享受飯店提供的各種服

務。他們在飯店所體會到的服務不可能只是一次或者僅僅在一個部門發生，而是多次、連貫地進行的，是由各個相互聯繫但又職責不同的部門提供的。因此，飯店的服務質量不能獨立地看待，其服務質量同飯店整體聯繫在一起，應該將每一名員工、每一個部門提供的服務和客人感受到的全程服務作為一個整體來對待、評價。客人在飯店消費過程中，有可能會因為一次小小的不愉快而對飯店產生反感；也有可能因為一個環節超乎預期的細緻服務而對飯店評價甚高。服務貫穿於從客人進入飯店到離開的整個過程，服務是連貫的，其整體質量也會因此受各個環節、各個部門的局部質量的影響。因此，在飯店服務質量管理中，一方面要十分注意客人對每一次服務的反應，儘量不要出現任何疏忽引起客人的不滿；另一方面，如果發生不合格的服務，也應該透過其他環節的服務或者與客人的溝通，爭取客人的諒解來得以彌補，以保證整體的服務質量。

（3）飯店服務質量是服務意識和技術水平的統一。飯店的服務質量在服務人員與客人的直接接觸過程中產生，因此，服務質量一方面取決於工作人員的服務技能，另一方面則取決於員工的服務意識，而服務意識主要是指服務態度和服務精神。應該說，對於員工而言，服務意識比服務技能重要。只有服務人員在服務過程中形成「樂於為顧客服務」的意識（這種意識比「顧客永遠是上帝」更為積極、主動），他才能夠將最好的服務態度和服務精神展示出來，為客人提供最舒適、最溫馨的服務。而技能只是一種工作技巧，它可以透過職位培訓獲得，而且一般獲得以後就能在實踐中熟能生巧地得到提高。一個高服務技能、低服務意識的員工是不可能為客人提供完善的服務的；反之，一個具備積極服務意識的新員工卻可以透過其優秀的服務態度和服務精神來彌補技能上的不足之處。因此，提高服務質量不僅要不斷提高員工的技術水平，更要注意培養和提高員工的服務意識，從而最終提高顧客對服務質量的滿意程度。

在這種較之製造業的質量管理更為複雜的飯店服務質量管理中，把質量管理作為管理目標，就需要輔以相對應的管理手段。

2．飯店服務質量管理內容的複雜性

飯店服務質量管理涵蓋飯店的各個部門、各個環節。通常情況下，許多管理人員認為服務僅僅體現在服務的過程，而忽略了服務的設計環節，實際上高品質、高水準的服務應該從設計環節開始。因此，完整的服務質量管理應該包括下述三個方面：

（1）服務項目設計的質量控制。飯店所提供的服務產品看上去是無形的且煩瑣複雜的，但實際上可以透過對具體服務的劃分、設計，將其變為具體並且是有序的。對於飯店來說，把顧客的需求和願望正確地變為特定的服務，實際上就是服務的設計和開發工作。通常，將核心服務項目的設計進行細分，包括以下幾個環節：

第一，進行市場調查，弄清顧客需要。對於傳統的服務項目，比如為客人提供住宿、膳食，除了保留原先應有的服務以外，可以根據客人的需求提供新的內容。例如：飯店的開夜床，這項服務對於美國、日本客人來說是一項必要 的、非常標準的服務，但對於西歐的客人來說卻是一項多餘的、不標準的服務，因為歐洲人對於服務人員晚間進入自己的房間拉開床角、擺好拖鞋、放上印有「請勿在床上吸煙」的小標誌很反感，認為這觸及了他們的隱私權或是對他們的不尊重、不禮貌。因此，只有按照飯店的客源市場的不同需求來設計服務的標準和程序，才能使客人達到精神的滿足。

第二，根據市場需求，制訂並且實施服務規範。服務規範就是對服務項目設計的一組操作規則，它相當於工業企業裡面的產品技術標準；服務提供規範是對服務提供過程的規定要求，它相當於工業企業裡的工藝規程。

第三，在新的服務項目得到實施、推廣以後，應該採取措施收

集市場的反饋訊息，以便做進一步的修改，完善服務質量。

（2）服務過程的質量控制。服務無法跟有形產品一樣，生產出來以後經檢驗合格再投放市場，產品不合格可以退貨；顧客接受了不合格的服務之後不能「退貨」。服務的這一特點對服務的過程質量控制提出了更高的要求。加強飯店服務過程的質量控制，使服務工作一次就能做好，必須做到：

第一，提高服務人員的技術素質。服務主要是透過服務人員與顧客「面對面」的勞務活動完成的，因此飯店管理人員除了要對服務人員的每一個動作、語言、表情給出細緻嚴謹的規範，還要注重對服務人員服務技能的培訓和提高，使每個服務人員都能掌握準確的服務動作和高超的服務技術。更為重要的是，要加強對服務人員的服務意識、服務態度和職業道德教育，提高服務人員的品行、素質。

第二，建立服務質量責任制，使人人有專責，事事有人管。每個職工都有明確的職位、職責和努力方向，做到心中有數、自我調控。

第三，開展服務檢測是服務質量控制的手段。實行「三檢三控制」：即自檢自控，自己對照服務規範，發現偏差，馬上自我進行調整；互檢互控，其他人員一旦發現有人出現質量問題，主動上前幫助糾正或彌補；專檢專控，檢查人員發現不合格服務後，立即督促和幫助改正。

（3）服務的關鍵環節控制。飯店進行服務質量控制，必須抓住關鍵環節、關鍵時刻的管理和控制。所謂關鍵環節、關鍵時刻是指飯店在接待客人過程中直接與客人打交道的時間。與關鍵時刻、關鍵環節相對應的是服務的關鍵職位，通常被稱之為一線部門。一般來說，飯店服務中的關鍵環節包括客人入住和離開飯店，以及客人在客房與餐廳享受服務的過程。由此可見，加強對前臺、客房以

及餐廳的服務管理是提高飯店整體服務質量的重中之重。

例如客房的服務質量管理。客房的乾淨、衛生最為重要。客人到飯店是為了過夜，飯店提供給客人客房這一基礎產品，對於客人來講，客房的潔淨程度是客人最關心的問題。除了床上用品一定要保持乾淨以外，客人對客房的管理質量都非常敏感，特別是浴室。浴盆/噴淋、馬桶、下水槽和浴室地面都要特別關注，不要留下頭髮和汙垢。還要特別注意角落和馬桶後面。鍍鉻的附屬裝置，尤其是水槽和浴盆排水道，必須每天清洗和擦拭。吸塵是清理客房的最後一步，只能在不同客人的交替間隙進行。客房內外的整體清潔被視為理所當然。鮮有客人在評價卡上稱讚飯店的衛生水平，但是一旦有失水準，所有的客人都會投訴。

客房的安靜程度很受關注。無論白天或者夜間，客房周圍環境應該保持寧靜，以保證客人有較為理想的休息場所。而保持安靜的方法就是要隔絕噪聲，而這個功能一般在飯店建設、裝修時期就應當被考慮在內。除了乾淨、衛生以外，客房的溫度也是客人所關心的。早期的飯店或者為了節約成本的飯店在客房內安裝單機，給客人帶來了諸多不變。比如，冬季或者夏季的時候要適應客房內外溫差。經驗顯示，中央供暖和空調系統要比客房的單機好得多，而且對供暖和空調系統的維修很有限，都是在急需的時候才進行，平時並不進行防範式的維護；但是，單機卻可能經常出現問題。

此外，客房的質量管理還應當給客人提供安全、方便、美觀的感受，同時，要保持客房內氣味的清新，這點通常會被忽略。客人一進客房就聞到異味，就破壞了他們對客房的第一印象。

3．飯店質量實質上是一種顧客感知的服務質量

飯店服務質量是一種顧客感知的服務質量，顧客感知是影響顧客滿意度的決定性因素，在新的消費趨勢下，飯店的服務質量需要進行不斷的更新和充實、補充，需要進行多方面的控制。例如：需

要透過設計明確的服務程序、限制服務範圍、反覆進行顧客看得見的檢查，進行人員培訓，提高服務的技術含量，透過直接指導、同事間的約束等措施獲得穩定的服務質量。但是顧客的需求是不斷變化的，他們對服務質量的要求也不斷提高，因此飯店需要不斷改進服務質量來滿足顧客的需求，以形成與眾不同的服務形象。

4．飯店服務質量管理模式

根據目前的消費需求、飯店服務項目和飯店業發展水平，飯店可採用的服務質量管理模式很多，這裡著重介紹如下兩種。

（1）交互質量管理模式。從本質上看，服務質量取決於顧客感知，質量的高低取決於服務產出和服務的交互過程，取決於顧客的主觀評價。飯店作為服務企業，顧客參與飯店服務產品的生產過程，增加了飯店服務質量的變異性。從管理角度看，提高交互服務質量需要的不僅僅是微笑和熱情。具體可從以下幾個方面改進和提升服務質量：

第一，調節服務供求關係，滿足飯店消費的淡旺季需求。

第二，給予員工必要的授權，增強員工的工作主動性。

第三，及時進行服務補救，以免強化顧客的不滿意情緒。在服務的交互過程中，要做到萬無一失是很難的，只要服務人員能夠在出現服務失敗時及時採取措施加以補救，不僅能夠將不利因素轉化為有利因素，往往還能夠增加顧客對飯店的好印象。

第四，提高人際技能，妥善處理與顧客的關係。

第五，主動聽取顧客意見，及時改進服務工作。飯店服務質量的高低取決於顧客的主觀評價，聽取顧客的意見反饋，不僅能夠有效地降低顧客的不滿情緒，而且能夠有效地識別企業的服務弱點，改進服務技巧，提高服務水平。

（2）滿足顧客期望的差距分析管理模式。服務質量實際上是顧客期望與其對服務表現的感知間的差距，而通常顧客所反映的質量問題都是因為這個「差距」過大，超過了顧客所能容忍的限度。因此，如何把握這個「差距」，並且找出縮小「差距」的解決辦法，不僅能夠幫助飯店管理者理智地找出飯店服務質量問題產生的根源，還能促使他們有針對性地改進和提高飯店的服務質量。

差距分析管理是指飯店出現的質量問題除了飯店本身的原因以外，還必須考慮到客人的個體因素，包括客人因為從外界得到的訊息或者以往的經驗對飯店產生了過高的期望，從而導致客人對服務質量的不滿。實際上，除了客人的期望與現實的差距以外，飯店的質量管理過程會出現多種差距。飯店管理者進行服務質量管理的關鍵和主要任務就是準確分析本飯店產生了哪種差距，從而及時、有針對性地對差距進行糾正和控制。

（二）成本管理的有序化

在飯店經營過程中，從飯店產品的規劃、開發、銷售等各個方面對經營成本的形成過程進行監督和分析，及時糾正所發生的偏差，把經營成本限制在目標決策的範圍內，以保證目標成本的實現，這就是成本管理。

1·成本管理要以事前控制為重點

成本管理的目的是為了實現目標成本，不斷降低實際成本。目標成本控制都是透過費用標準的制訂落實到各有關部門，都是事前控制。成本控制必須貫穿於經營活動的全過程。飯店經營活動的任何過程都要支出一定的費用，都有降低成本的潛力。成本控制必須實行全員控制。因為每個人的活動都要支出一定的費用，都有成本責任，而且每個人的工作效率和質量都直接決定著產品的成本水平。降低成本的目標只有成為全體職工的奮鬥目標，才有可能實現。

2・成本管理的基本內容

（1）制訂標準。根據目標成本確定飯店經營各部門、各環節的成本費用標準或預算，對各種資源消耗和各項費用開支規定數量界限，作為衡量實際消耗和支出是否合理的依據。成本控制標準包括設計目標成本、費用預算、材料定額和工時定額等。

（2）執行標準。在經營過程中根據預定的標準控制各項消耗和支出，隨時發現是節約還是超支，並預測其發展趨勢，採取措施，把差異控制在容許的範圍內。執行過程的中間控制，主要依靠成本訊息的及時反饋和數據的統計分析，建立嚴格的責任制，實行全過程、全面、全員的控制。

（3）檢查分析。即事後控制。階段性地集中查找和分析產生成本差異的原因，判明責任的歸屬，對成本目標和標準的執行情況做出總結考評，並採取措施，防止不利因素再次發生，總結推廣先進經驗，把成本控制的科學方法標準化。

成本管理的過程是緊密聯繫，循環往復的，每一次循環，成本控制標準都應有所改善，控制手段都應更加科學化。

3・成本管理的制度

建立完善的成本管理制度首先要建立飯店內部的經濟核算、結算制度，再分級建立歸口的成本控制責任制，把成本控制在經營的過程中。其措施具體如下：

（1）實行目標成本的分級歸口管理。即把成本降低目標和成本控制標準按成本形成過程分解落實到各部門直至個人，實行縱向的成本分級管理。

（2）選好控制點，進行重點控制。經過目標成本的分解，找出那些占成本比重比較大、成本降低目標比較大、目標成本實現難度比較大的部門或職位作為重點控制點。

（3）實行有組織的自我控制。成本管理必須以自我控制為基礎。可以實行預算包幹、超支不付等手段作為自我控制的重要條件，加強費用控制。推行責任成本制，即把負有成本責任的部室作為成本責任中心，對可控成本負完全責任。建立責任成本制度，可以把經濟責任落實到飯店內各部門、推動各部門控制其所負責的成本。運用成本控制訊息系統，使之成為成本控制的有效手段。

4．明確飯店成本控制重點

飯店成本內容複雜，具有高比例的固定成本，其構成具有固定成本、變動成本和半變動成本等三類，固定成本中建築、設備折舊占很大比例，其控制無甚技巧可言，不必列為日常的成本控制重點。飯店成本中的飲食成本和勞務成本在整個成本構成中占很大比例，同時其控制又複雜且易出現漏洞，應是飯店成本控制的重點。

5．顧客成本管理

傳統的成本管理基礎是以製造業為主，注重於產品的生產、製造過程，而忽視了最終使用者──顧客身上的成本。作為服務性企業，飯店更應該考慮到顧客的消費成本，如果能夠降低顧客的消費成本，就能夠從根本上提高顧客的滿意度，獲得顧客的忠誠。因此，現代飯店應該把成本管理的目標擴大到顧客成本，除了合理地節約企業內部成本，還要儘可能實現「零顧客成本」。所謂「顧客成本」，包括顧客支付的貨幣成本、顧客決策的時間成本，以及顧客消費過程所耗費的體力和精神成本。「零顧客成本」應該成為現代飯店成本管理的新目標，這個新目標需要有一套新的成本管理體系相配套。

在目前的市場狀況下，飯店可以在更多地爭取回頭客方面率先實現零顧客成本。

上一章所述的辛德勒霍夫飯店透過顧客抱怨卡來建立飯店與顧

客之間的訊息溝通渠道以及隨之採取的不厭其煩地對待顧客的抱怨之方法，就是一種零顧客成本管理方法。在現代顧客導向的企業營銷觀念中，顧客是重要的競爭資源，飯店必須像管理其他資源一樣對顧客進行管理，做到像瞭解飯店產品一樣瞭解顧客，像瞭解庫存一樣瞭解顧客的變化。在現代飯店，由於顧客關係管理及顧客關係管理系統的進一步深化，許多飯店已經具備了瞭解顧客變化的訊息的能力，問題只在於如何獲得更多的回頭客。

有一家連鎖潤滑油公司，當你的車駛入任何一間分店，公司員工馬上將你的車牌輸入電腦，電腦立刻顯示出你是老顧客還是新顧客；如果是新顧客，馬上把訊息輸入公司的電腦系統中；如果顧客超過一定時間沒有再使用他們的服務，電腦自動提醒；公司吸引顧客的一項重要舉措就是提供顧客優惠卡，顧客多一次使用公司的服務，就能得到更多的優惠。絕大多數顧客都成為了公司的回頭客。

飯店要實現零顧客成本，可以對顧客的關鍵需求進行評估，改造飯店營銷的作業流程，設法消除交易過程中影響最大的顧客成本，儘量避免不必要的交易成本，利用電子商務等手段降低顧客成本，在顧客成本最小化方面比競爭對手更勝一籌。

三、有序化管理的組織保障

有序化管理還需要組織保障。組織是一個活的有機體，組織本身的有序結構形成了它的特有功能。因此，要實現不同的管理目標，必須調整組織使它具備達成組織目標的結構和功能，使之形成所需要的組織秩序。從組織管理的角度看，選擇能夠勝任各部門任務的領導骨幹，領導者與各部門的領導骨幹構成一個團隊，形成有能力完成任務的團隊，每個部門都形成這樣的團隊，各團隊之間的相互關係和諧有序，形成有序的組織結構。這是完成具體目標的組織基礎。

第五節 經理人如何塑造飯店契約管理文化

企業契約文化，是指企業的制度契約和員工的心理契約。企業制度設計中要體現契約原則，同時員工又以契約原則來對待企業制度的價值文化。契約文化是現代企業所必備的文化理念，展示著企業和員工的契約精神和誠信態度。飯店企業也應該遵循這種理念，建立企業契約文化。

一、契約理念的含義及其形式

契約理念就是當事人之間具有的共同承諾和許可，以及當事者自己能自覺執行承諾和許可的價值理念，也就是當事者相互對他們之間的共同承諾在價值理念上的認同和貫徹。因而，這種共同承諾，既有共同認可性，又有共同意願性，而且還必須具有可兌現性。

（一）制度契約

可用文字表述的制度契約文化是個複雜的整體，包括具有各種契約性質的制度文化。從現實狀況來看，契約理念在現實中往往有如下一些表現形式：

第一，合約形式，即人們之間的承諾能夠透過合約形式表現出來的契約。

第二，信用形式，即人們對自己的承諾能夠進行主動性地兌現和實現的契約。

第三，法律形式，是指當事者之間的承諾是有法律保證的。

第四，道德形式，即任何人對自己的承諾必須主動、認真地兌現的倫理道德契約。

第五，制度形式，即承諾表現為各種各樣的制度，是在制度中體現出來的管理契約。

（二）心理契約

心理契約是員工與企業之間的一種心理或情感契約，是形成組織凝聚力和團隊氛圍的一種無形的手段。與制度契約相比，心理契約側重於企業人力資源管理的文化因素，目的在於形成員工的自覺自願的工作行為，提高管理效率與經營效率，降低人力資源的運作成本。

心理契約的概念是美國心理學家施恩（E·H·Schein）教授正式提出的。根據他的定義，心理契約是個人將有所奉獻與組織慾望有所獲取之間以及組織將針對個人期望有所收穫而提供的一種配合。也就是說，心理契約是個人與組織之間的一種心理契合、一種無形的心理契約。在這種契約中，企業清楚每個員工的需求與發展願望，並儘量予以滿足，而員工也為企業的發展全力奉獻，相信企業能滿足他們的需求與願望。

心理契約是員工心理狀態與其相應行為之間的決定關係，契約的主體是員工在企業中的心理狀態，表現為工作滿意度、工作參與度和組織的承諾程度。在這三個衡量指標中，工作滿意度最為重要，在一定程度上對另外兩個因素具有決定作用。因此，員工的工作滿意度是企業心理契約管理的重點和關鍵，心理契約管理的目的就是透過人力資源管理實現員工的工作滿意度，並進而實現員工對組織強烈歸屬感和對工作的高度投入。

飯店的員工構成比較複雜，飯店內部的人力資源結構有所差

異，不可能滿足所有人的所有需求，因此，在透過滿足員工的心理需求和情感需求構建飯店與員工之間的心理契約時，要以人力資源的結構為基礎，構建心理契約結構，可以採用分層次的心理契約來滿足企業的發展需要。

從國際知名企業的心理契約構建看，摩托羅拉的心理契約管理體系有兩個特點很突出，值得推崇。

其一，肯定個人尊嚴。摩托羅拉從創始人高爾文到其兒子小高爾文，一直強調：摩托羅拉是一個家族企業，什麼都能變，唯有我們的信念不能變，就是對人保持不變的尊重。摩托羅拉的文化建立在兩個基本信念之上：一是對人保持不變的尊重；二是堅持高尚的操守。

其二，在摩托羅拉的心理契約管理中，員工的情緒管理做得幾近完美，如開展辭職面談，開設為員工提供心理諮詢服務的心理電話專線。摩托羅拉的管理人員與辭職的員工要進行面談，專門有辭職面談表格，填寫他們的辭職檔案，說明為什麼離開，並且設問：如果時間能倒退的話，摩托羅拉怎樣做才能留住你？對於一些員工在辭職時不便如實填寫的內容，摩托羅拉人力資源部在其辭職一段時間後再問他，以此來提高員工的心理感受。

二、契約文化管理的意義

飯店進行契約文化管理有如下的意義：

1．飯店內部組織機構的正常運行需要契約文化

飯店內部有各種各樣的組織機構，它們在日常工作中是按照企業制度來運行的。而企業制度實際上就是指當事者之間共同的承諾，即表現為一種契約形式。所以，飯店內部組織結構的正常運轉

必須要有堅定的契約文化的存在，為企業制度的建立奠定厚實的基礎。

2．契約文化能夠有效推動部門、機構之間的分工協作

飯店內部各部門、各機構之間分工不同，彼此之間的協作關係必須透過制度規範進行約定。事先規定哪些工作是A部門的，哪些責任應該由 B部門來承擔，哪些任務必須由兩個部門共同完成，這些都要透過制度契約得到保障。這樣部門、機構之間的分工、協作就能夠得到良好運作，不會出現互相推諉，或者出現管理的漏洞。

3．契約文化是飯店有序化運行和高效發展的重要保證

有序化運行和高效發展需要組織內部的有效激勵和約束機制，而這些激勵和約束機制反映在管理上就是一種契約化的行為。任何組織、任何員工都要在一定激勵和約束下，其積極性和創造力才會得以有效發揮，而認真貫徹激勵和約束機制，就必須要求人們有契約觀念。

4．契約文化是管理制度安排的重要依據

企業管理制度的設立實際上表現為一種契約的形式，即管理制度表現為契約制度。從這個角度來說，契約文化是管理制度設立的重要依據。飯店在制訂管理規則、員工守則等制度的時候，必須根據契約理念來衡量制度的合理性和科學性。

三、契約文化的貫徹與滲透

契約文化是現代飯店必備的企業文化要素之一，是保證企業正常運行的基礎。那麼，如何貫徹契約文化呢？如何在飯店的日常運作中滲透契約文化呢？

1．從制度的制訂上來保障契約文化的存在和體現

這一點體現在：第一，契約制度在形式上要具有完整性，即它完全符合法律所規定的形式。第二，制度在內容上要能表達清晰，不會造成歧義。這能夠保證契約被順利執行。第三，制度的參與主體都具有主觀意願性，即契約制訂的時候必須獲得雙方的承諾，或者說不會違背任何一方的利益。第四，制度的執行要保證嚴肅性，即必須是剛性的，而非柔性的，是必須遵守的，這才能保證管理的有效性。第五，制度具有現實可操作性，即制度在現實工作中具有可操作性，並非一紙空文。第六，制度必須包含獎懲條件，明確獎懲標準，這也是保障制度順利實施的基礎。

2．在管理制度的現實貫徹中必須遵循契約文化

首先，無論是部門還是員工，都必須嚴格按照制度的規定進行工作，用契約的原理來說，就是兌現自己對契約的承諾。其次，如果違背了規定，要自覺按照獎懲制度對自己的過錯予以補償。從經理人到普通員工都應該遵守這條規則，否則會造成其他員工的不滿，損害了制度的剛性和管理的嚴肅性。再次，在制度的執行過程中，任何員工都具有完全的積極性。即員工對自己的責任完全明確，並能夠負責，對自己的本職工作認真、積極，完全按照制度執行自身的責權利。

3．心理契約管理與經濟契約相結合

員工是因為飯店能滿足他的需求而加入並留在飯店工作的，一旦飯店不能滿足他的需求，他將有可能立刻炒飯店的魷魚。員工的需求，部分可以透過僱傭合約予以明示，另一部分更重要、更複雜的內容則無法用書面契約形式加以規定，即員工對飯店企業的期望，如良好的工作環境和發揮個人能力的機會等。僱傭合約是經濟契約，是相對固定的，而心理預期是動態的，心理契約是動態的，這種心理契約的動態體現在建立、實現、調整、再建立、再實現、再調整的過程。當員工初次進入一家飯店的時候，根據招聘人的承

諾、對飯店有關政策的瞭解等建立自己的心理契約。在現有期望實現的基礎上，員工新的期望將會不斷地更新，飯店能否滿足其新的期望？這種正向與反向不斷調整的心理期望與實際結果的差距是決定員工工作態度的重要因素。飯店設定的激勵方案在若干年以後可能會失去作用，究其原因，就在於員工的心理契約已經發生了變化，而飯店的激勵方案並沒有作出相應調整。因此，從管理的角度看，建立一套與員工心理契約相適應的飯店人力資源管理體系應當成為飯店經營者的一項重要工作。

總的看來，契約文化的貫徹不是簡單透過制度的制訂就可以實現的，還需要貫穿整個執行過程，既透過制度管理來表現，更需要透過心理契約管理來實現，並以之作為現代企業應有的契約管理文化。

第六節　花園酒店管理文化評析

廣州花園酒店建成於1984年，是目前國內最具規模的五星級商務酒店。在20多年的發展歷程中，它經歷了三個不同的管理階段：即1984年10月至1985年11月半島集團管理時期、1989年11月至1995年6月利園集團管理時期和1995年至今中方自己管理時期，最終從委託管理走向了自我管理。在這一過程中，花園酒店建立起了自己的管理模式，形成了自己的管理文化，即以人為中心、以民主管理為基礎、以制度為保障的管理體系。①

一、花園酒店管理文化的塑造

花園酒店的管理充分體現了人本主義的管理理念，酒店強調人是企業發展的主要因素，只有高素質的員工才能使酒店的經營達到

高效益，其中管理隊伍的成長是酒店取得巨大成就的關鍵一環，是酒店最大的財富。酒店提出了用「一流員工」提供「一流服務」的管理思想，認為一流的員工尤其是骨幹人才，是把花園酒店經營管理成世界一流的現代化酒店的重要前提。

① 廖鳴華主編．走自己的路──廣州花園酒店管理模式探索與發展．中國旅遊出版社，2001。

在花園酒店中，員工一流的服務素質包括三方面的內涵：一是服務意識強；二是服務技巧高；三是在服務過程中充分體現酒店的文化特點。

1．服務意識的培養

為了增強員工的服務意識，花園酒店首先從思想意識方面開展有針對性的培訓和學習，在不斷學習的過程中，幫助員工樹立起正確的世界觀、人生觀和價值觀，從思想深處認識清楚「為誰工作，為誰服務」的問題，從而使「員工贏、顧客贏、酒店贏」三贏的服務思想在酒店中得以確立。

有關統計數據顯示，為了促進員工綜合文化素質的提高，花園酒店不斷聘請有關專家或由酒店有經驗的主管在財務管理、金融知識、外語知識、禮儀修養、業務操作、各國各地風土人情等方面進行培訓，員工受惠面廣，提高了員工在各方面的綜合知識，逐漸形成了具有花園酒店特色的員工風貌。同時，開展和其他酒店的學習交流，開闊員工的視野，並透過對比深化了對服務意識的理解。

2．服務技巧的培訓

花園酒店透過酒店培訓和部門培訓兩個方面的工作來強化員工的服務技巧。其中酒店的培訓強調從整體上給予指導，並對培訓效果實施必要的監控。如由職能培訓部門安排和統籌員工升職考試、員工在酒店或社會上考取各類職業證書、員工境內境外的專業培訓

以及各種培訓課程的設立等。而部門培訓側重於員工日常具體工作技巧的訓練，由部門主管按工作程序、工作標準和實際需要進行安排。

3．管理文化的培育

花園酒店以人為本的管理文化主要體現在實施高效的激勵措施以滿足員工多方面的需要以及用真誠關心員工、營造良好的團隊工作氛圍等方面。

花園酒店激勵員工的基本原則為「獎之以功，授之以能」。獎之以功是指對於那些為企業作出了突出貢獻的員工，依據其貢獻的大小給予相應的獎勵，包括物質和精神獎勵；授之以能則是指一定的管理職位只授予那些具備了相應能力的人。這樣的用人制度保證了「功」與「能」的對等，能夠極大地提高員工的積極性。花園酒店的員工管理突破了論資排輩的酒店業慣例，只要員工工作認真努力且具備了相關的能力，就能得到提升。酒店不拘一格地提拔了許多優秀的年輕管理人員就是這種用人思想的體現。

酒店建立了高效的物質激勵機制和精神激勵機制。物質激勵主要體現在堅持按勞分配原則，透過各項薪資制度將員工的收入與其勞動成果掛鉤，實現公平分配；同時透過思想建設和企業文化建設、注重榜樣和典型的推動效應等措施充分發揮精神激勵的作用，塑造積極進取、努力向上的員工風貌和企業氛圍。

為了給員工創造一個和諧的工作環境，酒店透過各項措施真誠地關心員工，為員工辦實事，並認真管理員工人際關係。如建立員工住房公積金制度、建設員工活動中心，為員工提供工作之餘的休息休閒娛樂場所以及設立「職工敬老及解困濟難基金」以解決員工及家庭的經濟困難等。

花園酒店在1995年由中方自己管理之後，在員工陞遷、員工

培訓、對員工的理解等許多方面，立足於選拔自由人才，並為員工提供充足的學習機會，用心和感情去留住人才。酒店提供了多種多樣的渠道使員工得到合理的提升，並為員工持續學習和開闊視野創造機會。使酒店成為員工施展身手的大舞臺，員工實現其價值的天地。

酒店實行全方位的民主管理，這也是人本主義管理文化的重要組成部分。從酒店的重大決策、到管理人員聘任，再到員工生活福利，都是員工參與管理的範圍。如酒店每季度都召開一次主管會議，由總經理在會議上將酒店的經營情況作出口頭陳述，使各層管理人員瞭解酒店的現狀，明確酒店將面臨的困難，以及應該如何承擔責任，採取什麼方針以改善經營狀況，如何提供更優質的服務，真正做到「以質取勝」等。再如酒店編制財務預算時，發動員工和基層管理人員積極參與，並進行反覆討論，對企業的實際情況和市場狀況以及政治、經濟因素對經營的影響等都做了充分的考慮。這樣層層把關、層層討論不僅使員工和各級管理人員參與酒店管理的能力得到鍛鍊，而且提高了酒店經營預算的可行性。

為了使員工民主管理能更好的進行，花園酒店及時公佈每天的營業數據，保證了員工對經營情況訊息的迅速瞭解。即在員工食堂的牆報欄上公佈每天的營業額，讓員工關注酒店營業的狀況，知道酒店的營業動態，及時提出有關經營管理的意見和建議。在花園酒店，所有員工都有權力參與民主管理，對於員工提出的所有建議，有關人員都會作出回答，合理的則被採納，並提出處理建議，不能採用的也會說明理由。

4．有序管理的制度化

健全的制度是有序化管理的必要保證，花園酒店已基本形成了一套比較科學全面的管理制度，為所有管理活動的開展提供了依據。酒店的制度建設和層級管理以責任製為核心，按內容與層次將

責任、權利、義務在每一級管理者和員工身上分別加以落實，實行「橫向到邊，縱向到底」的責任制管理，這樣不僅保證了經營、管理、服務各個工作環節中權、責、利的對等，還使各項工作得到很好的落實，從而提高了管理的效率和效能。

酒店積極建設管理制度和業務規程，堅持用制度來約束、規範員工的行為。酒店管理規範化主要有三個方面的具體體現：即嚴格、科學和標準化。嚴格主要表現為制訂嚴格的制度、實行嚴格的管理、嚴格的培訓和嚴格的紀律；科學性則是指科學地設計制度和業務操作規程；標準化則在管理和業務操作標準化的文本編制中體現出來。

花園酒店完善的管理制度不僅體現在日常管理中，對於那些涉及到各個部門的活動或比較大型的活動，酒店都要根據具體情況制訂實施方案，並把這一要求制度化，保證了一切活動按章有序開展。因此，在花園酒店中無論是日常的經營管理活動，還是為客人服務的具體活動都具有高度的規範性，一切活動都有章可循，各項業務的進行都呈現出有序化的狀態。花園酒店規範化的管理和業務操作，是其能夠高效率的提供產品和服務的保證，使其圓滿地完成了許多要求高、難度大的接待任務。

總的看來，花園酒店管理文化的最大特點就是人性化和規範化，建立以人為本的管理文化，用真誠關心人、愛護人；用事業的發展吸引人、留住人；用標準化、規範化和科學化的制度約束人。

二、分析

1．企業文化培育需要培訓與制度並行

「員工第一」是花園酒店中一句很響亮的口號，目的就是要滿足員工需要，贏得員工的忠誠。為了使員工的素質和技能得到全面

的增強，酒店提供了全方位的培訓，激發了員工的忠誠度，透過高效的激勵措施和對員工的真誠關係，來滿足員工的需要，進而創造良好的團隊氛圍。

企業都會開展對員工的培訓，但花園酒店的培訓有其獨到之處。目前，不少企業的人力資源開發採用「為企業所用」的指導思想，其目的是為了使員工的專業技能得到提高，從而能夠更有效率地完成工作，提高企業整體的工作效率。這類培訓的重點是業務技能，有些企業的培訓費用還要員工自己支付，或者必須與企業簽訂多少年的工作合約，保證在一定時間內為企業服務等。這並非真正的以人為本的員工管理，是一種典型的從企業利益出發的人力資源管理形式。而花園酒店有著不同的指導思想，它對員工的培訓著眼於員工未來的發展，以員工的職業保障為出發點，目的是使員工的能力得到全面發展，綜合素質得到全面提高。

然而人本管理並不是管理文化的全部內容，制度建設也是其很重要的方面。只有建立完善的制度和規程，才能明確飯店企業中每個人的權、責、利，保證整個管理體系運作的有序化和高效率。

2．企業文化的培育是個過程

一個組織之中，管理文化代表著組織的目標、信念與價值觀。它是指將一個組織的全體人員結合在一起的行為方式和標準，是管理精神世界中最本質和核心的成分。在飯店企業管理文化的塑造過程中，不僅要注重管理制度的制訂、管理規章和守則的實施，更需要對員工進行集體意識的培養。其中，人本管理和團隊精神的塑造在飯店管理文化建設中將越來越受到重視。

飯店業屬於生產與消費同步進行的勞動密集型行業，服務產品「生產與消費同時性」的特點增加了對服務過程管理控制的難度。因此，顧客對飯店所提供的服務是否滿意，不僅取決於管理制度和業務規程的制訂，也取決於員工的臨場表現，臨場表現的好壞則取

決於員工的素質。員工的服務是否按規範操作，服務過程是否細心、周到又熱情，是否用心為顧客服務，這不僅僅是服務的熟練程度問題，也是一種是否遵守職業道德的問題，更是企業文化的感召力問題等。這一切都與服務人員的素質和管理人員的水平高低密切相關。因此對飯店業而言，建立「以人為本」的管理文化尤其重要，對外要以顧客為本，對內以員工為本，尊重和信任員工、重視員工的需要、為員工提供適當的激勵和發展機會，善待員工是員工善待客人的保證，只有快樂的員工才能給客人帶來快樂，從而帶來快樂的客人。

　　飯店企業管理文化的形成是一個長期的過程，是企業在經營發展的過程中管理思想、管理理念不斷積累的結果。每個飯店企業因其所處背景、發展過程、經營管理特點的不同，管理文化也會有一些差異。花園酒店管理文化的形成過程以及其內容和特點，可以為其他飯店塑造管理文化提供些許借鑑。

第七節　凱悅人本管理文化的啟迪

　　凱悅飯店及渡假村集團是一個在國際上知名度很高的豪華飯店管理集團，它由兩個獨立的集團公司組成：一是凱悅飯店集團，主要負責美國、加拿大及加勒比海地區的飯店經營；二是凱悅國際飯店集團，負責經營除美國、加拿大及加勒比海地區以外的所有飯店。現在，它旗下所屬的豪華飯店和渡假村分布於世界 43 個國家和地區的主要城市和旅遊勝地，並形成了三個著名品牌，分別為凱悅（Hyatt Regency）、君悅（Grand Hyatt）和柏悅（Park Hyatt）。凱悅飯店有其獨到的企業文化，其中就包含了以員工為本和以顧客為本的管理文化。

一、以員工為本的管理

凱悅的管理哲學觀：集團的所有員工使凱悅擁有了卓爾不凡的經歷。

凱悅集團努力為世界各地的員工營造一個公正且與道德標準相符合的工作環境。在凱悅的管理理念中，員工是集團的基本資產，他們對凱悅集團價值觀的認同才使其能夠與眾不同。

凱悅相信充滿激情的員工是實現企業經營目標的有利保證，集團要盡力吸引並保留一支能夠提供優質服務的生力軍，他們以顧客為中心，富有創新精神，充分體現當地文化。

在集團價值觀的引導下，凱悅不僅努力幫助員工很好地完成工作，更重要的是幫助他們發展其職業生涯。凱悅集團對員工的基本價值給予了充分的肯定，圍繞著「以人為本」的管理思想對員工進行管理和培訓。

1‧多元化培訓

凱悅飯店和渡假村每天接待的客人可能來自世界各地，這些客人也許會有一些與眾不同的、特殊的需要，為了能給客人提供滿足其個性化需要的服務，凱悅飯店和渡假村對員工實施常規的多元化培訓。為了使員工熟悉在給特定團體的客人提供卓越服務時可能出現的障礙，飯店會提前與特定團體進行溝通和交流，瞭解他們的相關訊息，制訂相應的培訓計畫。這些培訓可以增強員工服務過程中的信心，使他們面對任何情形都能夠得心應手，這樣才能集中精力為客人提供最優質的服務，完成他們最重要的工作。同時，多元化培訓的實施也可以提升顧客的體驗，實現員工與顧客的雙重利益。

以芝加哥的凱悅麗晶飯店為例，飯店將要接待一批參加國際皮革會議的客人，在所接會議召開的前六個星期，飯店召開了準備會

議，由 100 名管理人員為員工介紹所接會議的目的、活動內容和會議期間的演出節目等相關事項，並為各相關部門員工提供必要的培訓，教給他們為這些客人服務時所必需的技巧，目的是讓員工為應對任何可能出現的情況提前做好準備，以便在任何時候都能滿足顧客的需要，為其提供卓越的服務體驗。

2．管理部門的培訓計畫

凱悅飯店中管理部門培訓的目標著眼於滿足每一個員工的具體需求，其培訓設計通常針對某個專門部門開展，為員工提供與某個部門相關的專門訓練和實際操作培訓，並同時提供到各相關部門見習的機會。

管理人員培訓會從飯店內部或外部選拔人才。接受培訓的人員需要滿足一定的條件：如文化程度大學畢業或大學畢業以上，能夠提供具有飯店管理方面職業潛能的證明。培訓見習通常情況下限定在某一部門，而培訓項目的長短根據培訓目標、受訓人員的工作經驗、教育程度、個人目標和公司的目標等因素來確定，其中培訓目標是首要的、起決定性作用的因素。

3．公司培訓計畫

凱悅的公司培訓計畫與管理部門的培訓計畫不同，它主要是針對那些素質較高、有潛力成為公司高層管理人員的大學畢業生進行，他們通常具備飯店管理、企業管理、市場營銷等專業學位或同等學歷，且有良好的英語水平並熟練掌握另外一門外語。集團會為他們提供一些額外的培訓，幫助他們培養承擔管理責任所需具備的能力和素質，並促進他們和公司共同迅速的發展。

培訓的課程通常頗具挑戰性，主要包括兩個階段的內容：首先在飯店各部門實習，然後對接受培訓者感興趣的方面實行強化培訓。一般是根據受訓者的需求和工作經歷以及個人的目標來制訂，

目的是讓學員透過培訓獲取一定的實踐經驗，並在不同的學習環境中發展人際管理技能，在使受訓者達到公司專業標準要求的同時幫助他們實現其個人職業生涯。培訓計畫的持續時間根據個人的需求和已有的經驗而定，一般為 6到12個月不等。

二、以顧客為本的管理

在對客服務上，凱悅的口號是「時刻關照您」，目的是盡力向所有顧客提供最佳的服務，用優質的服務創造獨特的「凱悅風格」。提供高水平的個性化服務，使顧客感覺舒適和滿意是凱悅的一大宗旨，對於顧客的每一項要求，飯店都會特別留意並儘量滿足，同時凱悅還積極進行產品和服務創新，以滿足顧客不斷變化的需求。

飯店前臺服務中的登記手續辦理通常耗時很多，經常遭到顧客的投訴，凱悅多年來一直致力於發展更快、更有效的登記服務，最後在海特高科技公司的協助下研製出一種「一觸即可」的自助登記系統，該機器由鍵盤、顯示器、讀卡儀、影印機和鑰匙傳送器構成，並安裝在一個特製的黑色架子上。操作起來很簡便，顧客只需要輸入信用卡和身份證明，然後確認姓名、房間類型，完成後機器便自動傳送出 1～2 把鑰匙，同時影印出一份印有房號及客房路線圖的登記單。這一系統的應用大大提高了辦理登記手續的效率，節省了顧客等候的時間，一般來說，凡有預訂的客人只需60秒，而事先無預訂的也只需不到90秒。

為了滿足商務旅遊者的需要，凱悅集團實施了「凱悅商務計畫」，對飯店的設施和服務進行了整體改造。在凱悅的許多飯店中都有「商務計畫房間」，這些房間都經過了特殊的設計，配備有影印機、複印機、傳真機等辦公設備，並提供免費早餐以及其他富有

特色的服務，目的是保證商務遊客在旅途中的良好工作效率。

　　凱悅還有其他一系列獨一無二的產品和服務，用來滿足特定顧客的專門需求。例如為了給會議旅遊者提供高水平的服務而實施的多項創新措施，其中包括專門針對會議策劃者和參加者所提供的「會議金鑰匙」服務，還有為提高會議策劃的服務質量和增加顧客的滿意度而設計的顧客關注運動（The Customer Care Initiative）；以及用來獎勵會議策劃者的會議紅利政策（Meeting Dividends）等；另外，飯店開展了一項與專業會議管理協會（PCMA）的合作計畫，旨在證明凱悅的會議服務人員都是這方面的專家。

　　考慮到有孩子的家庭的需要，凱悅於1989年開始了「凱悅營地活動」。這是飯店為孩子們設計的一項很廣泛的教育活動，適合小孩子到十幾歲的青少年，活動內容包含一些寓教於樂的遊戲和其他文化活動，能使孩子們在活動中學到很多知識。在這個項目中，家長能以半價為孩子們訂到一個小房間，並且飯店將會安排適合孩子們的食譜和客房服務等。

三、分析

　　飯店業是服務性行業，服務質量的高低對飯店的經營績效有著重要影響，而員工是飯店服務的主體，員工在飯店運營中的重要作用已被逐漸認識，以人為中心的管理思想在飯店管理中也日益受到重視。

　　凱悅在其管理理念中提出的「集團的所有員工使凱悅擁有了卓爾不凡的經歷」，這句簡短的管理理念，包含著豐富的內涵，它充分體現了集團對員工的尊重，把員工看成是飯店經營的核心要素和重要資源，肯定了員工在集團中的主人翁地位，同時也強調了飯店

與員工的共同發展。

對員工的尊重是飯店塑造「以人為本」管理文化的重要前提。從凱悅集團管理理念的表述中可以看出，它充分尊重和重視員工。認識到員工不是只追求經濟利益最大化的「經濟人」，而是有著「經濟需要」、「社會需要」和「精神需要」等多方面需求的社會人，並採取各項措施滿足員工的需要，努力為員工營造了一個合乎道德的工作環境。

對員工進行培訓是飯店塑造「以人為本」管理文化的關鍵環節。培訓是飯店提高服務水平和服務業績的保證，也是飯店吸引和留住最好員工的一種行之有效的方法。如果員工對飯店業充滿興趣，決心長期在飯店業發展，他在選擇工作機會時會更傾向於能夠提供各種培訓以促進其事業發展的飯店，並希望飯店為其提供終身學習的機會。無力為員工提供更多學習、發展機會的飯店，自然無法留住這樣的員工，即使短時間內留住了，也難以獲得他們對企業的忠誠。培訓也能幫助員工更好地理解和接受企業的奮鬥目標和價值觀念，使他們願意留在企業工作，為企業服務，從而增強員工對企業的奉獻精神。

以人為本的管理文化，不僅要在管理中以員工為本，還應該以顧客為本。顧客是飯店文化設計和塑造的核心，「以顧客為本」已成為飯店經營和管理中的重要指導思想。以客為本就是要尊重客人、信任客人，並儘量滿足客人的需要，為其提供安全、舒適的服務，用發展的眼光培育忠誠顧客，尋求與顧客的共同發展。凱悅酒店從顧客的需求出發，努力改進自己的服務以使顧客更加滿意，從發展的角度預測顧客需求的變化，不斷改進自己的產品和服務，以實現和顧客長期的共同發展，培育顧客的忠誠。

引子評判

「沒有任何藉口」，這一理念來源於美國西點軍校 200 年來奉

行的行為準則。該校要求，回答軍官問話，只能有四種回答：

「是，報告長官！」

「不是，報告長官！」

「報告長官，我不知道！」

「報告長官，沒有任何藉口。」

除此之外，不能多說一個字。它強化的是每一位學員想盡辦法去完成任何一項任務，而不是為沒有完成任務去尋找任何藉口，哪怕看似合理的藉口。其目的是為了讓學員學會適應壓力，培養他們不達目的不罷休的毅力。

飯店企業要塑造高效率的企業文化，似乎完美的執行力是不需要任何藉口的。

但是，人們總是要給自己找到藉口。

「沒有任何藉口」，這一理念有利於強化飯店的高效率管理文化，但明顯不利於構建飯店的人本主義管理文化，人本主義管理需要給予員工充分授權。

第八章 飯店景觀文化塑造

導讀

飯店的服務屬性決定了飯店既要注重提供優質的物質環境，也要注重由員工塑造的軟環境；既要與外部環境相協調，也要盡力營造內部的良好環境。飯店的景觀文化，來自於主題表現和服務細節。作為一個整體，無論是飯店的建築風格、內部裝飾，還是飯店用品和藝術品，抑或是綠色飯店理念，都是飯店景觀文化的重要表現形式。廈門國際會展酒店與周邊環境的巧妙結合，峇里島硬石酒店的音樂、娛樂主題，它們都是景觀文化的成功塑造者。

引子：「微笑服務是最好的景觀」

有朋友自美國洛杉磯乘日本航空的飛機抵達東京，回國後念念不忘航班上日本空姐的微笑服務。稱：笑得極美，腰彎得極好！至於怎麼好，只可意會，難以言傳。

第一節 飯店環境與飯店環境文化塑造

企業的管理戰略在某種程度上是源於環境的影響而作出的被動反應。企業必須適應環境，並在適應環境的過程中尋找自己生存和發展的位置。西方某一經濟學派甚至認為：事實上並不存在管理上的戰略者，也不存在任何內部的戰略過程和戰略領導；環境迫使組織進入特定的生態位置，從而影響戰略，拒絕環境的企業終將被市場淘汰。企業重視環境文化，也就是重視自身與周圍相關環境的統一。

飯店企業的服務性屬性決定了飯店既要注重給客戶提供優質的物質環境，也要注重由員工塑造的軟環境；既要與外部環境相協調，也要盡力營造內部的良好環境。

一、何謂飯店環境

　　飯店環境按照功能的區別可以分為硬環境和軟環境，按照範圍的區別可以分為外部環境和內部環境。

　　所謂硬環境主要是指以物化形態出現的影響飯店整體運作的各方面因素，其中外部硬環境是指飯店所處的地理位置、交通條件、自然環境等。比如一家商務型飯店，坐落於繁華的商業中心，往來的人流、熱鬧的市景必然給飯店增色不少，也肯定會帶來更多的顧客。而渡假型飯店，如果位於山清水秀的渡假勝地，優美的自然環境必將成為飯店吸引顧客前來光顧的主要因素之一。內部硬環境包括兩個方面，一方面是指飯店的硬體建設，如飯店建築、設計、裝飾各方面，即為客人提供服務的各種設施設備，也是構成飯店硬體產品的主要部分；另一方面則是員工的工作場所、支持飯店日常經營所需的技術手段以及一些輔助設施等。

　　所謂軟環境主要是指影響飯店經營管理的內外部複雜的無形的因素，具體說來也分為外部軟環境和內部軟環境。飯店外部軟環境是指外部社會大環境，這個外部社會大環境包括飯店所處的社會背景和歷史條件，它又可以分為政治、經濟、文化等幾個方面，這幾個方面又可分為社會制度、法制建設、觀念形態、經濟體制、自然資源、科技進步、文化氛圍、教育水平等多種因素。飯店的內部軟環境是指內部小環境，這個小環境包括飯店所有制、組織體制、人文環境、心理環境等等。

二、飯店的環境生態

飯店的生態源於生態環境塑造，源於飯店的生態設計。生態設計要考慮飯店所處的生態環境、環境對飯店住宿者的生態影響和飯店住宿者與環境生態的溝通協調。

（一）飯店的環境生態設計

飯店建築是建築群體中的有機組成部分，飯店建築主體應與周圍景觀相協調。首先，飯店建築應著重考慮建築物的朝向、布局與地形走向、地形地貌、場地氣候條件、植被和景觀輪廓線的結合，也需要與周邊道路、建築相協調。這既是所有建築設計需要著重考慮的問題，更是飯店設計的首要因素。其次，飯店建築應儘可能減少環境汙染，如飯店在選材時應儘可能採用無汙染、易降解、可再生的建築材料，避免使用破壞環境、易產生廢物，尤其是避免使用具有放射性的建築材料。再次，應該重視飯店建築耗能和飯店能源系統的節約化。飯店建築體作為一個經營單位，需要保持冷暖氣、電梯、通風等建築體本身的運轉，這就需要消耗大量的能源。飯店建築在設計時應強調降低能源消耗，如飯店可採用限制建築高度、小體量、簡單結構、功能多樣、低耗能、低維護費用的建築模式，儘可能利用可再生能源，充分利用太陽能、現代技術風能、水能等自然資源，採取生態工程技術處理飯店垃圾和生活汙水等環境保護措施。

（二）飯店內部環境生態設計

飯店作為賓客旅途中的生活住所，外部環境是賓客選擇飯店的首選因素之一，飯店內部微觀環境則是高品味飯店設施的重要體現。

首先，應創造宜人的溫度、濕度環境。飯店一般採用封閉式的

中央空調系統，但中央空調能源消耗大，其恆溫環境又容易使人體抵抗力下降，產生空調病。飯店設計時應儘可能採用自然方法創造宜人的溫度、濕度環境，如高層建築的中庭空間設計就是解決自然通風和自然採光的當今生態建築學中廣泛採用的技術措施。

其次是創造良好的聲、光環境。飯店設計應注意合理的房間進深和良好的照明系統，應儘可能採用自然光，減少人工照明，以節約能源；同時，飯店的隔音系統非常重要，既要注意外部環境隔音，還要避免內部噪音影響，創造舒適的休息環境。

再次，增強飯店抗震、防火、抗災能力，提高安全性能。飯店的抗震、防火和減災設計是飯店產品的基本要求，除了必須具備一般建築的安全性能之外，完備的預防設施和逃生設施是飯店安全設計的首要因素。

（三）飯店與環境之間的生態溝通

飯店設計的高品味體現方法之一，就是如何實現飯店客房居住環境與室外自然條件相協調，實現飯店室內空間室外化、室內空間場景化。室內空間室外化是指引入自然因素，使飯店室內外通透，不僅讓賓客獲得更多的陽光、新鮮空氣，同時擴大室內的向外空間，實現室內與室外空間的「共享」。場景化設計是透過具體的形象、空間層次、主題創意設計來創造適合生活的場景化空間，它能勾起人的遐思與聯想，陶冶人的情操，擺脫旅途帶給人的單調情緒，創造高品味的生活空間。

三、飯店環境文化塑造

優秀的飯店建築本身也是一道風景。旅遊者在整個外出行程中，飯店是其停留時間最長、長途勞頓之後體力和心神得到最好休息的地方，是整個旅遊行程中的最重要部分。於是，飯店不能僅僅

提供食宿產品，更需要專注於提供高品味的文化休閒產品，飯店建築設計需要在文化上多下工夫。

（一）飯店文化設計原則

首先是飯店設計的國際化和本土地方特色的結合。飯店作為一種世界性產品，其功能需求必須滿足旅遊業的發展需要，跟上世界發展潮流，但是，作為一種建築設計，不一定要以歐美發達國家的建築設計為標準，可以突出地方民族、文化特色，「越是民族的，越是世界的」。

其次是飯店設計的傳統氣息和現代意識的結合。將時代精神與地方傳統氣息恰到好處地結合在一起是飯店建築與飯店產品的創新與特色的最好表現形式。特別是那些位於傳統文化名城和著名風景旅遊城市的飯店建築，更需要彰顯地方文化。

再次是高科技、高技術與地方文化的結合。一棟飯店建築的成功設計，還需要來自於高科技、高技術的強力支持，以及高科技、高技術與地方文化的完美融合。例如1998年建成的上海金茂大廈，可謂西方高科技與東方文化的結晶（由美國SOM公司與上海建築設計研究院合作設計）。金茂大廈高420公尺，88層，落成時列世界第四最高摩天大廈，為上海十大標誌性建築之一。金茂大廈設計提煉「塔」的形意，以「塔」為設計原型，創造溫柔解體韻律，建築外牆採用現代玻璃與不銹鋼外牆材料，突出了剛勁有力而又不失優美的外形輪廓，用強化透視的方法增加建築的高度感，以尋求創造一座經久不衰、充滿東方與西方文化完美結合的超高層建築形象。

第四是體現飯店建築與其所在地氣候、植被等自然交融的環保建築特色。以傳統建築形式表現所在地場所和氣候、植被的建築獨特解構，利用地方習俗和象徵性的外化形式為飯店建築設計提供源泉。創造飯店建築的新形式是飯店產品特色化的基礎，利用外在的

建築特色，結合所在地的文化氛圍，創造飯店產品的新模式，對於競爭日益激烈的飯店市場來說，意義十分重大。

（二）飯店環境文化

飯店環境文化主要是指飯店利用環境因素塑造的企業文化，這種文化對飯店的發展起著推動或阻礙的作用，也可以稱之為「環境力」。

飯店環境文化，無論是硬環境文化還是軟環境文化，無論是外部環境文化還是內部環境文化，有些是可以改變的，有些是不可以改變的。它們對飯店的經營管理均有重要的影響，飯店經營管理者若能巧妙、有效地運用這些環境文化對飯店進行經營管理，飯店必將取得良好的效益。

對於任何企業而言，硬環境是企業可以透過資源的投入在較短的時間內得以改善的部分。企業可以透過投資、聘用、合作甚至直接購買的方式獲得。軟環境則是企業難以在短期內透過純物質投入得以改變的。隨著經濟社會的發展和市場競爭的加劇，硬環境因素在企業核心競爭力中的支撐作用在逐漸下降，軟環境則變得越來越重要。這種難以靠經濟上短期投入得以提升的非經濟性「軟」因素決定了企業的持久競爭力。塑造飯店的環境是為了提升飯店的品質，提升顧客的滿意度，提升競爭力，而提升飯店品質的根本渠道不是改善硬體環境而是軟環境，其中主要以內部軟環境為核心。

四、飯店內部軟環境文化的塑造

我們將飯店軟環境文化概括為四個方面，即：核心理念、企業精神、管理體制以及人文環境。由於核心理念、企業精神和管理體制都在前面的章節談到，因此，這裡把著重點放在人文環境的建設上。飯店的人文環境直接影響到員工的工作精神和狀態，而飯店的

對客服務主要是靠員工實現，因此，飯店尤其要加強對員工的人文關懷，保證員工的服務質量。

企業追求利益最大化和員工獲取最大的舒適本來就是一對難以協調的矛盾，加上複雜的社會、家庭、文化等方面因素的影響，企業與員工、員工與員工之間產生一些不和諧是不可避免的。在服務型企業內尤為如此，因此，實實在在的人文關懷是消除飯店與員工之間矛盾的一種有效方法。人本管理的重點也是放在人文關懷，力求為員工創造良好的工作環境。透過多渠道、多形式來摸清員工的思想狀況，瞭解員工的需求；激勵為主，處罰為輔；從點滴細微處關懷員工，把員工當做企業內部的顧客，尋求這部分顧客的最大滿意度。

五、希爾頓的微笑服務文化與微笑服務的應用價值

最通俗、最常用也是最一般的飯店服務文化塑造方法恐怕莫過於微笑服務，微笑服務曾被視為 20世紀80年代國內飯店走向國際化、正規化的一種主要手段，也是各飯店紛紛仿效的一種服務文化。而希爾頓飯店的微笑服務文化最具經典性。

（一）希爾頓的微笑服務文化

希爾頓飯店是全球最大規模的飯店集團之一。80多年來，希爾頓飯店成功的祕訣在於牢牢確立自己的企業理念並把這個理念貫徹到每一個員工的思想和行為之中：飯店創造了「賓至如歸」的氛圍，注重企業員工禮儀的培養，並透過「微笑服務」體現出來。

飯店的創立者希爾頓十分注重員工的文明禮儀教育，倡導員工的微笑服務。他每天至少到一家希爾頓飯店，與飯店員工接觸，向各級人員問的最多的一句話，必定是：「你今天對客人微笑了沒

有？」1930年是美國經濟最蕭條的一年，全美國的旅館倒閉了80%，希爾頓的旅館也一家接著一家地虧損不堪，一度負債50萬美元。希爾頓並不灰心，他召集每一家旅館員工向他們特別交代和呼籲：「目前正值旅館虧損靠借債度日時期，我決定強渡難關。一旦美國經濟恐慌時期過去，我們希爾頓旅館很快就能迎來雲開月出的局面。因此，我請各位記住，希爾頓的禮儀萬萬不能忘。無論旅館本身遭遇的困難如何，希爾頓旅館服務員臉上的微笑永遠是屬於顧客的。」事實上，在那紛紛倒閉後只剩下的20%的旅館中，只有希爾頓旅館服務員的微笑是最美好的。經濟蕭條剛過，希爾頓旅館系統就率先進入了新的繁榮期，跨入了經營的黃金時代。希爾頓旅館購置了一批現代化設備。此時，希爾頓到每一家旅館召集全體員工開會時都要問：「現在我們的旅館已經新添了第一流的設備，你覺得還必須配合一些什麼第一流的東西使客人更喜歡呢？」員工回答之後，希爾頓笑著搖頭說：「請你們想一想，如果旅館只有第一流的設備而沒有第一流服務員的微笑，那些旅客會認為我們提供了他們全部最喜歡的東西嗎？如果缺少服務員的美好微笑，正好比花園裡失去了春天的太陽和春風。假如我是旅客，我寧願住進雖然只有殘舊地毯，卻處處見得到微笑的旅館，也不願走進只有一流設備而不見微笑的地方......」希爾頓飯店以其獨有的微笑文化征服了世界的飯店業。

（二）微笑服務的應用價值

在20世紀80年代的發展初期，中國各飯店都紛紛仿效學習微笑服務和微笑文化，各飯店都強調「硬體不足軟體補，軟體不足微笑補」，似乎微笑成為解決一切問題的一劑良藥。

微笑固然有利於營造良好的服務氛圍，固然可以提升服務質量，也可以成為解決飯店與顧客之間相互關係的一劑良藥和處理賓客關係的有效手段。但是，微笑不等於服務，只有優質的服務配以員工的微笑，服務品質才能昇華，微笑服務才能造成應有的作用。

第二節 飯店建築與裝飾文化塑造

飯店的建築風格是飯店的形象標誌，飯店的內部裝飾體現著飯店的檔次和品味。如何將飯店設計得功能齊全而又新穎，個性突出又富有民族文化特性，是飯店建築、裝飾文化所要探討的內容。

然而，飯店產品的類同性已經發展到無國界的地步，尤其是國際連鎖飯店。在保持品牌和服務的一致性的前提下，應該在不同的國家和城市，透過飯店的建築和裝飾來體現當地文化背景、風俗、風貌。靈活運用建築和裝飾的手法，能造成「錦上添花」的作用，反之，只會「畫蛇添足」。

一、飯店整體建築與裝飾的原則

飯店的建築、裝飾水平體現著決策者、經營者、管理者、設計者、工程技術人員的水平及文化修養。從景觀文化方面來看飯店的建築、裝飾應該注意以下幾點：

（1）建築、裝飾水平要與星級標準一致。中國的飯店星級標準規定了飯店的功能齊全程度、設施設備完善程度、硬體的豪華程度，以及管理水平、服務水平等，但是對飯店建築、裝飾文化方面並未做具體要求。飯店在建築、裝飾時可以根據這些標準賦予它相應的文化內涵，使它的形象藝術與星級標準相吻合，使飯店有濃厚的文化氛圍，這是飯店水準的顯示。

（2）建築、裝飾工藝與使用功能格調要保持統一。飯店建築、裝飾從整體到局部，在設計時就要整體考慮，從使用功能到功

能齊全，從家具擺放到環境美化，從為賓客服務的一線到為一線服務的二線，整體布局、整體格調都要考慮完善、周到、細緻。

（3）服務的方便性與客人的便利性相協調。服務員提供服務與顧客消費是兩種不同的文化表現形態。服務員服務於客人的文化表現是禮節禮貌、周到細緻，顧客的消費文化表現是舒適安逸、享受、快樂。飯店在建造、裝飾的時候應該充分考慮這兩點，既要照顧到員工工作的便利，也要考慮顧客消費的舒適性。

二、局部區域裝飾的注意事項

飯店除了在整體建造上要遵循上文所述原則，以塑造飯店應有的建築、裝飾文化以外，還需要在一些細節問題上保持風格的一致性，突出環境文化。

（1）過渡區格調與環境格調要統一。過渡區是指從大門到大廳，從大廳到電梯間、客房、餐廳、商店、娛樂中心、商務中心等等之間的通道，而透過這些通道抵達消費目的地的空間稱之為環境。這些通道、空間要平穩過渡、格調統一，保持與飯店整體文化內涵、品味的一致性。

（2）同類型功能廳房的大小要統一。所謂功能廳房是指飯店的客房、中西餐廳的小宴會廳等。客房的大小一般有固定的標準，但是餐廳空間的設計則應該做到緊湊有致，大小基本統一。這種統一是一種形式景觀邏輯文化，也是飯店設計者所應遵循的原則。

（3）注重飯店的綠化，創造綠色的居住環境。飯店綠化是使飯店充滿生機與活力的一個重要方面，飯店綠化搞得好，可以營造一個舒適美好的環境，使人有回歸大自然的感覺。這不僅對於顧客是一種享受，對員工來說也是一種舒緩工作壓力的有效工具。飯店的綠化要根據飯店的室內外空間大小，飯店所處的地理、氣候進行

設計，這就要求設計師既要有綠化知識，也要有文化藝術的修養。

（4）利用綠化佈置創造飯店文化氛圍。在不同的地理、氣候、歷史條件下，各地區、各民族都有各自的花木傳統文化，一些花草樹木成為某種民俗文化的載體，具有特別的含義。飯店前廳可根據自身的文化主題，結合空間形態，選用本地植物表達本土文化或引種異域植物表現異國情調，從而創造出有一定文化氛圍的綠色環境，更好地體現飯店特色。

（5）體現高雅的文化品味。飯店前廳、客房的裝修風格和氣氛，應傳承一定的文化內涵，形成飯店的風格和特色。在飯店內部設計中，首先應根據飯店的建築風格確定前廳、客房主題，形成整體的裝修構思，要透過整體的搭配來形成風格和特色。然後圍繞主題，在室內空間的組織、家具的選用、材料的運用、飾物的質感和色彩等方面進行細化設計。飯店的每一間客房設計都應不盡相同，各具特色。賓客每次來飯店，入住的房間都不一樣，這就能引起賓客極大的興趣，吸引其重複入住，在滿足客人物質與精神需求的同時，也穩定了飯店的客源。

（6）飯店燈具要根據飯店的格調和實際情況及功能來定。燈具燈飾是實用照明與藝術文化的綜合體，要運用得恰當、得體，顯示出格調來。飯店要善用燈飾文化來表現自己，豐富自己的文化韻味。

三、綠色飯店的設計

綠色主題是現代飯店設計的一個重要主題，即使不是建造一個完全綠色主題的飯店，普通飯店也要考慮環保因素。

綠色飯店除了要考慮場地外，還要在籌建初期考慮綠色建築設計。綠色建築是指建築設計、建造、使用中充分考慮環境保護的要

求，把建築物與能源、環保、美學、高新技術等緊密地結合起來，在有效滿足各種實用功能的同時，能夠有益於使用者的健康，並創造符合環境保護要求的工作和生活空間結構。綠色建築是一種理念，它運用於飯店的設計、施工、運行管理、改造等各個環節，使飯店獲得最大的經濟效益和環境效益。

在進行綠色飯店的建築設計時，首先要確定飯店在環境保護方面所要達到的目標，對目標有清晰的理解，然後透過圖表等形式將目標的實施進程表示出來。傳統建築項目管理包括設計、投標、建造和使用。傳統建築往往忽視建築的位置、設計元素、能源和資源的制約、建築體系以及建築功能等因素之間的相互關係，而一個關注環境的設計程序則增加了綜合建築設計、設計和施工隊伍的合作以及環境設計準則的制訂等要素。綠色飯店設計必須運用系統的思維和方法，綜合考慮上述因素彼此之間的相互作用，還要考慮諸如氣候與建築方位、晝光的利用、建築外表與內部結構的選擇，以及經濟標準和居住者的活動等諸多因素。建築的系統設計方法是由相互協作且與環境相協調的產品、體系以及設計元素構成的高效方法。簡單的疊加或重複系統不會產生最佳的運行效果或費用的節約。相反，建築設計者可以透過設計多種多樣的建築體系和元件作為結構中相互依存的部分，從而獲得最有效的結果。

第三節 飯店節能與綠色文化塑造

隨著全球生態環境的日益惡化，國家、社會、企業都開始關注環境保護的問題。20世紀90年代中期，綠色飯店理念開始傳入中國。2003年和2004年，國家對飯店節能、環保的要求做了明文規定，從此，節能與環保成為現代飯店的綠色標誌。

一、綠色飯店的企業文化

「綠色」的中心意思是指保護地球生態環境，促進人與自然、社會經濟和生態環境的和諧關係，確保人類社會經濟持續發展。綠色企業文化是現代企業文化理念的一種體現。綠色企業文化旨在保護資源、環境和人類健康。飯店應以保護社會生態環境為己任，切實做到節約能源、履行其維護自然環境生態平衡的義務和責任。「綠色飯店」是指飯店的發展必須建立在生態環境的承受力之上，符合當地經濟發展狀況和道德規範。

具體說來，飯店的「綠色企業文化」應該包括幾個方面的特徵：首先，做到飯店建設、運營、管理的過程前、過程中、過程後對環境的破壞程度最小；其次，飯店建設、運營、管理的過程前、過程中、過程後對資源和能源的使用效率最高；再次，飯店致力於提供有利於人們身心健康和生活品質提升的產品和服務；最後，飯店積極參與社會的環境保護活動，引導綠色消費，優化人們的生活環境。

在飯店綠色文化的教育中，應對員工進行「生態環保」意識的強化培訓，員工的日常行為符合「綠色規範」，促使員工積極貫徹飯店的各項「綠色理念」和「綠色措施」，這些都是飯店綠色企業文化的基本內容。營造綠色企業文化，不但可產生良好的環境效益和社會效益，更有助於飯店創造良好的經濟效益。有關統計資料表明，綠色環保投入產出比為 1：6。飯店建設綠色企業文化，需要飯店管理者與全體員工的共同努力，同時也要重視與當地文化教育、環境保護的橫向溝通聯繫，並融入當地社會「綠色環保網絡」，成為其中的一員，發揮應有的作用。

二、飯店綠色企業文化的構建

飯店節能與綠色企業文化的核心理念就是保護環境，支持可持續發展。這一理念必須貫穿於飯店產品設計、產品出售、市場營銷三大環節。

1．飯店產品設計的綠色文化

將環保意識融入產品設計過程，一方面要考慮產品或者產品的某些部分能夠被多次重複使用，「再消費」可能會成為未來經濟體系中的發展模式，同時也要考慮到出售給顧客的產品對環境可能造成的影響，應儘可能降低對環境的破壞程度。例如，經濟型酒店的客房不再提供一次性牙刷、頭梳等客用品，而高星級飯店所提供的「六小件」則可以在使用後降解溶化。另一方面，飯店提供的產品應是健康、安全型的，為顧客提供健康、安全的生活環境。

2．飯店產品出售時要重新引導客人的需求

大量消費不但帶來資源的浪費，還降低了環境吸納廢棄物的能力。因此飯店須要引導顧客改變過去的消費習慣，把他們的消費需求引向生態危害最小的產品。透過各種溝通手段，促使消費者對生活環境質量的潛在願望轉變成實際的推動環境質量改善的行動。

3．重新組合營銷活動

飯店實施綠色營銷活動需要重新確立營銷組合，包括從產品包裝到定位、促銷的每一個方面。飯店要對產品生產、產品使用的材料、包裝、廣告、銷售、使用以及用後的處理等環節對環境的影響進行評價。這一過程中，還可能找到一些開發、創造新產品的戰略機會。重新確立營銷組合要求營銷人員考慮新包裝、新標誌、新配方以及新定位的各種選擇。例如採用可生物降解的包裝物或可循環再用的材料包裝產品；在產品的標籤上提供更多與環境影響有關的

訊息的產品；對產品重新配製，去除有害成分等。另外，飯店還需要重新制訂銷售方法和激勵方案，透過採用對顧客進行適當的環境教育而促進銷售的方法，以獲得更多的市場機會。

三、國外飯店節能與環保經驗

國外飯店比國內的更早關注飯店的節能、環保方面，它們在飯店綠色和環境保護方面有一些自身的特點：

（1）建築保溫對飯店節能非常重要。在德國和奧地利，尤其重視綠色環保工作，對建築保溫的重視就是非常明顯的例子。飯店的中央空調系統是飯店中的耗能大戶，而屋頂、牆體較差的保溫效果乃至門窗的不夠密閉，使中國的飯店耗費著大量的能源。而雙層玻璃的廣泛採用和窗體的良好密閉效果，既節約了能源，也減少了噪聲，在飯店節能環保方面有雙重的意義。

（2）歐洲的飯店採用了一些節能和環保技術，例如感應燈和感應門，不僅為客人提供了方便，也減少了飯店的能源消耗。此外，太陽能技術和「熱電聯供」技術也可以為飯店所採用，這將為飯店節能開闢新的空間。

（3）歐洲飯店已經把客用品（尤其是洗滌用品）降低到最低限度。這雖然會使客人感到不便，但在環境保護方面有重要意義，因為減少了飯店對水源的汙染。維也納的一些飯店的客房浴室採用一體化的洗滌劑不僅滿足了客人的基本要求，還減少了塑膠包裝。

（4）歐洲許多國家的飯店已經承擔起垃圾分投的社會責任。有些國家的公共場所的垃圾基本上已經分到四種以上，明確標明可回收和不可回收，提高了公眾的環保意識。飯店也是一個產生眾多垃圾的場所，理應承擔起分投的任務，共同創建環保的社會環境。

第四節 飯店用品與藝術品陳列文化塑造

飯店用品和藝術品是飯店景觀文化的重要補充，雖然不像大範圍的建築格局一樣突顯飯店的整體風格，卻是從細節流露著飯店的文化內涵。因此，飯店的用品和藝術品陳列文化是飯店景觀文化所不能忽略的一個部分。

一、飯店用品及其文化

飯店用品從一般意義上說，包括飯店日常經營管理所涉及的所有方面，主要是指客房用品，即客房內客人生活所需的所有物品，包括一次性消耗物品、洗浴用品、毛巾、浴巾、浴袍、浴墊、床上用品、客房印刷品等。

飯店用品從選材、設計到生產等過程都要講究，層次要高、格調要高、用材要好，突出飯店的主題和標誌，使人感到高雅、整潔、有文化價值。尤其是浴室用品一定要衛生、整潔，並保持光潔、明亮，給客人安全、健康的感覺。這既是對客人的尊重，也是飯店應有的文明修養。

二、飯店藝術品的陳列文化

（一）飯店藝術品的文化功能

飯店藝術品的選擇、陳列是飯店文化層次高低雅俗的一種標誌，也是飯店文化的一種重要表現形式。因此，必須引起飯店設計者和管理者的關注，根據飯店的整體布局和格調選擇、擺設藝術品，為營造飯店的氛圍錦上添花。

可供飯店裝飾的工藝藝術品，包括裝飾壁掛、瓷器、玻璃飾品、微型工藝盆景、雕塑等。選擇藝術品要從布局出發，根據整體格調來定。如果飯店整體的風格是古樸、民族風，則點綴的藝術品可選購造型古樸、色彩濃重的；而現代風格的飯店則應搭配有現代特色的工藝品。一般來說，突出特色是選擇工藝品的最主要因素。能否造成美化作用，取決於裝飾用品的藝術趣味，而不是價值越高越有藝術性。擺放工藝品要力求立體與背景統一，錯落與布局協調，色彩與氣氛一致，量感與質感均衡。

飯店藝術品的選擇與陳列是為了顯示如下功能：

（1）體現飯店的價值。如北京釣魚臺國賓館將價值連城的古董和名人字畫陳列在公共場所和客房內，有的還是國寶，客人到了這種環境，不僅感到飯店的高貴，也感到了自己的身價和榮耀。

（2）顯示出飯店的民族文化性。中國現在許多飯店都是按照西方的設計標準和風格建造和裝修的，缺乏本國、本地區的特色。實際上，越是民族的越是世界的，越有特色的東西反而更能吸引顧客的眼光。

（3）飯店文化氛圍、飯店文化層次的展示。飯店用於環境裝飾美化的藝術品是顯示飯店文化氛圍，展示飯店文化層次的一個重要方面。顧客進入飯店消費，除領略為他們提供的硬體和軟體服務環境外，有的還特別注重文化環境。尤其是高層次的顧客，他們更需要精神上的滿足。他們要從一家飯店的文化內涵來感受這種需要，而飯店陳列的藝術品便可滿足客人的需要。

（二）客房觀賞品的陳設佈置

觀賞品的陳設可以造成點綴的作用，彌補空間和色彩設計中的缺陷，或錦上添花烘托氣氛。觀賞品的陳設應構成一個視覺中心，體現飯店的文化主題。

1．觀賞品的分類

（1）按擺放位置分，可分為在几案、櫥架或地面上擺放和在牆壁上懸掛的兩大類。

（2）按質料分，可分為玻璃、景泰藍、陶瓷、水晶、金屬、竹木、石料觀賞品等。

（3）按製作方法分，可分為雕刻、編織、繪畫、燒製、鑲嵌觀賞品等。

2．觀賞品的陳設佈置要求

（1）觀賞品的選擇要根據飯店的等級檔次來考慮其材質和加工質量，應體現飯店的特色，突出飯店的文化主題。

（2）客房觀賞品的陳設佈置要與客房整體裝飾風格相和諧，使它們的造型、色彩、質感、視覺感等的美感作用能和牆面、家具相呼應。

（3）要掌握擺設或懸掛的位置，使其尺度與客房其他陳設的尺度相適應，不要造成賓客觀賞時仰頭、曲背等不自然的觀賞姿勢。

（三）客房內部巧用綠色植物

將綠色植物引進客房，可造成畫龍點睛的作用。當人們看到綠色植物時，植物的綠色會對人體大腦皮層有良好的刺激作用，它可使疲勞的神經系統在緊張的工作之餘得以放鬆和恢復。同時，綠色植物對客房空間的過渡造成了良好的作用，使環境的內外空間得到自然過渡與融合，並且增強了空間的開闊感和變化，使客房內的有限空間得到延伸與擴大。綠色植物作為限定和分隔空間的媒介物所造成的作用不僅能保持客房部分的獨立功能，而且不失整體空間的敞開與完整，使植物所特有的柔軟感得以充分顯示。而綠色植物生

動的形態以及悅目的色彩也改變了人造空間材質上的生硬，會使客人視覺神經感到舒服，從而產生溫馨感。

在客房室內裝飾中，大尺度的植物一般多盆栽於靠近空間實體的牆、柱等較為安定的空間，與交通空間保持一定的距離，讓人觀賞到植物的稈、枝、葉的整體效果；中等尺度的植物可放在窗、桌、櫃等低於人視平線的位置，便於人觀賞植物的葉、花、果；小尺度的植物往往以小巧而出奇致勝，其盆栽容器的選配也需匠心，可置於櫥櫃之頂、隔板之上或懸吊空中，讓人全方位來觀賞。

（四）飯店藝術品的陳列需遵循的原則

（1）要注意尺度和比例，要根據空間大小來選擇和擺放。

（2）工藝品的陳設要注意視覺條件，應儘量放在與人視線相平的位置上。小擺設在柔和燈光下，會產生特殊藝術氣氛和引人注目的效果。

（3）要注意藝術效果，豐富整體形象。

（4）根據房間大小，儘量做到少而精，不要隨意堆砌工藝品。

（5）要注意質地對比，與背景材料相近的或氣質相近的藝術品可以互相襯托。

（6）要注意工藝品與整個環境的色彩關係，並注意和燈光的搭配。

（7）地理環境與季節不同，擺設也應有所不同。

第五節 廈門國際會展酒店環境文化塑造

一、酒店簡介

廈門國際會展酒店是廈門建發旅遊集團成員酒店之一，是按五星級標準建造的會議、休閒、渡假型酒店，開業於2001年8月18日。酒店地理位置優越，環境優美，交通便利，位於廈門國際會展中心，坐擁15萬平方公尺綠色廣場，毗鄰風光旖旎的環島路，臨窗隔海與臺灣大、小金門島嶼相望，直線距離僅4600公尺。距廈門高崎國際機場10分鐘車程，距輪渡碼頭20分鐘車程。

酒店2004年1月19日加入世界金鑰匙酒店聯盟，並在2005年4月憑藉得天獨厚的環境和優質的服務，成功榮膺「2005年中國酒店金枕頭獎——中國十大最受歡迎渡假酒店」。2005年6月，榮膺中國酒店金鑰匙服務最高獎——金鑰匙鑽石獎。2005年至2007年三度蟬聯「中國酒店金枕頭獎——十大最受歡迎渡假酒店」，2006年榮膺「2006年度十佳會議酒店」，2008年榮獲「中國酒店星光獎」評選中的「中國十佳會議會展酒店」獎項。

二、景觀文化的塑造

廈門國際會展酒店處於海水、沙灘、綠地景觀帶所組成的海洋文化環境中。藍天碧海所散發出的自然魅力是無窮的，即使只是坐在海邊也能給人一種享受；沙灘是人們在海邊休閒渡假的天然「親水平臺」，是遊客休閒的好去處；而15萬平方公尺的廣闊綠色草坪為自然的海洋和沙灘增添了綠色背景，形成了舒適宜人的觀海場所。酒店位於廈門會展中心觀海一側，其主體建築、客房設計、室內裝飾等都與海洋景觀這一大背景相適應，又與廈門國際會展中心的功能和設施相結合，定位為會議、休閒、渡假型酒店，其功能區設計、設施設備的配置、用品擺放等也都體現了這一功能定位。

1．海洋景觀

　　酒店建築由加拿大著名建築設計院 B+H設計，以玻璃連廊與著名的國際會展中心銜接，猶如一艘鳴笛待發的海上郵輪，在臨海的15萬平方公尺專享綠色草坪和無垠大海的背景襯托下，非常宏偉壯觀。

　　酒店擁有208間裝飾雅緻的客房，分為標準房、高級房、海景套房和豪華海景房四種類型。其中海景客房及套房共131間，是中國東南沿海地區最寬敞、舒適的客房。客房設計有30～20坪的全海景觀海露臺，配備遮陽傘、休閒椅和高倍望遠鏡，憑海臨風，金廈海域勝景一覽無遺。海景房室內的裝飾時尚精緻，晶瑩剔透的水晶浴室，42吋液晶平板電視，動感舒適的紅色躺椅，為客人營造了在客房內欣賞優美海洋景觀的舒適環境。

　　酒店內設有4間高級食肆及酒吧。麗灣中餐廳設有10間貴賓廳，其中 5間可觀賞海景，餐廳提供新派粵菜、閩菜、本地海鮮等特色菜餚；風景獨秀的怡海苑自助餐廳提供環球精選美食與休閒飲品，顧客還可以在此品嚐各類海鮮和現場燒烤，並在悠揚的鋼琴聲中一邊用餐，一邊欣賞海景，遠眺大、小金門；位於怡海苑餐廳 D區的拿多利咖啡廊，憑海臨風，面對 15萬平方公尺綠色大草坪，非常適合顧客享受悠閒時光，閱讀咖啡語言；格調浪漫典雅的半島西餐廳提供法式西餐及下午茶；日式銀座酒吧提供日本清酒、各式名酒。

2．會展景觀

　　為了滿足會議型酒店的市場定位，廈門國際會展酒店內的會議設施完備，擁有各類會議場所十餘處，由專業人員安排會議全程，提供會議管家服務。此外，酒店還與國際會展中心共享 28間宴會和會議場所，包括全市最大的可容納 2000人的多功能廳。其中鼓浪宴會廳面積 800平方公尺，可舉辦 500人的大型酒會，也可舉辦

各式會議、展覽及演出活動；國際報告廳面積 640平方公尺，設有300個固定座椅和會議桌，配備同聲傳譯系統以及貴賓休息室；海景會議室共有3間，適合在繁忙的會晤之後，欣賞綠色廣場、海天一色的美景；還有一些小會議室，面積為 45～ 20坪，適於進行小型會議、講座、研討會、商務洽談。酒店內的會議設施齊備，閉路電視、視聽設備、雷射指示燈、多元麥克風系統、同聲傳譯設備、錄像機及顯示器、幻燈設備、燈光設備等各類會議所需品都有配備。

廈門國際會展酒店內的休閒娛樂項目齊全，為住客提供了一個洽談生意、放鬆身心、恢復體力的場所。天心閣健康俱樂部面積達2000平方公尺，內部擁有先進完善的健體設施，包括健身房、足浴城、桑拿、乾蒸、濕蒸及冰蒸汽浴、美體 SPA，以及影視廳、棋牌室、撞球室、咖啡廳等娛樂和休閒場所。位於海邊15萬平方公尺綠色草坪上的旭灣家園為季節性營業場所，是廈門最大的戶外燒烤營，露天面海，風景絕佳，可舉辦多達 2000人次的大型燒烤酒會，也可舉辦西式浪漫婚禮。

3．綠色大草坪景觀

會展酒店面前 15萬平方公尺的面海綠色草坪，是廈門會展酒店優美的外部綠色環境，酒店常利用這個優越的綠色草坪舉辦各種戶外宴會。例如戶外婚宴、激情BBQ、生日派對、雞尾酒會等，在這樣自然的環境中，會議參與者的身心得到放鬆，交流也變得更加輕鬆而隨意。這裡還舉辦過車展，波瀾壯闊的大海，恢弘大氣的綠色草坪，與所展銷的汽車交相輝映，獨特的汽車文化在這樣的背景下得到更好的彰顯。

為了讓漫長的會議變得趣味盎然，生動有趣。酒店利用其陽光明媚的綠色海岸和面海的15萬平方公尺的綠地，由專業人員為團隊安排拓展項目訓練，並有多種項目供顧客選擇。

三、評析

飯店文化是旅遊文化中的一個組成部分，而飯店景觀文化又是整體飯店文化的一個很重要的方面，良好景觀文化的塑造有利於營造良好的飯店文化氛圍，使飯店的文化氣息得以體現。飯店景觀文化主要體現在飯店所處的地理環境、建築造型、功能布局、設計裝飾、環境烘托、燈飾小品、掛件等各個方面。

1．良好飯店景觀文化的塑造，需要保持飯店設施與外部環境的和諧美

選擇在自然環境優美的地點建設旅遊飯店，充分利用整體環境的美感，可以說是一種比較理想的選址。因為遊客可以就近享受自然美景，同時又能保證現代化的生活條件，從而可以延長遊客的停留時間，獲得更大的經濟效益。飯店先要充分理解當地自然景觀的美學特徵，以此為基礎利用一切藝術手段，創造出與環境渾然一體的建築景觀，取得自身建築形象與環境和諧統一的美學效果。飯店建築應儘量融化、滲透到優美的整體自然環境中去，最好能達到人與自然物我相合、情景交融的較高境界。

廈門國際會展酒店位於環境優美的廈門會展中心，面朝碧波蕩漾的大海，酒店前是綠色茵茵的草坪，整體環境給人一種開闊、一望無際的視覺享受。酒店的主體建築以玻璃連廊與國際會展中心銜接，猶如一艘鳴笛待發的海上郵輪，恰當地與整體環境的風格相協調，色調也與藍天綠地相配合，營造出外在的審美效果。從遠處看去，它獨具特色的建築造型與整體環境彷彿渾然天成，成為整體環境的一個風景點。從酒店內部看，酒店的客房、咖啡廳、餐廳都是良好的觀景場所，室外海景與室內空間相互滲透、有機結合，成功地塑造出酒店的海洋景觀文化。

2．酒店主體建築的造型也是景觀文化的組成部分

酒店造型會受到很多因素的影響，主要有物質方面，如材料和結構技術等，精神方面如心理活動和審美趣味等。那種千篇一律的「方盒子」式的建築造型早已無法適應現代旅遊者的審美心理需求，飯店建築造型應該創造一種別有意味的形式來吸引遊客。飯店的建築造型的創意要做到因地制宜，根據地理環境特點的不同而風姿迥異，充分發揚地方和民族特色，同時又能密切結合飯店的功能需求，創造出千姿百態別有意味的建築形象，在此基礎上可以進一步創造飯店的品牌，建設品牌文化。會展酒店的建築造型由加拿大著名建築設計院 B＋H設計，既與周圍環境很好的融合，又別出心裁，獨具特色，成為吸引旅遊者的景觀之一。

3．飯店室內環境的營造是其景觀文化的重要內容

飯店室內環境文化的塑造需要注重功能性和審美效果的統一。廈門國際會展酒店是一個會議、休閒、渡假型酒店，其室內設施配備和裝修設計應該體現其功能，其多種類型的會議室和完善的會議設備，以及休閒娛樂設施和項目的應用都是為了實現其功能。塑造景觀文化還須注重室內環境的審美效果，這就要在創意造境上下工夫，強調藝術構思才能產生令人尋味的美感。未來的旅遊飯店更應該強調精神功能和審美價值，在室內設計上要精心構思，獨具匠心，盡力創造出各種情調、意境、氛圍的美的空間。

良好的飯店景觀文化的塑造不僅要注重外在的造型、與整體環境的協調一致以及獨特的創意，還要注重室內環境設計，體現其功能和審美價值的統一；同時要深刻理解景觀文化的內涵，這也是飯店塑造景觀文化的重要內容。

第六節 峇里島硬石酒店景觀文化塑造評析

　　峇里島硬石酒店（The Hard Rock Hotel Bali）於1998年在世界著名的旅遊勝地印度尼西亞峇里島上建成，它位於庫塔海灘——峇里島最熱鬧海灘區和休閒購物中心地帶，擁有418間高級客房和豪華套房，是硬石集團旗下的亞洲第一座以搖滾音樂為主題的酒店。和世界上其他「硬石」連鎖酒店相同，它以音樂、娛樂作為主題；輕鬆、熱鬧為其顯著特徵；搖滾樂愛好者為其主要客源；而圍繞主題所進行的建築設計和室內裝飾又使其具有獨特的魅力。

　　作為一家主題酒店，硬石酒店透過主體建築的造型、外部環境的選擇、外部裝修和設計以及酒店內部的整體環境佈置、裝修設計、設備設施和酒店用品物品的擺放、其造型和圖案的設計、色彩的搭配等來塑造景觀文化，使整體景觀充分體現出強烈的主題氛圍，進而形成企業的特色、塑造企業的品牌。①

一、搖滾主題文化的塑造

　　峇里島硬石酒店是搖滾音樂的殿堂，從泳池到房間，從大廳到花園，到處都有熱情動感的音樂在飄揚。這一主題在其建築風格、內部設計上得到了充分的體現。硬石酒店的顯著標誌就是其大門口建有一個露天的20多公尺高的大電吉他。酒店的建築色彩、各個室內空間的飾物等都很有特色，那些知名樂隊用過的吉他、薩克斯等樂器，以及他們的服飾，都陳設在酒店內；甚至客房的門牌號碼也是以音樂來排序的，例如一層的客房是爵士樂，二層是流行樂，三層則是古典樂，在音樂之後才是數字號碼。這裡的燈光、背景音樂，還有服務員的制服，點點滴滴都體現著音樂這一主題。

「硬石咖啡館」是酒店的核心，咖啡館內從樂隊、裝潢、飲品、服務員到紀念品都帶著搖滾樂的烙印，甚至咖啡廳的門把手也是一把小巧精緻的電吉他。硬石酒店為其所有的房間配備了互動式的影音娛樂系統。酒店內還有音樂家手稿、老唱片封面、音樂文物、歌星穿過的服飾等和音樂有關的東西展出，猶如一座音樂的博物館，目的是使顧客在酒店中的任何一個角落，都能感受到音樂的影子，這裡成功地將海的寧靜和沙灘的喧囂用無處不在的音樂協調得恰到好處。

　　中心舞臺酒吧位於酒店的大廳，是整個酒店文化的心臟。酒吧內建有一個巨大的足有1000多平方公尺的方形吧臺。酒吧的中心位置是一個兩米多高的「回」字形演出臺，在它對面的墻上裝有一個大屏幕，用來對演出現場進行直播。每週一到週六，晚上8點開始直到午夜，有歐美樂隊、澳大利亞樂隊等在這裡進行現場搖滾表演。強勁的搖滾樂，強烈的節奏，觀眾會不由自主被其感染並隨之狂歡。而那些不喜歡熱鬧場面的或者是疲憊了的客人，可以回到自己的房間，在客房內的電視上會同步欣賞到樂隊的精彩現場表演。酒店為每個客房提供了高級組合音響，可以保證有同現場一樣熱烈的氣氛。

　　① 本案例來源於「亞洲第一搖滾主題：峇里島——硬石酒店」（Hard Rock Hotel Bali），
http：//www.12386.com/theme_hotel/HardRock_bali.htm。

　　那些想要一展歌喉的顧客可以在硬石酒店的錄音棚內為自己錄音，將自己的錄音做成CD帶走。這裡的錄音棚非常專業，堪稱一流，裡面設有主題卡拉OK和酒廊，其配備的音響設備質量很高，還有專業的工作人員。酒店還自辦了硬石電臺，客人全天都可以享受其播放的經典老歌或最新流行金曲。

二、休閒渡假文化的塑造

硬石酒店作為一家高級酒店，突破了全球高級酒店幾乎千篇一律的莊重陳規和慣例，景觀風格獨具特色，活躍而充滿趣味，是休閒渡假的天堂。它成功地利用周圍的環境，並結合酒店內部的設計，營造出輕鬆、愉快的休閒渡假氛圍。

硬石酒店中裝飾品的擺設都突出主題而又頗具地域風情，金獎唱片、歌星唱片、樂器擺設、服飾、搖滾樂表演的各種紀念品和物件在硬石酒店內達 1100 多種，就連洗手間也掛著寫有「搖滾樂永存」的T恤；客房內則擺有體現太平洋島嶼文化的地方藝術品，甚至每個房間垃圾筒都迥然各異，都經過了精心的設計。每個房間還擺有大自然中不經修飾和加工的物質和綠色植物，為飯店營造出一種天然的舒適感和親和力。客房內的佈置也充分考慮到渡假者的需求，2公尺見方的白色大床，紅白條紋的衣櫃和捲簾，露臺旁邊擺著一張舒適的沙發床，客人可以躺在上面閱讀，或是欣賞海灘美景，體驗休閒渡假的愜意和輕鬆。

硬石酒店內有一個占地 0.9公頃的游泳池，為峇里島最大的游泳池。整個泳池都是仿沙灘海濱建造的，彎彎的泳池邊上矗立著 35間獨立的小木屋，為顧客提供了一個炎炎烈日下休息的幽靜與陰涼之所。木屋裡的家具設施齊備，桌椅、床榻等一應俱全，還為客人提供池畔的客房服務，客人可以在此享受按摩、水療護理等，直至就餐。泳池中央的沙島，白天是住客享受日光浴的絕佳場所，晚上則變成了樂隊表演的舞臺，這已成為這裡的一大特色。酒店的樓與樓之間還有小游泳池，住在一樓的顧客開門就能進游泳池。

酒店還修建了人造沙灘，許多到過這裡的住客覺得這比峇里島海邊的真沙灘還要舒服，可以在此玩沙灘排球。酒店裡有專門的拓展訓練老師，可以組織大家進行有意思的拓展小遊戲。為了讓顧客

在渡假期間也能保持良好的狀態，硬石酒店建立了設施齊備的健身中心，富有經驗的教練指導顧客透過各種運動來健身。

　　峇里島的酒店區離海灘、購物、娛樂區都很近，走出酒店步行不久都能到達，整體環境很適合渡假。硬石酒店成功地利用了整體的休閒環境，設計組織了許多休閒渡假項目。例如為喜歡探險的遊客組織河流的特定河段漂流、騎腳踏車登山、叢林探險或其他探險活動；為喜歡比較逍遙運動的遊客組織前往大象公園的活動；還為住客提供摩托車出租，以滿足其環島兜風的需求；為想衝浪的住客提供衝浪板，並有專門的衝浪教練做指導。

三、分析

　　隨著社會的進步、經濟的發展，飯店所面對的顧客群的需求也在發生變化，顧客將會越來越注重飯店服務中的文化氛圍和文化附加值。因此：

　　（1）營造飯店外在的、有形的景觀文化成為飯店文化的一個重要內容和方面，是加速飯店產品向更高層次發展的必然趨勢。

　　峇里島硬石酒店是以搖滾樂為主題的渡假酒店，它的景觀文化的塑造體現了其功能性與酒店文化內涵的有機結合。透過對周圍渡假環境的融合、酒店內部環境的設計、設施的配備、裝飾品的擺設等，體現其音樂的主題並同時凸顯出休閒渡假功能。

　　休閒渡假酒店由於其特有的地理位置與客戶需要，其景觀文化的塑造必須以外在環境為主體，而酒店建築應與外部的環境協調一致，成為體現整體環境的載體。硬石酒店是這種類型酒店的成功範例之一。酒店選址在峇里島著名的休閒娛樂中心地帶——庫塔海灘，離機場僅5公里，距市區和最近的海灘都在1公里之內，交通

便捷，保證了遊客在此渡假的舒適和便利。同時，酒店利用峇里島優美的海濱和山地風光，為渡假的住客組織了河段漂流、衝浪、登山等多種渡假休閒項目。

（2）到休閒渡假地去消費的人群，其根本目的是尋求一種日常生活環境中所不曾有的體驗，他們對於休閒渡假環境的要求以放鬆和休息為主，渡假飯店的景觀文化應滿足這種「換個環境」的需求。硬石酒店的主題是搖滾音樂，並透過酒店設施、裝飾品、色彩等體現了這一主題，為那些喜歡搖滾樂的顧客營造一個心情放鬆和激情體驗的空間。同時利用泳池、人造沙灘、咖啡廳、舒適的客房等給顧客提供了充分休息和享受假期的環境。

（3）渡假酒店的景觀文化塑造還應根據其所在地的自然和人文特點，將當地的建築特色、材料、工藝、藝人、工匠以及特色工藝品等納入其景觀文化中。可以考慮利用當地的傳統與工藝，塑造別具特色的景觀文化；避免使用一般酒店常用的材料和做法。這樣既節省了造價與建設時間，又可以為消費者提供體驗當地文化特色的機會。峇里島硬石酒店是一個結合人文環境和地域特色的典範。它的經營者曾經很自豪地說過，他們在室內裝修上並不刻意追求義大利大理石、西班牙燈具、英國餐具等非常高級的豪華設施，只是用普通材料來構築和設計飯店文化，用獨特的文化吸引高消費群體，滿足他們的需要。酒店的客房樓層裝飾只選用簡潔的水磨石，套房也只用鑲木地板，並非是豪華材料的堆砌。客房內的擺設、垃圾桶等都是具有當地特色的藝術品，並由著名藝術家設計；每個房間都有大自然中不經修飾和加工的綠色植物，使客人在酒店內也能感受到濃濃的地域風情。地域及人文特色與酒店的形式、功能、環境的完美融合，是硬石酒店成功的祕訣之一。

（4）與城市酒店相比，休閒渡假酒店景觀部分所占面積和投資比例要大得多。為適應消費者在渡假時的需求，在渡假酒店的景觀環境中，應適當包含一些與酒店相配套的戶外活動功能與場所。

這些戶外活動設施也是其景觀文化的重要組成部分，還可能成為酒店的亮點和賣點。硬石酒店內有全峇里島最大的游泳池，人造沙灘上可玩沙灘排球和拓展遊戲，還組織了衝浪、登山、漂流、探險等許多戶外運動項目。這些具有特色的戶外消費活動，能給酒店帶來綜合性的回報。

隨著市場競爭的加劇，品牌化和主題化將是塑造渡假酒店特色、促進渡假酒店發展的重要競爭因素，因此景觀文化塑造過程中應儘量圍繞和體現酒店的主題。硬石酒店選擇搖滾音樂作為其主題，並透過建築設計、景觀設計等多種因素來不斷強化和體現這一主題，緊扣主題進行美學背景和配套環境的建設，以此來塑造其獨特的景觀文化。

中國渡假酒店的產業規模態勢還未完全形成，但目前在沿海地區，部分城市的渡假酒店建設已經初具規模。然而這些渡假酒店的景觀文化塑造還處在傳統模式中，與國際上優秀同類酒店相比還有一定差距，還需進一步吸收借鑑成功經驗，加以完善和改進。峇里島硬石酒店是休閒渡假酒店景觀文化塑造中的典範，對中國休閒渡假酒店景觀文化建設具有一定的參考價值。

引子評判

微笑是景觀！但微笑不是服務！

只有良好的服務配以優美的微笑才能提高服務品質，微笑本身不能替代服務！微笑更不是服務！

第九章 飯店產品文化塑造

導讀

　　飯店是將顧客的參與融入服務中，把服務作為舞臺，產品作為道具，環境作為布景，為顧客提供美好的體驗的場所，無論是客房、餐飲服務產品，還是獨特的飯店服務產品，都應從飯店產品的體驗性、飯店服務的人性化和服務細節入手。泰國東方飯店既是微小服務的典範，更是將顧客關係管理推至極致的範例。

　　引子：「細節決定成敗」

　　細節決定成敗，已成為目前諸多企業管理者的共識，但是，細節能決定飯店經營的成敗嗎？

第一節 體驗經濟與飯店體驗產品設計

　　體驗經濟時代的到來給全球經濟都帶來了新的面貌，對於服務型企業更是提出了更高的要求。消費者體驗需求的提高意味著飯店企業必然要為之設計富有體驗的產品。

一、體驗經濟及體驗消費

　　人在滿足溫飽後，便追求精神需求的滿足，而精神需求的高層次便是體驗——體驗痛苦，體驗刺激，而最主要的體驗則是快樂的體驗。

　　這種經濟現象及趨勢受到經濟學家的關注。美國經濟學家小約

瑟夫·派恩和詹姆斯·吉爾摩於1999年出版了《體驗經濟》一書
（中譯本於2002年出版）。該書認為，人類社會在經歷了農業經
濟、工業經濟、服務經濟三個階段後，下一個階段將是體驗經濟階
段。怎樣理解經濟發展的這幾個階段呢？舉個例子來說，農民用糧
食或果子發酵釀酒，或自己喝或拿到市場去賣，這是農業經濟；釀
酒廠採用科學的生產工藝，大規模地生產酒，並透過分銷渠道在市
場上廣泛銷售，這是工業經濟；在酒館或餐廳裡，服務員為你溫
酒、開瓶、倒酒，並為你提供下酒菜，這是服務經濟；而到酒吧裡
去品酒、飲酒，除了享受服務外，主要是感受情調和氛圍，但酒的
價格比超市買要高出10～20倍，這就是體驗經濟下的體驗消費。

較之傳統經濟，體驗經濟具有以下特徵：

第一，體驗經濟聚焦於消費者的感受，競爭的方向在於爭奪消
費者。

第二，提供產品和服務的個性化、差異化，較之於傳統批量生
產、標準化表現出完全相反的傾向。

第三，體驗經濟強調產品和服務的知識性，這是為了滿足消費
者對文化內涵的需求。

第四，延伸性成為體驗經濟的又一特點，強調透過各種縱深渠
道為客戶增加價值。

第五，在體驗經濟時代，消費者更多地參與到生產與供給的各
個環節之中，體現出高度的參與性。

第六，消費者的權益得到了更多的保障，這主要源於企業對消
費者的搶奪，他們願意為顧客提供更多的售後服務和補償性服務。

體驗經濟下的消費行為是以體驗為主要消費內容，是消費者在
獲得產品的基本使用價值後，追求自我實現的一種消費方式。體驗
依託於產品、服務而存在，是一種精神需求，並且會隨著體驗需求

的滿足不斷深化、昇華，是消費者自我價值觀念、內在追求的體系。消費者體驗的獲得不是以高物質消費為代價換取的，而是以消費者個性化方式的參與進行創造的。消費者在體驗消費的過程中，一定是對產品基本使用價值的需求滿足以後，也一定是基於這種基本使用價值而追尋價值認同。

二、體驗性——飯店產品發展的必然趨勢

體驗經濟的到來使消費者的需求發生了大的轉變，在這種時代背景下，飯店企業如何應對新的需求挑戰和市場競爭？飯店首先要明確一點：體驗是飯店產品的核心。在體驗經濟時代下，飯店產品必須以提供體驗經歷、滿足體驗需求為主要任務。

將體驗設定為飯店產品的核心具有其客觀必然性。隨著生活水平的提高，飯店提供單純的物質產品已經不能滿足顧客的需要。客人在經歷物質享受的時候，會更多地追求豐富的精神享受產品，包括在飯店所產生的深刻印象、全新感受、美好回憶和不平凡的經歷以及其他從未有過的印象、感受、回憶、經歷，即體驗的過程和結果。因此，標準化形式的產品和服務不再是顧客們所追求的目標，他們在飯店消費的過程中會企求獲得更多的東西。

與此同時，飯店產品的體驗化設計也會增強飯店的競爭力，從而在市場上脫穎而出。首先，顧客會願意為自己所享受到的量身定做的體驗性產品付出相應的高價格，飯店可以完全擺脫慣常的低價競爭的態勢，基於飯店所提供的獨特價值收取較高的費用。其次，體驗產品會吸引那部分熱衷於此種享受和娛樂的顧客，從而比較容易地提高顧客的忠誠度，留住忠誠顧客。再次，飯店體驗化產品能夠為飯店建立獨特的形象，樹立良好的口碑，爭取到更多的客人。

由於飯店的物質環境是無法隨意改變的，所以，實體性產品的

體驗化必須借助服務來實現。從這種意義上來說，飯店產品的體驗性質主要透過服務來傳達。在開發飯店體驗產品之前，我們必須瞭解體驗產品所應該具有的特性。

1·呈現出情感化和多樣化

目前，情感服務和心理服務是全球普遍關注的一個話題，飯店也將更多地關注顧客的情感需求及其他多樣化的需求，因此情感化服務及產品多樣化將成為體驗產品的主要表現形式之一。

2·體現出高度個性化

個性化意味著飯店對顧客需求的劃分更細，生產可供消費者選擇的產品類型更多，即單位數量的服務項目增加、客人占有量減少，以此來增加客人受到重視的感受程度。

3·具有高度「人本化」的內涵

飯店需要向客人提供感覺體驗、情感體驗、創造性認知體驗、身體體驗和某種生活方式體驗，以及與某一團體或文化相關所產生的社會特性體驗。

4·體驗的美感化

透過研究設計符合現代人生理與心理上需求的飯店產品，使飯店產品在外形、觸覺上給人以美的體驗，讓產品充滿人情味，使人產生愛不釋手的快感，避免設計冰冷的、機械的、單調的、缺乏人性的、不符合人的生理與心理使用習慣的產品，減少產品設計中感官不美的問題。

三、飯店體驗產品的開發策略

（一）體驗式的社會快感文化的一般表現形式

在商品經濟高度發達的社會中，人的生命內在節奏在加快，所期望的生活目標因外在因素的影響，而不易實現時，人們就會將當下的欲求目標轉向某種快感形式，這種快感形式可以在文學、電影或其他等形式上出現，同樣也會以家電、家居用品的商業形態出現，人們在不知不覺中形成了一種快感文化現象，它在瓦解、淡化神聖與崇高的同時，還在於用個人的滿足去代替美化了的社會，生活意義被平面化了。

現代人慾望的沉重與衝突加劇了心靈的疲憊，導致了對商品欲求以自我補償為基礎的快感體驗，在當今物慾橫流的商肆中成為一種新的消費趨向。於是，現代人為了適應或遷就生活中的壓力，媚俗與妥協就成為當代消費者參與快感文化的集體體驗的基本方式，可以說，快感文化的心態是由當代社會生活所決定的。現代設計師從人性的本能出發去進行新的探求，研究帶給人快感的諸多因素，如觸覺、視覺、嗅覺等，運用到具有撫慰功能的日常生活用品中。

（二）飯店體驗性產品的開發原則

飯店的體驗產品開發，是指飯店以服務為舞臺，以商品為道具，為顧客創造出值得回憶的活動。飯店必須營造獨特的、更有價值的客戶體驗，而在客戶體驗的競爭中，飯店的品牌將發揮重要的作用。

一般而言，體驗產品總是與主題相關，不同的主題帶來不同的體驗。飯店體驗產品的開發是針對飯店預先確定的體驗主題，憑藉飯店所具有的資源，將現有產品進行加工改造成具有體驗意義產品的過程。在開發飯店體驗產品時飯店應遵循以下幾項原則：

1．獨特性原則

飯店應以自身所特有的產品為出發點，儘可能突出本飯店的特色，從戰略上認識到所擁有資源的優勢，並透過開發措施強化其獨

特性，從而形成強大的吸引力和完整、獨立的飯店形象。如體驗回歸自然的「園林式飯店」，體驗尊貴享受的「總統套房」，體驗民俗風情的「窯洞客房」以及體驗特殊經歷的「海底飯店」等等。

2．堅持市場導向

無論何時，市場總是引導產品的標竿，任何經濟時代都不可能忽略市場。由於顧客市場一直處於動態變化之中，飯店不僅要認清現實的基本市場需求，也要預測未來的發展方向，摸清其發展趨勢，用一種動態、連貫、長期的發展戰略進行飯店資源開發，並使該項工作富有前瞻性和應變性。

3．吸納顧客的參與

大量心理學研究表明，深入參與和主動參與，能給客人留下更加深刻的印象。顧客參與體驗產品，要求飯店在產品開發過程中創造更多的空間和機會，便於客人自由享受。飯店的各種服務設施，可以採用滲入、延伸或擴大視野等方法，設置於飯店所處的大環境中，使顧客在整個休閒娛樂活動過程中有廣闊的自主活動空間。

4．明確體驗的主題

飯店開發的體驗產品應有明確的體驗主題，作為體驗產品設計的指導性綱領，將飯店的各種活動和產品有機地結合在一起。為了加強顧客對體驗的印象，創造令人難忘的顧客體驗，飯店應善於使用多種手段刺激顧客多方面的體驗，而且，這些手段都必須支持體驗主題。

5．注重體驗產品的內部化

即對服務人員解釋體驗產品的概念，傳達體驗產品的服務理念。在讓員工為顧客創造消費體驗之前，首先需要讓員工瞭解他們應該提供什麼樣的顧客體驗產品，為什麼提供這樣的體驗產品以及如何在實際工作中具體實施。

總之，飯店體驗產品所蘊涵的生命力，說到底是產品本質的宣洩形式。

案例研究

國際上飯店體驗產品開發實例及評析

體驗通常被看成服務的一部分，但實際上體驗是一種經濟物品，像服務、貨物一樣實實在在的產品，不是虛無縹緲的感覺。在服務經濟時代，許多企業只是將體驗與傳統產品包在一起，以促進產品的銷售。未來企業要徹底發揮體驗的優勢，必須用心設計，讓消費者願意為體驗而付費。其中的商品是有形的，服務是無形的，而創造出的體驗是令人難忘的。與過去不同的是，商品、服務對消費者來說是外在的，但是體驗是內在的，存在於個人心中，是個人在形體、情緒、知識上參與的所得。沒有兩個人的體驗是完全一樣的，因為體驗是來自個人的心境與事件的互動。體驗不限於娛樂，只要讓消費者有所感受、留下印象，就是提供體驗。飯店業也不例外，為適應越來越多渴望得到體驗的消費者的需要，必然要設計出各種不同的產品，吸引消費者，以達到經濟效益最大化。

目前國際上具有某種體驗性質的飯店產品不少，我們在此謹以大概念的體驗飯店為例說明其發展趨勢。

一、體驗式飯店

案例一

海底飯店

世界上首家海底五星級飯店──「海神聖地」，位於巴哈馬柳塞拉島海面以下20公尺，耗資5300萬美元。「海神」擁有22個單間和2個豪華套間。賓館與陸地之間由一個隧道連接，顧客只需

要乘坐自動扶梯，穿過隧道，便可以置身於海底世界。同潛艇之類的水下消閒處所不同，「海神」的顧客可以一身乾爽地進入賓館，而不必像進入潛水艇那樣，必須先潛水一段，而後再進入潛艇。賓館裡的溫度和壓力被設置得和地面一致，顧客不必擔心會感覺不適。

在「海神」，每個渡假者都擁有私人珊瑚園，置身其中即可親身感受餵魚的樂趣。當客人躺在按摩浴缸中，會看到周圍有大螯蝦、大海龜和鯊魚緩緩游過的奇觀。客人可以利用房間裡的按鈕調節溫度，甚至可以在晚上點亮外面的珊瑚園，利用絢爛的光線吸引魚兒前來遊玩。雖然與海中的野生動物僅有咫尺之遙，但客人們完全不必為自身的安全擔憂。整個賓館由一個鋼筋框架構築，透明的玻璃門窗則由高科技的密封材料製成，海裡的野生動物再大的力氣也難以破門而入。

這種獨特的體驗式飯店令人神往。

案例二

監獄飯店

美國羅德島的新巷海岸有座建於1722年的古老監獄，幾年前，美國商人格拉西把它買下並改為「監獄飯店」，創辦「鐵窗生活旅遊」。來此的遊客每人發給一件黑白相間的囚衣，所用食具及作息時間與一般監獄完全一致，這些「遊客囚犯」們將像真正的罪犯一樣過著鐵窗內的生活。不同的是，這些「囚犯」毫無憂鬱之情。「囚室」內鋪有柔軟的地毯、舒適的床鋪、彩色電視及音響等現代化設備，很多人願到此一嘗牢獄生活。這裡的價格是每天125美元。

顧客在住客登記時都需填上「入獄時間」和「假釋時間」，顧客還可領到一套黑白相間的囚服。由於許多人想一試「犯人」的滋

味，使這家飯店在開業後天天客滿。

案例三

「隱身餐廳」新飯店

德國柏林市有一家名為「隱身餐廳」新飯店。與眾不同的是，這家飯店內漆黑一片，前來就餐的顧客不僅無法看到自己吃些什麼，就連入座也需人引導。

這家飯店顧客不能按菜單點菜，但可以告訴服務員自己想吃魚、肉還是蔬菜。由於看不見，一頓飯通常需要花費 3 小時，好處是服務員就在近旁隨叫隨到。

這家飯店有 30 名員工，其中 22 人是盲人。服務員在黑暗中為顧客引座，指明桌椅、餐具和飲料。

據飯店的老闆曼弗雷德·沙爾巴赫稱，開這家飯店是為了讓顧客體驗非同一般的感覺、嗅覺和味覺，因為在黑暗中，人的注意力可以集中在菜的味道上，而不是在視覺上。

二、啟示

飯店的體驗產品，整體上屬於創造顧客愉悅經歷的體驗經濟之一種。

1．飯店體驗產品的設計在於設計師，而體驗產品的價值體現則在於員工

飯店體驗產品的設計在於設計師，需要飯店經營者和全體員工的共同參與。體驗經濟本質上是滿足個人心靈與情感需要的一種活動，它的價值是當一位顧客的情緒、體力、智力與精神達到某一狀態時，在他的意識裡所產生的美好感覺。因此，飯店的經理與員工

不僅僅是客房、餐飲、會議廳與健身房的提供者，而且是這種美好感覺的策劃者與創造者。飯店企業要上升到經營體驗經濟的高度，即突出顧客的美好感受來對飯店產品與服務進行管理，關鍵是要培育全體員工具有一種充滿人性的高雅的藝術表演家的服務精神。

2．飯店體驗產品設計的關鍵在於增加產品的體驗價值

飯店體驗產品的設計要採用增加產品體驗價值的策略。要運用科學的原理，依據顧客對飯店產品需求的心理規律，整合一切營銷手段來增加顧客在飯店經歷的體驗價值，其核心點就在於保持與利用產品的稀有性、創造神祕的感覺，引發顧客產生體驗的衝動。

第二節 飯店產品的個性化與產品內在價值塑造

消費水平的提升和社會的進步帶來了消費者需求的多樣化和複雜化，飯店的顧客也是如此。顧客到飯店來消費，帶著他們新的理念和需求，給飯店的服務產品的設計和管理提出了挑戰。回顧飯店發展的歷程，我們發現，飯店服務方式總是圍繞著顧客需求的變化而改變。從最先的標準化服務到今天的個性化、人性化服務，服務方式的日益複雜推動著服務管理方法的更新和成熟。隨著時代的變遷，人們會創造出新的需求，屆時飯店的服務方式也要跟隨變化制訂新的服務目標。

個性化是體驗經濟時代下的消費需求之一，國外飯店業於20世紀七八十年代提出並實施了個性化服務，這正是迎合新的消費需求的舉措，開闢了飯店產品的新領域。透過個性化產品與服務的提供，飯店產品的價值得到了提升，顧客也獲得更多的價值享受。可以說，個性化是飯店產品內在價值塑造的有效途徑。

一、飯店實施個性化服務的內容和原則

由於顧客經驗的不斷增加，飯店所提供的產品和服務的質量不斷提高，顧客變得越發成熟、老練和挑剔，對服務質量的期望值也在不斷提高。所以顧客不僅無法容忍產品質量差或服務惡劣等現象，他們對自身個性需求的認知程度也在提高，從「不滿意」到「滿意」的消費需要更多的優質服務來加以滿足，而個性化服務正滿足了這種需求。

飯店個性化服務通常是指服務員以強烈的服務意識去主動接近客人、瞭解客人、設身處地地揣摩客人的心理，從而有針對性地提供服務。個性化服務的內容相當廣泛而又瑣碎，大致有六種：靈活服務、癖好服務、意外服務、（電腦）自選服務、心理服務、concierge服務。其中 concierge服務即飯店的委託代辦服務——「金鑰匙」服務，在國際上已成為高級飯店個性化服務的象徵。

飯店實施個性化服務必須遵從一些原則：

1．個性化服務以客人需求為宗旨

飯店管理規範中沒有的東西，並不說明客人不需要。客人提出一些規範之外的需求，飯店要以積極的服務意識去滿足這種需求。因為，個性化服務正是飯店進行優質服務宣傳的有效途徑。

2．個性化服務建立在積極主動的基礎上

這裡的積極主動體現在，客人提出任何要求後，要積極主動予以滿足；而且，要能夠預見客人的個性需求，在客人沒有明確提出要求之前，就提供給客人。

3．個性化服務要注意顧客滿意度與成本統一

飯店提供個性化服務一定程度上會增加相應的成本，既包括使

用設備的硬體成本，也包括人工費用。飯店必須考慮服務質量與服務成本的統一，在力所能及的範圍內滿足需求量與耗費人力、財力、物力的統一。當難度較大的個性化服務發生時，要考慮完成這項服務若干可行方案，選擇成本最低又確保質量的方案來實施。

二、飯店個性化服務的塑造

飯店個性化服務的實現需要建立在一個完整的管理體系的基礎上，不僅在理念上保證飯店全體員工理解並接受個性化服務意識，還要在硬體上保證個性化服務的提供手段。

具體來說，飯店個性化服務的塑造必須透過以下幾個方面來實現：

1．培訓、培育個性化服務意識

透過各種方式的培訓，如授課、情景模擬等模式，並結合飯店收集的「個性化服務案例」等資料讓員工在意識和行動上都對個性化服務有一個感性和理性的認識。當然，個性化服務必須要建立在標準化服務的基礎上，不能單純為了個性化而忽略了客人的基本需求。因此，飯店必須要兩手抓標準化和個性化服務，不能避重就輕。

2．飯店要充分發揮客戶檔案的作用

負責部門應該從收集客戶資料著手，全程跟蹤，完整準確地建立客戶檔案。所謂「全程跟蹤」就是從顧客進入飯店開始，到接受服務再到服務結束，整個過程中顧客的相關訊息都必須記錄在案。這就需要電腦技術和一線服務人員的配合：一方面透過電腦數據庫詳細記錄顧客的基本訊息，另一方面透過一線人員的訊息捕捉彙報顧客的喜好、習慣等等，對已有訊息作進一步的補充。

3．市場部門應該負責從個性化消費分析市場

飯店可以透過個性化消費的分析，充分瞭解市場需求的變化，挖掘出儘可能多的市場銷售機會；也可以透過對客戶特徵和歷史消費的分析，充分挖掘出顧客的消費潛力，擴大銷售量，提高利潤；還可以透過對客戶的行為分析，作出正確的決策，改善服務模式。

4．塑造新的營銷觀念，注重推行內部營銷

飯店推行個性化服務必須依靠員工來實行，只有員工的需求得到滿足，顧客的需求才會得到滿足。一方面透過員工的真誠服務去感染顧客，另一方面透過內部營銷把員工的積極性和主動性充分調動起來。只有這樣，個性化服務才有堅實的基礎。

三、個性化服務——飯店產品的增值點

在飯店實際經營活動中，出售的通常是一組綜合有形產品和無形服務的價值，這些價值在標準化服務的階段已經被顧客所認知和接受。但是隨著顧客需求的複雜化和高層次化，他們到飯店消費尋求更多的價值，這就需要飯店為他們提供富有增值點的個性化產品。在個性化產品中，顧客除了獲得物質享受以外，還能獲得文化、尊重、心理、身份價值等附加價值，這些內在價值也只有透過個性化服務才能得以實現。

1．文化價值

透過個性化服務的提供體現了飯店的服務品質，顯示出飯店服務人員的素質和文化內涵。同時，讓顧客感受到自己是在一個富有文化氣息的地方享受著物質和精神雙重服務。

2．心理價值

個性化服務更多的是針對客人的心理需求，儘可能地讓客人感

到飯店的誠意和溫馨。可以說，個性化產品和服務反映出飯店對客人心理需求的照顧和滿足。

3·身份價值

身份價值又是心理價值的細分。服務人員在提供個性化服務中，讓賓客的身份得以彰顯，滿足客人受尊重的心理需求。讓客人受尊重的心理得到最大滿足，進而使顧客的身份價值得到提高。這種身份價值是飯店個性化服務提供給顧客的感受。

4·情感價值

服務人員透過揣摩顧客心理並提供服務，客人接受服務並享受服務的過程實際上也是飯店與顧客情感交流的過程。透過個性化服務建立起飯店與顧客之間的信任，從而達到創造忠誠顧客的目的。

5·溝通價值

企業與消費者之間的有效溝通是促進企業提高產品和服務品質的有效途徑。在飯店中，透過個性化服務為飯店和顧客之間增加了交流的機會，使飯店能夠更貼近顧客的需求，並從顧客那裡獲得更多有價值的訊息，不斷改善自己。

第三節　飯店飲食文化塑造

中國是世界上最早出現家庭外飲食設備的國家，2000多年前的西漢時期，熟食店舖就已普遍。時至今日，中國餐廳遍佈全球。應該說，中國飲食文化有著悠久的歷史。飲食是飯店的又一重要產品，如何透過飲食來塑造飯店自身獨特的文化氣息是飯店經理人所要考慮的又一問題。

一、飯店飲食的名稱文化

　　菜餚的名稱與中國的亞文化有著密切的聯繫，菜餚的命名方式大多是追求「形美、音美、意美」：以其結構相稱、平衡、對仗、相關追求形美；以其諧音、同音、押韻追求音美；以其祝福、祈福、好彩、讚美追求意美。

　　食品名稱是依據選擇的材料、合成成分、烹製方法，色、香、味、形等，經烹調師、專家、學者等賦予的。有時利用本位名，如烤乳豬，食品名稱亦稱烤乳豬。但有時也用意圖名，因在中國民俗習慣裡講究好意圖，烤乳豬的吉祥名稱是鴻運當頭。食品名稱除本位名外，還有吉祥名稱、意圖名稱、喜慶名稱等等。如屬吉祥名稱的有：山瑞做的紅燒山瑞煲稱為「瑞氣吉祥」，用雞和蝦做的菜玉樹麒麟雞稱為「龍鳳呈祥」，用香草和三文魚做的菜香草三文魚卷稱為「賽龍奪錦」，用蟹黃和西蘭花做的菜蟹黃扒菜花稱為「花開富貴」，用蟹黃和魚翅做的紅燒魚翅稱為「大展宏圖」，等等。將菜名啟用吉祥名稱是表示或象徵歡樂祥和、萬事順意的意思。

　　一個菜式的出現，一個菜名的啟用，有的帶有傳奇，有的有些典故，來歷各有不同。作為飯店飲食文化的服務員要瞭解得越多越好，這對於弘揚中國的飲食文化，宣傳和推銷飯店飲食產品很有幫助。

　　餐廳在準備菜譜的時候要考慮到這些亞文化的需求，並以此來設計菜名，且能夠根據客人的意願和節日的變化來適當改變菜名。餐廳服務員在服務賓客的時候，如果能夠為賓客解釋菜名的由來或者歷史，則更能為飯店餐廳的文化品味增添色彩。

二、飯店飲食的視覺文化

好的菜餚講究色、香、味、形俱全，在給賓客帶來可口、美味的享受之前，首先應當給賓客菜餚的視覺享受。這種給人帶來視覺享受的菜餚一般也叫工藝菜。

工藝菜一般是根據不同的主題而製作出來的。它們都有鮮明的個性特徵。廚師們用他們高超的烹調技巧和豐富的想像力製作出的佳餚能夠讓菜餚的文化內涵得到提升。因此，「工藝菜」不單單是菜，還是飲食藝術文化的創造。如喜慶筵席上用的孔雀開屏、魚躍龍門；節慶筵席上用的雄鷹展翅、飛燕迎春；婚宴席上用的龍鳳呈祥、鴛鴦戲水；壽筵席上用的金盃閃光、雲海青松；謳歌美好生活用的五穀豐登、草原牧歌；表達美好祝福用的駿馬飛奔、麒麟送子；歌頌山川名勝用的泰山日出、白雪黃鶴等等。

實際上，除了工藝菜由於其本身的造型而具有美感，其他菜餚也應該講究視覺效果。首先從刀工來講，無論是從絲、丁、塊、片、條等的粗細厚薄大小等規格，還是從顏色、品種的搭配都十分講究整齊、均勻、嚴謹、協調，給人以美感。菜出到客人席上，根據菜的種類從器皿的選擇到菜的造型、花款伴邊、潔淨的盤沿等無不表現出藝術、文化的內涵。

三、飯店飲食的環境文化

顧客選擇在飯店就餐，除了為其菜餚之美味所吸引，還有一個重要因素是飯店餐廳的環境、格調。飯店內部一般會有幾個餐廳，如中西餐廳或者其他風味餐廳，不論是哪個餐廳，其環境都應該與其提供的飲食文化相符合。因此，飯店飲食文化的塑造必須在餐廳的室內環境文化上下工夫。

根據不同飲食特色，餐廳也需要轉化不同的主題。餐廳的主題室內設計手法就是充分利用各種物質要素來誘發客人對主題材的聯

想和移情。主題的誘發可以利用下面幾種方式：

1．形體誘發

建築形體可以作為主題材，造成象徵性作用。一方面空間的幾何形體給人特定的感受，另外更重要的空間造型常常與傳統習慣的結構形式取得呼應，由此而誘發主題。廣州的唐荔園餐廳就是透過一艘艘掛著紅燈籠的小艇來突出其新型園林餐廳的特色。

2．裝飾誘發

餐廳中的裝飾物對主題的表達起著關鍵性作用。裝飾物的造型常常反映著某種風格特徵。可以利用這個特點在基本相似的空間中體現出迥然不同的環境氣氛。漢城第九屆亞運會運動村餐廳專門辟出一面墙供運動員留名，日後對外服務，以招徠顧客。那些平淡無奇的題材，諸如：業主的生活照，與總統的通信，都是很好的主題，一經渲染便身價百倍。

3．情景誘發

室內的景物和山石花木在一定條件下使人觸景生情產生聯想，由此感受到內在主題含義。泰國帕托亞旅館中的「船長酒吧」把當地漁民的生產工具及漁網作為裝飾，形成與主題呼應的用餐環境，富有島國鄉村的親切氣氛和鄉土特點。

主題式餐廳的設計方式能夠創造獨特的氛圍，產生強烈的感染力，但是不一定所有餐廳都適合設主題，因為餐廳類型和功能各不相同，由此要求也不一樣，在某些場合，如自助餐廳，主題反而會擾亂視覺，影響使用功能。此外，主題必須與餐廳性質相切合，否則只會起相反作用。

案例研究

上海錦江飯店「寶瓶口」餐廳裝飾的啟迪

上海錦江飯店12樓的巴蜀餐廳，由「寶瓶口」、「草堂」、「臥龍村」、「東坡亭」四個風格各異的餐廳組成，給人的總體印象是「不是巴蜀，勝似巴蜀」。這裡僅以「寶瓶口」餐廳為例。

「寶瓶口」是都江堰水利工程的第三道攔水設施，在都江堰水利設施中具有特別的意義。為了充分體現餐廳的四川文化特色，錦江飯店在「寶瓶口」餐廳內，將「寶瓶口」三個字鐫刻在青條石後，鑲在門前照壁上。這個餐廳以石結構為主。廳內天棚是一色象徵夜幕的四川土藍布，四壁也一色藍布。南面是青石塑就的青山，似有千溝萬壑，靠北的一邊裝有寓意北斗七星的七個燈盞；南牆上掛了一塊匾，匾上兩行狂草：「深淘灘，低築堰。」西牆上則懸崖峭壁、水流湍急，似都江堰的洶湧波濤，寶瓶口的澎湃激流。整個餐廳，藍天一色，七盞燈構成的北斗七星狀，錯落有致，使人感到古樸雅緻。裝飾者大膽地採用了四川土藍布作為裝飾材料，更顯地域文化，藝術構思突破了一般飯店常見的格局。

這是上海錦江飯店1986年的餐廳裝修設計風格，在那個時代，的確突顯了錦江飯店的獨具匠心，但是，在飯店裝飾日益高級化的今天，我們倒是認為，在菜單設計、菜餚烹飪、品種花色上下功夫，更能體現並塑造出飯店獨有的飲食文化。

第四節 飯店微小服務的文化塑造

飯店除了給客人提供各種標準化服務，還需要考慮客人的一些特殊需求，時刻準備好各種對客服務的應對措施。微小服務（小項服務、細節服務）也是飯店企業文化的一個構成部分，是企業文化的流露。

一、快速反應服務

客人提出的服務要求，屬於一般正常接待的自有正常組織按部就班完成，這是大部分的情況。但總有一些客人如：挑剔型客人、VIP客人、委託代辦者會提出某些特殊要求，甚至偶爾會發生突發性的事件。在這種情況下，靠正式組織的應對就顯得不夠敏捷迅速了，被稱為「任務團隊」的非正式組織此時就能發揮其應有作用。任務團隊是因應對特殊任務而臨時形成的工作團體，一旦任務完成則自行解體。它要求接觸客人的第一人必須有一站式服務的意識，要求各級管理者給下級乃至一線操作人員適度下放對客問題的處置權限，包括：產品更換權乃至贈送權、打折權乃至部分免單權、臨時應急限額採購權、臨時應急服務配合權等。這裡既要求員工以「客人第一」、「以客為尊」、「以客為先」等意識作為服務導向，更要有處理對客問題的倒金字塔形組織理念和適度放權作為行動支持。可見服務的快速反應還是要靠意識、態度、制度、政策，說到底也是一種企業文化在起作用。這裡的文化還是以人為本，當然這裡說的是指以客人為本。只有飯店全員具備了客人第一的意識態度，由此出發制訂的對客政策和服務制度作保障，快速反應才可能很自然、很順利地實施，成為飯店企業文化的一種體現、一種能力。

二、細節服務

競爭，促使飯店都具備專業化管理的能力。專業化主要表現在制度化、程序化、規範化、標準化等方面。建立制度、程序、規範並不難，難的是能否嚴格執行。所謂嚴格，表現之一就是注意執行過程中的細節。而對產品和服務的設計、生產、操作來說，同樣也需要注重細節——產品或服務的每一個部分、每一個環節是否都能滿足客人的需要？在生產和服務操作上是否有遺漏、鬆懈、差錯的地方？出問題之後是否採取了補位、補救、補償措施？細節決定

成敗。可以說，對於服務型企業來說，細節尤為重要。誰更加關注細節，誰的產品和服務質量就有了更可靠的保證，誰就能獲得更多顧客的青睞。例如青島東來順餐廳關注餐巾的細節問題，讓客人感受到無微不至的服務。餐廳裡的餐巾通常掖在胸前卡不住，放在腿上又不知不覺會掉在地上，起不到衣服的保持清潔作用。東來順餐廳特意在每塊餐巾的一個角上挖好了個鎖好扣眼的長孔，客人可以用來別在衣服的鈕子上。更細微之處是，根據季節的不同，扣眼的大小也有區別，非常管用，方便了客人。正是這種關注細節、關注客人的意識給餐廳帶來了源源不斷的生意和客源。

三、特種服務

飯店特種產品是指飯店為客人提供的健身、娛樂、醫療等服務設施、設備。在健身方面有兩個方面的內容：一是機械健身，這方面有拉力、舉力、跑步、腹部、四肢等機械輔助健身；二是運動健身，這方面有球類的，如壁球、網球、桌球等，還有游泳、桑拿、按摩等。在娛樂方面有音樂廳、卡拉OK、俱樂部等。醫療是指為客人治病、醫病服務。上述這些均屬於飯店文化的硬體，必須做到環境舒適，保證客人的安全，為客人創造健康的宜居氛圍。

四、休閒服務

休閒正成為新世紀日漸走俏的產業，國外休閒服務已經獨立成為一個行業，因此商業性的休閒服務發展水平成為社會進步的一個標誌。目前，在國內中高星級的飯店裡，一般都有規模不一的康樂設施，作為對整個飯店服務設施的配套，也作為對顧客服務提供的附加值。這些設施包括：健身房、游泳池、撞球房、保齡球、桑拿浴、溫泉、按摩、網球場、美容、美髮等。擁有這些設施，不僅是

高星級飯店標準的要求，也是飯店檔次的象徵，更體現了飯店對顧客休閒需求的尊重和滿足。

第五節 泰國東方飯店服務文化塑造評析

泰國東方飯店多年來一直雄踞世界最佳飯店榜首，它的服務質量和服務水平堪稱亞洲飯店之最。這座飯店的歷史非常悠久，早在19世紀就成了當時的「王室招待所」，接待來泰國的國賓並操辦國宴的傳統也保持了很多年，歷史和傳統成為它至今屹立不倒的兩塊金字招牌，而其熱情、周到的服務則為它帶來了蜚聲國內外的知名度和有口皆碑的美譽度。為了保障顧客入住後可以得到無微不至的人性化和個性化服務，東方飯店建立了一套完善的客戶關係管理體系。它非同尋常的客戶服務和客戶關係管理，並不僅僅是一套軟體系統，而是一整套全面完善的服務理念和服務體系，以全員服務意識為核心，貫穿了所有經營環節，已經形成為一種企業文化。①

一、東方飯店微小服務文化的塑造

常言道：「細微之處見精神」，服務質量和水平的高低很大程度上體現在細節和小事上。東方飯店的服務之所以享有如此高的美譽度，與其對細節服務和小項服務的重視密不可分。

以它豪華客房的某些服務為例。飯店服務中，當服務員敲門時，住客可能會在屋裡做著不便起身的事情，如泡澡等，因此敲門按鈴的通常做法是比較沒有禮貌的。東方飯店解決這一難題的祕訣可見其對細節服務的用心，服務員通常會插一根細小堅韌的牙籤在客房門下的縫隙之中，當客人離開房間時，牙籤自然就會倒地，巡

房員由此便知客人出門了，就可以立即通知清潔人員進房整理。整理完畢後再將牙籤豎立，在客人回房後，牙籤又倒了，這就向巡房員提供了客人已回房的訊息，他們會悄悄再將牙籤豎立，周而復始。以這種獨特、細微的方法，既掌握了客人的行蹤，又不會打擾客人。

① 本案例參閱章開元‧令人神往的東方飯店‧飯店現代化，2005（11）。

東方飯店的微笑服務也是其高質量細節服務的重要組成部分。有顧客曾經對東方飯店的微笑服務給予了極高的評價，聲稱這裡迎賓人員的微笑讓她第一次知道了最美的微笑服務是什麼樣的，稱讚那是一種自然的、善解人意的、包容的微笑，非常燦爛和迷人，沒有任何功利的因素摻雜其中，能夠真正地打動人心。東方飯店透過培訓使員工認識到：作為飯店的員工是幸運的，在每天上崗前都要調整好自己的情緒，以最佳的狀態面對客人，主動提供微笑服務，並盡力做好每一件事情，讓顧客對我們的服務滿意。這種理念和精神支持著全體員工，並透過熱情、真誠的微笑服務將飯店的服務理念傳達給顧客，使客人真正地感受到飯店對自己的歡迎，營造了一種溫馨、貼心的氛圍。

除此之外，東方飯店的細節和小項服務還體現在其他很多方面。所有顧客在登記之後，當他們剛進到陌生房間，服務員就會端來一杯被稱為「迎賓飲料」的果汁給客人解渴。有些顧客可能會擔心當他們臨時走出飯店後，會有人接踵而至地來訪，東方飯店為客人提供了一張追蹤卡，可以在離開飯店時填寫，然後交給飯店內的任何人，這樣就可以很方便地瞭解顧客的行蹤，使一些必要的訪問不至於錯過。東方飯店還有一個標新立異的做法，就是向住客提供一張別緻的「水果卡」。眾所周知，泰國各式各樣的水果舉世聞名，那些顧客叫不上名字的水果多不勝數，味道當然就更無從知曉

了。這張獨具新意的水果卡將會為客人解決這個不大不小的難題提供幫助，卡片介紹了這種水果的來源、味道和生長環境等常識，還配有精美的插圖，每一幅都不失藝術的美感，不僅讓顧客學到了知識，還平添了一份藝術的享受。

泰國充裕而廉價的勞動力資源為其在細節服務方面的成功提供了保證，東方飯店用超過1000個人的人力，精心照料396間標準客房和34間套房，也就是說每間房平攤到2.5個受過專業訓練的人員，這幾乎是歐美普通飯店同一比例的兩倍多，以如此充足的人力資源來保證服務過程中每個細節的無微不至。正是有了這麼多的職工，才能使飯店保證 24小時服務，悄然無聲地將飯店內外打掃得乾乾淨淨、漂漂亮亮，或者滿足某些常客的特殊需要，給客人以意外驚喜。

飯店特種產品是指飯店為客人提供的健身、娛樂、醫療等服務設施、設備，特種服務的提供需要飯店硬體設施作保證。在東方飯店的發展歷程中，曾經有一段時間顧客對它比較狹小的游泳池頗為不滿，飯店高層瞭解了顧客的抱怨後，為此召開了專門會議，最後一致認為游泳池的現狀的確與飯店的整體形象不符合，作為世界最佳飯店，應當有最豪華的設施和最精良的服務，游泳池也應該是最好的，必須有足夠寬敞的面積，讓客人感覺滿意和舒適，因此增擴游泳池的計畫提上了議事日程。但是在制訂擴建方案時，卻遇上一個讓管理者左右為難的問題：效果最理想的方案是拆掉一座擁有60間客房的建築，而這棟建築建成僅僅10多年，仍有很高的使用價值。那個時候的東方飯店幾乎天天客滿，60間客房能夠帶來非常豐厚的利潤，而游泳池只是飯店中的一項免費設施，付出如此高的代價來換取似乎太不合算。然而，為了保證客人能夠在飯店中享受愜意舒適的服務，為客人營造良好的宜居氛圍，東方飯店的董事會在討論此方案時，不假思索就一致透過了，其服務理念和意識由此可見一斑。

二、分析

在飯店業，服務是一個永恆的話題，服務產品是飯店產品的重要組成部分。服務與普通產品相比有諸多特性，最重要的一點就是它的無形性，只能在特定的環境中透過服務人員的語言、行為、表情、態度等來表現，從顧客角度看，則是一種感知和體驗。

提供無微不至的個性化服務是泰國東方飯店成功的祕訣，而注重細節是達到無微不至的關鍵，是提供個性化服務的重要條件，細節某種程度上可以決定客戶的感知和體驗是否優質。細節是什麼？細節就是那些瑣碎、繁雜、細小的事情，在門口放牙籤、為顧客提供水果卡、追蹤卡這些事情看起來微不足道，然而一旦注意到了這些細節，往往能給顧客意外的驚喜和非凡的體驗。想讓顧客對飯店的服務無可挑剔，就必須關注細節，從小事做起。

飯店服務中的細節服務可以體現於整個服務過程之中：當顧客走進飯店時，服務員向客人問候時是否發自內心的真誠？微笑是否真誠熱情、讓顧客有賓至如歸的感覺？為顧客辦理相關手續時語氣、語調是否透露出不耐煩？效率是否讓客人滿意？為客人解決問題時是否始終保持熱情而不受自身情緒的影響？在服務過程中是否真正理解了客人的意圖，提供恰好滿足其需要的服務？是否能根據顧客的個性化特徵提供讓其驚喜、超越其期望的服務？當客人離開飯店後，是否為其提供恰當的售後服務、增值服務？

當然要做到這些並非易事，細節的力量貴在堅持，在服務過程中要關注細節、做好細節，努力提供優質客戶體驗，並將其作為企業文化的一部分，寫入企業相關的服務規範和程序中，用以長期指導服務人員行為和培育其服務意識。

泰國東方飯店完善的客戶關係管理系統是其提供優質個性化服務的保證。基於這一系統，當客人入住以後，它們可以盡快地瞭解

顧客的個人資料、生活習慣、興趣愛好、有何忌諱等，並在服務過程中靈活地加以應用，這樣可以用最短的時間拉近與客人的距離，減少客人的陌生感，讓客人感覺在飯店中住宿的溫馨和舒適，以此吸引更多的回頭客。對於同一個客人，東方飯店會為他提供持續性的個性化服務，即客人前幾天或上次所享受的最滿意的服務是怎樣的，本次對他的服務都基本依照原來的樣子提供：小到客人就餐時的位置、就餐的內容甚至一杯咖啡加幾塊糖等，大到入住的樓層、房間、房間的環境與擺設，都以客人最滿意時的服務為基準。

在國內，很多飯店在其大廳最顯眼處張貼著「顧客就是上帝」、「您的滿意就是我們的宗旨」等字樣，這樣的口號因為沒有貫徹在服務中而收效甚微。泰國的東方飯店並沒有這樣的「豪言壯語」。它只是透過全體員工的一致行動，注重每一個細節，為顧客提供個性化的優質的體驗，將其微小服務推向了極致。顧客所希望的，他們做到了；顧客所沒有想到的，他們也替顧客考慮到了。東方飯店的服務文化中，有很多方面值得我們深思和借鑑。

引子評判

細節決定成敗，不僅成為目前諸多企業管理者的共識，也應當成為飯店經營者的共識，因為細節同樣決定飯店經營的成與敗！

主要參考文獻

1．申望．企業文化實務與成功案例．北京：民主與建設出版社，2003

2．魏傑．企業文化塑造：企業生命常青藤．北京：中國發展出版社，2002

3．劉光明．企業文化案例．北京：經濟管理出版社，2003

4．劉光明．企業文化．北京：經濟管理出版社，2004

5．林堅．企業文化修煉．北京：藍天出版社，2005

6．華銳．企業文化教程．北京：企業管理出版社，2003

7．劉俊心．企業文化學：企業現代管理致勝寶典．天津：天津大學出版社，2004

8．李宗紅，朱洙．企業文化：勝敵於無形．北京：中國紡織出版社，2003

9．谷慧敏．世界著名飯店集團管理精要．瀋陽：遼寧科學技術出版社，2001

10．Chuck Y．Gee著．谷慧敏主譯．國際飯店管理．北京：中國旅遊出版社，2002

11．（美）GARY K. VALLEN JEROME J. VALLEN著．潘惠霞等譯．現代飯店管理技巧——從入住到結帳．北京：旅遊教育出版社，2002

12．林璧屬．旅遊飯店實務管理．北京：清華大學出版社，2005

13．王怡然，沈超，錢幼森．現代飯店營銷策劃書與案例．瀋陽：遼寧科學技術出版社，2001

14．董平分．企業價值觀管理與企業文化場．北京：航空工業出版社，2008

15．張德，吳劍平．文化管理——對科學管理的超越．北京：清華大學出版社，2008

16．王中義．企業文化與企業宣傳．北京：北京大學出版社，2008

17．齊冬平，白慶祥．文化決定成敗：中外企業文化鏡鑒案例教程．北京：中國經濟出版社，2008

18．華瑤．企業文化與評價．長春：吉林人民出版社，2007

19．張滿林，周廣鵬．旅遊企業人力資源管理．北京：中國旅遊出版社，2007

20．董福榮．旅遊企業人力資源管理．廣州：華南理工大學出版社，2006

21．歐庭高，曾華鋒．企業文化與技術創新．北京：清華大學出版社，2007

22．李虹．企業的生命力．北京：中國社會科學出版社，2007

23．李玉海．企業文化建設實務與案例．北京：清華大學出版社，2007

24．王超逸，高洪深．當代企業文化與知識管理教程．北京：企業管理出版社，2007

25．王文君．飯店市場營銷原理與案例研究．北京：中國旅

遊出版社，1999

26．熊超群，周良文．創新人力資源管理與實踐．廣州：廣東經濟出版社，2003

27．徐培新．現代人力資源管理．青島：青島出版社，2003

28．吳中祥，王春林，周彬．飯店人力資源管理．上海：復旦大學出版社，2001

29．丁力．飯店經營學——飯店競爭新視野．上海：上海財經大學出版社，1999

30．奚晏平．世界著名酒店集團比較研究．北京：中國旅遊出版社，2004

31．（美）約翰·P·科特，詹姆斯·L·赫斯克特（John P·Kotter，James L·Heskett）著．李曉濤譯．企業文化與經營業績．北京：中國人民大學出版社，2004

32．劉光明．企業文化．北京：經濟管理出版社，2001

33．龔紹東，趙大士．企業文化變革戰略．北京：科學技術文獻出版社，1999

34．葉生．企業靈魂：企業文化管理完全手冊．北京：機械工業出版社，2004

35．張德．企業文化建設．北京：清華大學出版社，2003

36．閻世平．制度視野中的企業文化．北京：中國時代經濟出版社，2003

37．王璞．企業文化諮詢實務．北京：中信出版社，2003

38．莊培章．現代企業文化新論．廈門：廈門大學出版社，2001

39 · 羅長海，林堅 · 企業文化要義 · 北京：清華大學出版社，2003

40 · 賈春峰 · 賈春峰說企業文化 · 北京：中國經濟出版社，2003

41 · 唐文 · 現代酒店管理：最新酒店管理經理人必備手冊 · 北京：企業管理出版社，2003

42 · 汪巖橋 · 「文化人」假設與企業家精神 · 北京：中國經濟出版社，2005

43 · （法）維吉妮·呂克著 · 孫興建譯 · 雅高——一個銀河系的誕生：崛起中的法國全球飯店集團創業史 · 北京：中國旅遊出版社，2000

44 · 張四成，王蘭英 · 現代飯店人力資源管理 · 廣州：廣東旅遊出版社，2002

45 · 吳小雲 · 市場營銷管理 · 天津：天津大學出版社，2001

46 · 蔣序標 · 汲取儒學精華構建有本土特色的企業文化模式 · 首都經濟貿易大學學報，2003（03）

47 · 李瑞麗，梁嘉驊，曹瑄瑋 · 民族文化生態與企業文化 · 科技與管理，2003（03）

48 · 張慧玲 · 企業跨國經營中的文化衝突與整合 · 國際關係學院學報，2004（06）

49 · 張存銘 · 簡述旅遊飯店企業精神內容及其形成過程 · 旅遊科學，1994（01）

50 · 吳憲和 · 競爭優勢理論以及在飯店經營中的運用 · 旅遊科學，1999（01）

51·陸諍嵐·陳天來·論「綠色飯店」及其標準的制訂·旅遊學刊·2002（02）

52·Paul Phillips. Benchmarking to Improve the Strategic Planning Process in the Hotel Sector. The Service Industries Journal·1998（01）

53·May Aung. The Accor Multinational Hotel Chain in an Emerging Market. The Service Industries Journal·2000（07）

54·Kim Hobson. Sustainable Tourism：A View from Accommodation Businesses. The service Industries Journal·2001（10）

55·Rödiger Voss·Thorsten Gruber. Complaint Handling at the Schindlerh of Hotel with Praise and Assessment Cards.Management Services·Autumn 2005

後記

在本書出版一年多，得到社會各界的認可之後，我依然在想當年提出的這樣一個問題，這就是自然科學研究的對象是關於自然世界的東西，它有一個固定的目標和相對固定的研究方法，可以達到唯一或獨到的見解，可以形成科學的理論或權威的觀點；管理科學面對的是現實社會的經濟現象、經濟組織及其所架構的企業以及由各種人員、各種關係組成的企業組織，這一組織是多變的、易變的，不僅研究對象不穩定，且管理方法萬千種，研究方法也無數，管理科學似乎難有類似自然科學的獨一無二的見解，難以出現足以影響其他學科的權威學者或論點。當然，這種說法是否正確，還有待斟酌。我提出這一問題，目的是要說明，在企業文化建設中，同樣難有權威的學者，更難有獨一無二的論點。於是，在應邀撰寫《飯店企業文化塑造》這一本書時，我曾有多次的反覆，即便是在要求我重新修正時，我還是猶豫了半年有餘。的確，不是我性格變化無常，是企業文化塑造難以做到獨一無二的說明。要知道，每一位企業家都有自己的企業文化構想，都有自出機杼的理念和新思維，即便是每一位企業經理人也都有自己的理念，企業中的每一位管理者實際上也各有各的想法，真的是一個「公說公有理，婆說婆有理」的領域，在這等領域之中，要闡述清楚飯店企業文化談何容易？

那麼，如何來構思這麼一本能有益於飯店職業經理人的企業文化塑造的書籍呢？我想，最好的辦法還是提供一些基本的理論構建，評析一些現有的研究，介紹一些世界著名飯店的企業文化建設經驗，只為飯店職業經理人和熱衷於企業文化研究或企業文化塑造的人們提供些許參考和借鑑。因此，本書的每一章的前幾節都是關

於企業文化塑造的一些基本理論闡述或基本程序似的內容，中間的幾節是結合飯店談談企業文化塑造的具體方法，最後則介紹世界著名飯店的企業文化建設經驗，既有世界著名飯店集團和單體飯店的，還有國內的一些知名飯店企業。每章的引子和每章結尾部分的引子評析，旨在引起讀者諸君的閱讀興趣，免得本書成為治療失眠的藥引子。

在重新修訂時，增加了導論，以直接闡明企業文化的內涵，原有書中的部分章節，明顯不合時宜的，作了增刪，闡述分析有欠清楚的，再作說明。在第一版郭藝勛先生完成後四章，其餘由林璧屬完成的基礎上，本次修正，翁鳴鳴進行了細緻的文字校讀，最後由林璧屬再次統稿而成。張希、王會娟、黃婧萱、翁鳴鳴、倪榮彪、張清影、郭信艷等當年旅遊系的研究生，已經奔赴各自的工作職位，對於他們的諸多幫助，再次表示感謝！也再次向本書在編撰過程中所參閱的國內外有關著作、論文、教材和案例的作者們，致以衷心的謝忱。由於本人水平有限又時間倉促，書中疏漏在所難免，責任在於本人，懇請讀者諸君不吝賜教，以便下次再版時再作修正。

林璧屬

飯店企業文化塑造

作者：林璧屬、郭藝勛

發行人：黃振庭

出版者 ：崧博出版事業有限公司

發行者 ：崧燁文化事業有限公司

E-mail：sonbookservice@gmail.com

粉絲頁　　　　　網址

地址：台北市中正區重慶南路一段六十一號八樓 815 室

8F.-815, No.61, Sec. 1, Chongqing S. Rd., Zhongzheng
Dist., Taipei City 100, Taiwan (R.O.C.)

電　話：(02)2370-3310 傳　真：(02) 2370-3210

總經銷：紅螞蟻圖書有限公司　　網址：

地址：台北市內湖區舊宗路二段 121 巷 19 號

電話:02-2795-3656　　傳真:02-2795-4100

印　刷 ：京峯彩色印刷有限公司（京峰數位）

定價：550 元

發行日期：2018 年 5 月第一版